La voz de los padres

Wendy Mogel

La voz de los padres

Qué decir, cómo decirlo y cuándo callar

OCEANO

LA VOZ DE LOS PADRES
Qué decir, cómo decirlo y cuándo callar

Título original: VOICE LESSONS FOR PARENTS.
    What to Say, How to Say It, and When to Listen

© 2018, Wendy Mogel

Traducción: Aridela Trejo

Diseño de portada: Jaya Miceli
Fotografía de la autora: © Amy Dickerson

D. R. © 2019, Editorial Océano de México, S.A. de C.V.
Homero 1500 - 402, Col. Polanco
Miguel Hidalgo, 11560, Ciudad de México
info@oceano.com.mx

Primera edición: 2019

ISBN: 978-607-527-866-7

Impreso en México / Printed in Mexico

Para Ann y Leonard Mogel

Era como si se hubiera subido a un barco y una corriente violenta se la hubiera llevado. No sabía qué significaban aquellas palabras y no sabía pronunciar muchos de los nombres, pero nadie la interrumpió para corregirla, así que siguió leyendo, fue encontrando estabilidad en el ritmo marcado, las rimas sonoras, metálicas, la motivaron a continuar de prisa.

DOROTHY CANFIELD FISHER, *Understood Betsy*, 1916

Índice

Nota de la autora

Cuando estudiaba psicología en los años setenta, nos vendían algunos mitos horribles como si fueran hechos: las madres "esquizofrenogénicas" (sobreprotegían, aunque rechazaban) eran causantes de la esquizofrenia; las madres "refrigerador" eran responsables del autismo; la homosexualidad masculina era culpa de los padres débiles, incapaces de controlar a sus esposas dominantes. Durante la misma época, el movimiento de las mujeres tenía el objetivo de erradicar el concepto de la biología como destino. Al nacer, las niñas y los niños eran iguales. Lo importante era la crianza. Si le dabas bloques a las niñas y muñecas a los niños, las diferencias desaparecerían. Aunque bien intencionado, este enfoque para proteger los derechos y permitir el crecimiento y las oportunidades ilimitadas era demasiado corto de miras y no aguantó el escrutinio de la ciencia.

No obstante, los setenta también introdujeron algunas verdades maravillosas que siguen siendo vigentes. Una de ellas era la teoría de la androginia psicológica que desarrolló la psicóloga social Sandra Bem. Su sólida investigación reveló que la salud emocional de las niñas que mostraban algunos rasgos por tradición considerados "masculinos" y los niños que mostraban algunos considerados "femeninos" era mucho mejor que la de los niños cuyas actitudes y conductas eran ubicadas en los extremos de las normas de género. Bem descubrió que los roles de género restrictivos cuya definición era estrecha, tenían un efecto negativo en los individuos y en la sociedad en general.

Bem inició un movimiento en el que gracias a la matización de las definiciones rígidas de la expresión de género surgió una lectura más aproximada de las variaciones, numerosas y complejas, de la identidad y sexualidad humanas. A finales de los ochenta, tuve una experiencia que contribuyó a que comprendiera mejor este tema. Los padres de Ash, de cuatro años y medio, acudieron a verme para tratar la conducta desconcertante de su hijo. Su mamá relató: "Por lo menos una vez al día, Ash levanta la mirada y adopta una expresión de inquietud. Después levanta los brazos, dobla los codos, cierra los puños y se echa a correr de puntitas. Le pregunté por qué lo hacía y me lo explicó en un tono objetivo: 'Cuando la Cenicienta se dé cuenta de que casi da la medianoche, tiene que levantarse la falda de su vestido de noche para poder llegar a su carruaje de calabaza muy, muy rápido'. Doctora Mogel, nos preocupa que sufra de trastorno de identidad de género".

En aquel entonces se creía que el trastorno de identidad de género era un trastorno mental y tenía mucha atención de los noticieros. Para ofrecer un diagnóstico y tratamiento adecuados, consulté con dos colegas psiquiatras mayores que yo, quienes se especializaban en niños con este "padecimiento". Uno de ellos tenía una filosofía de reglas rígidas similares a las que empleaban los terapeutas que realizaban conversiones homosexuales: "Dile a los padres que purguen el cuarto del niño de muñecas y disfraces femeninos de inmediato, que no le permitan jugar con niñas y que su papá tiene que empezar a practicar deportes con él todas las mañanas. Lo tienen que inscribir por lo menos a un equipo de liga infantil".

El otro colega me dijo: "Dile a los padres que lo dejen en paz. Que celebren su imaginación y que se diviertan con él. La mamá podría preguntar: '¿Los asientos de la carroza tienen cojines o son más bien como bancas?'".

Cuando me reuní con los padres de Ash, les dije que no se preocuparan por su actitud presente y que tampoco hicieran predicciones sobre su futuro. "Lo único que sabemos *ahora* es que a veces es Cenicienta y que lo adoramos. Y que deben respetar su creatividad y expresión personal, es vital para su crecimiento."

En los noventa llegaron herramientas tecnológicas avanzadas en la neurociencia, lo cual brindó un flujo de información sobre las diferencias de género en los ritmos del desarrollo cognitivo, emocional y físico; percepciones sensoriales como el oído y la vista, la anatomía y la arquitectura cerebral, el efecto de las hormonas en las emociones y otros atributos sutiles más significantes en la comunicación con los niños y los adolescentes. Aún no contamos con un cuerpo sustancial de investigación para determinar si el cerebro de los individuos transgénero es más similar al "género que experimentan" o a su "género asignado" (el que se indica en su acta de nacimiento), sin embargo, la investigación se ha puesto en marcha.[1] Hoy en día, la mayoría de los profesionales de la salud mental (y los jóvenes) comprenden que el género se ubica en un espectro, y no en categorías binarias sencillas, y que la experiencia de cada individuo sobre quién es, cómo quiere vestirse, cómo quiere que le digan y qué individuos le atraen para compañía, romance y experiencias sexuales no corresponde con clasificaciones predefinidas o rígidas.

Con la tecnología y las redes sociales, los padres deben ser aprendices eternos para diseñar e implementar reglas que protejan a sus hijos. Es el mismo caso a la hora de comprender la expresión de género. Si quieres que tu hijo o hija te consideren un compañero confiable, debes hacer tu tarea. No se me ocurre un mejor lugar para comenzar que la página genderspectrum.org. Es un recurso sin formalidades, sin polémica, sobrio y exhaustivo para educadores, padres y adolescentes.

Cuando leas los capítulos de *La voz de los padres. Qué decir, cómo decirlo y cuándo callar*, sobre las diferencias entre los niños y las niñas, y mis declaraciones sobre las actitudes y conductas de las madres y los padres, por favor inserta las comillas mentales que consideres necesarias en lo referente a las diferencias de género. Es el mismo caso si eres un padre o una madre soltera, una pareja del mismo sexo o si perteneces a cualquiera de las configuraciones familiares nuevas que ahora coexisten junto con la más tradicional familia nuclear.

Una lectura sensible a las diferencias biológicas nos permite comprender a fondo cómo ayudar a las niñas a convertirse en las científicas, ingenieras y matemáticas seguras y creativas que necesitamos en el siglo XXI, y al mismo tiempo las protegerá de la presión de ser perfectas y complacientes con los demás en cada aspecto de su vida. Nos permite encontrar las mejores maneras para fomentar el orgullo y las capacidades de los niños en una economía cambiante y en salones de clase en los que, con demasiada frecuencia, su energía elevada y su entusiasmo por "encontrarle la gracia a las cosas" se consideran síntomas de un problema. Los niños necesitan mentores adultos para criarlos que expresen sus emociones, a quienes les preocupen los demás y que establezcan vínculos sólidos, y que sean capaces de regular sus impulsos más fuertes.

Mi objetivo principal en *La voz de los padres. Qué decir, cómo decirlo y cuándo callar* es enseñar a los lectores cómo aprender el lenguaje necesario para conversar con sus hijas e hijos en cada etapa y fase de su vida. Algunas lecciones están inspiradas en los nuevos descubrimientos de la neurociencia y la biología, otras en mis décadas de práctica clínica con toda clase de familias, algunas otras en revelaciones culturales recientes y en desarrollo. Ninguna pretende formar estereotipos o generalizar. Como siempre, confío en que los padres adapten estrategias que correspondan con sus valores y al espíritu, personalidad y necesidades siempre en pro de su hijo extraordinario.

Para proteger la privacidad de los individuos e instituciones descritos en este libro he cambiado los nombres, las características y ubicaciones de los acontecimientos como corresponde.

Introducción

Éste es un libro para los padres que quieran encontrar su voz.

Algunos de ustedes son madres o padres primerizos que apenas comienzan el diálogo eterno que los redefinirá y le dará forma a ese ser diminuto que han traído al mundo.

Algunos han sido padres desde hace un par de años, o muchos. Tal vez estén roncos por haber repetido lo mismo una y otra vez, ya sea porque hayan recordado, rogado o gritado, y aún así no los escuchen. Por ejemplo, en cuanto a niños pequeños: se le olvida jalarle al baño, le dice a su hermanita que es una tonta, y aunque asegura que no se va a quedar dormido, todas las mañanas avanza en cámara lenta. En cuanto a los adolescentes, pese a tus peticiones o amenazas nocturnas, tu hija sigue haciendo la tarea mientras socializa en línea y te habla en un tono tan grosero que tu propia madre te hubiera castigado por haberlo hecho. Es decir, parece que tus palabras carecen de peso; aunque no te das por vencido, ni pierdes fe en ti mismo ni en tu hijo.

Pero hay casos en que algunos padres no hablan. Se han dado por vencidos. Han perdido la inspiración, la confianza y la energía para seguir intentando conectar con su hijo. Han dominado el ángulo perfecto para tomarse una selfie con su hijo de catorce años, pero fuera de eso, no parecen tener nada en común. Así que por defecto recurren a los regaños por la tarea o se refugian en la compañía fácil que brindan las pantallas de los diferentes dispositivos electrónicos o las exigencias de su trabajo.

Roncos o mudos, padres novatos o experimentados, se preguntan si existe una fórmula mágica que facilite las cosas, que las mejore. No existe. Sólo cuentan con su voz. Pero si saben cómo usarla, es todo lo que necesitarán.

La voz de los padres. Qué decir, cómo decirlo y cuándo callar se centra en cómo hablar con los niños y los adolescentes y cómo enseñarles a expresarse oralmente. Cómo emplear las palabras y el tono de voz, la cadencia y el ritmo, el contexto y la conducta, para profundizar en la relación con tu hijo o hija. No es una fórmula, sino una práctica.

Los seres humanos están hechos para comunicarse. La bebé te mira a los ojos, se disparan tus neuronas especulares, la bebé balbucea y gorgorea. Por instinto repites sus sonidos, gestos y expresiones. Dentro de poco están intercambiando palabras, después oraciones. Pero aunque sea una de las habilidades más naturales, hablarle a un niño requiere devoción, reflexión y paciencia. Implica intercambiar vocalizaciones, control, que requiere escuchar con atención y tener una actitud cordial hacia una conversación ya sea relajada, cómica, asquerosa, profunda, desgarradora, sincera, rara y esclarecedora, pero habrá valido la pena. Todas estas conversaciones enriquecen la vida familiar creando vínculos de amor y confianza, ayudan a los niños a entender mejor sus pasiones y preferencias, y a ver a sus padres y otros adultos como personas íntegras.

He trabajado con padres y niños desde hace más de tres décadas. Me he centrado en educar a los padres sobre el desarrollo de los niños, las dinámicas familiares y las expectativas culturales irreales. Esto me ha ayudado a entender a los niños de una forma más sensible y autoritaria. Pero hace un par de años comencé a cambiar mi enfoque.

Siempre había animado a los padres a recrear los pleitos o puntos muertos que experimentaban con sus hijos. Mientras lo hacíamos durante las sesiones, además de atender *qué* decían, empecé a darme cuenta de *cómo* lo decían. En general, estas mujeres y hombres eran excelentes comunicadores. Con otros adultos hablaban en un tono fuerte, claro y directo. Pero cuando representaban las peleas con sus niños presencié una transformación drástica. Se encogían y se paralizaban. Sonaban débiles, heridos, indignados, desesperados. Algunos adoptaban voces de bebé. Otros susurraban. Todos hablaban en un tono agudo, contraído. Encorvaban los hombros y señalaban de modo acusador.

Entonces les preguntaba: "¿Cuándo empezaste a gritar?". Bajaban la cabeza, asentían. Yo les reiteraba: "¿Qué tan fuerte? Hazlo ahora". Lo intentaban, y yo sonreía: "Guau, ya veo quién ganó ese round, ¿verdad?". Nos reíamos. Compartir esta frustración y vergüenza tiene dos propósitos: aligerar su carga y ayudarlos a darse cuenta de que incluso la psicología de sus palabras era precisa, los niños no los escuchaban por cómo transmitían el mensaje.

Decidí modificar mi proceso habitual con algunos clientes y comencé a asesorarlos en técnicas vocales. Introduje conceptos de hablar en un registro menor y con más calidez, disminuir el ritmo, mostrar un lenguaje corporal relajado, más seguro. Después practicábamos y los animaba a emplear sus nuevas habilidades desde esa noche.

Las transformaciones de los niños ocurrieron a una velocidad sorprendente. Los padres reportaron que incluso cambios pequeños en su tono y conducta modificaron el metabolismo completo de la relación. Cuando los padres se prepararon para escuchar con atención y tener conversaciones de acuerdo con la edad de sus hijos e hijas, los niños cooperaron y se portaron más diligentes y comunicativos. Lo mismo ocurrió cuando los padres aprendieron a encontrar espacios para tener conversaciones respetuosas, sin intenciones ocultas, con los adolescentes.

El arte de la conversación con los niños radica no sólo en el contenido, sino también en aprender a hablar en un lenguaje siempre cambiante, que evoluciona a medida que van madurando. Si el estilo y forma del adulto respetan el desarrollo cognitivo, los intereses y el temperamento de su interlocutor, podrá comunicar casi cualquier idea. Estos factores, junto con las diferencias de género que definen cómo aprenden los niños, influyen lo que un niño o una niña escucha y entiende. Si esperas que tu hijo de siete años escuche y responda como su hermana mayor a su edad, está destinado a fracasar. Pero "sintoniza *su canal*" para facilitar las cosas.

Las lecciones en este libro buscan mejorar la atmósfera en tu hogar, acercarte a los niños y ser un contrapeso en nuestra cultura nerviosa y distraída. Sin embargo, para sacarle provecho a estas estrategias, debes ajustar otra voz. Me refiero a la vocecilla en tu cabeza que te murmura: *no es suficiente*. No hay suficientes recursos, lugares en las mejores escuelas, atención de los maestros, oportunidades, amigos que sean la influencia adecuada. No hay suficientes horas en el día, fondos en la cuenta, tiempo para proteger el planeta, oportunidades para empezar de nuevo. El temor a la escasez es una realidad y está presente en la mente de muchos padres. Es el motivo por el cual su voz adquiere un tono agudo y nervioso. Detrás de la prisa, la duda, los regaños y las sú- plicas que amargan nuestras conversaciones con nuestros hijos se ocul- ta el temor.

En toda mi carrera como terapeuta he notado que a los padres les preocupa la escasez. Ahora, a medida que la tecnología nos jala hacia un futuro emocionante aunque indescifrable, el temor está mucho más presente. ¡Los niños deben cultivar aptitudes para el futuro! Pero ¿cuá- les son esas aptitudes? ¿Codificar o soldar? ¿Robótica o búsqueda de alimento? ¿Fluidez en mandarín o la sutileza social y emocional para ser tanto un líder como buen miembro de un equipo? ¿O todas? Los padres con buenas intenciones van de la planeación frenética de demasiadas ac- tividades a la parálisis desesperada. Mientras tanto, los niños sufren an- siedad, depresión, pesadillas, trastornos alimenticios y desmotivación.

El ritmo de nuestro mundo se sigue acelerando. Aunque parece aterrador, como si no pudieras hacer lo único que debes hacer —prote- ger a tu hijo—, también es liberador. Por mucho que te preocupes y plani- fiques, no puedes predecir qué aptitudes se recompensaran, qué títulos conducirán a las profesiones más satisfactorias, qué trabajos serán más lucrativos o qué ciudades serán más seguras para tu hija en veinte años. Para proteger a tus hijos no hace falta ganarle la partida al futuro, sino centrarte en lo atemporal y proporcionar los elementos que los niños siempre han necesitado: estabilidad, consistencia, cariño y aceptación.

Cuando renuncias al miedo, le abres la puerta al encanto. Uno de los mayores placeres de ser padre es tener la oportunidad de crecer por segunda ocasión, en otra época, guiado por un individuo con una sensibi- lidad muy distinta de la tuya. La perspectiva novedosa de los niños, su ale- gría e inocencia, su deseo apasionado por aprender, le añade color a tu vida. Ser padre puede reducir el estrés, en vez de incrementarlo, siem- pre y cuando reconozcas que es una oportunidad para explorar lugares majestuosos y misteriosos en compañía de tu hijo o hija. Sin importar el riesgo que corra nuestro planeta, sigue siendo verde, sigue teniendo agua y está lleno de belleza y magia, y los niños ven la vida con asombro. Si confían en ti, si te tomas el tiempo y si estás dispuesto a seguirlos, te llevarán a un viaje increíble.

CAPÍTULO 1

El público te escucha

De la primera infancia a los que empiezan a caminar

Las primeras palabras de una madre a su recién nacido son suaves y musicales, dulces y agudas. Los científicos sociales denominan este lenguaje instintivo *parentés*. Se conocía como *maternés*, hasta que los investigadores se dieron cuenta de que cuando los hombres le hablaban a los bebés, también enfatizaban palabras clave, simplificaban la sintaxis y reducían la velocidad de su forma de hablar para adaptarse al periodo de concentración y nivel de comprensión del niño. Los niños de hasta tres años hablan *parentés* con espontaneidad a los bebés y a los niños que empiezan a caminar.

¿Cuáles son los rasgos distintivos del *parentés*? Una cadencia rítmica con suficiente variación para llamar la atención del bebé. Una frecuencia aguda, agradable, no chillona. Vocales alargadas, consonantes exageradas. Un vocabulario sencillo más llamativo, con aliteración y repetición: "¡Qué burbujas tan viscosas! Es hora de dormir para el bebé. A dormir, bebé dulce y dormilón." Si bien en la primera infancia, los niños no entienden el significado de las palabras individuales, están alertas a diversos aspectos de tu presentación: volumen, ritmo, énfasis y repetición, contacto visual, expresiones faciales y gestos.

Quizá lo más importante es la retroalimentación constante entre padre e hijo. El bebé señala y sonríe o llora y el padre o la madre describe lo que ve: "¡Sí, es un PERRITO! ¡Es un perrito en la calle!". A medida que el niño aprende a formar palabras, el padre lo anima, le enseña a pronunciar y a desarrollar el tema:

—¡*Calo*!
—Sí, es un carro amarillo.

Desde 1977, la psicóloga y lingüista de Harvard Catherine E. Snow, escribió: "La adquisición del lenguaje es el resultado de un proceso de *interacción* entre madre e hijo, que comienza en la primera infancia, al que el niño contribuye en la misma medida que la madre, y que es crucial para el desarrollo cognitivo y *emocional*, así como la adquisición de lenguaje".[1] Se adelantó a su época. En el transcurso de las siguientes dos décadas, no hubo estudios experimentales para respaldar su declaración. Pero los avances científicos de la actualidad sugieren que el desarrollo cerebral está relacionado con la interacción social. El *parentés*, el puente de un bebé para la comunicación verbal, es más que una estrategia para enseñar un idioma. Ayuda a respaldar y darle forma a la capacidad de un niño para pensar.

QUÉ DECIRLE A UN BEBÉ

Desde los primeros días de su vida, tu bebé aprende sobre el tono y el ritmo y cómo se construyen las oraciones. Disfruta esta fase fugaz de la paternidad. Tómate la libertad de darte el gusto de pronunciar monólogos sin censura que aburrirían, ofenderían o molestarían a aquellos cuya comprensión está más desarrollada. Dentro de poco, tu bebé podrá repetir palabra por palabra lo que no quisiste compartir con otros adultos. Tu hijo tendrá la capacidad verbal para ordenar: "¡No hables!, ¡no cantes!". A la hora de dormir, tu hija de cuatro años, se comportará de forma mandona, y dirá: "¡No, ese cuento no! Quiero el de cuando me caigo en un hoyo mágico y conozco a dos princesas que se llaman Mariella y Marietta y una noche van a nadar en una fosa y conocen a un pez que habla francés. Cuéntame un cuento igualito, pero que no tenga un pez. Y que no sea francés. ¿Sí?". Esto te espera, pero de momento, tu bebé tolerará alegre tus pensamientos azarosos en voz alta.

Además de compartir tus pensamientos, sentimientos y planes, adopta el hábito de narrar las rutinas diarias de tu bebé. Por ejemplo, quitarle una camiseta a un bebé sin avisarle lo puede sorprender; limpiarle el trasero, le puede picar, rociarle agua en la cabeza sin explicarle antes, lo puede asustar. Anticipar la acción ayuda al bebé a aprender a confiar y lo aclimata a su mundo. Apaga la televisión o el radio cuando hables para que te pueda escuchar. Utiliza descripciones sencillas, vívidas y detalladas:

—Ahora te voy a lavar con este jabón resbaloso. ¿Ya viste las burbujas? ¡Las puedes reventar!

—Estos picos del peine se llaman dientes, como los dientes de tu boca. Todos en una misma hilera.

No temas introducir palabras desconocidas. Así, tu bebé ampliará su vocabulario, y los nuevos sonidos y combinaciones de sílabas lo mantendrán interesado al igual que tu narración animada. Utiliza palabras con deleite sensorial.

—El AGUA SALPICA cuando la golpeamos con las manos.

—El durazno está muy maduro. El jugo CHORREA cuando lo muerdo.

—El gatito RONRONEA. ¿Lo escuchas?

Prepara a tu bebé para las sensaciones puntuales que experimentará.

—Ya llegó la alfombra nueva. Vamos a ver cómo se siente. ¡Está SUAVE y PELUDA!

—Éste es tu suéter rojo. Vamos a ponértelo para que estés CALIENTITO. Oriéntalo en su entorno.

—Escucha, ¿oíste ese zumbido? A lo mejor un HELICÓPTERO sobrevuela la casa en el CIELO. ¡Salgamos a verlo!

—Ahora vamos a salir por la puerta y a bajar las escaleras. ¡Una, dos, tres! Ahí está el coche.

Por supuesto que en numerosas ocasiones tu voz cariñosa no lo complacerá ni consolará. Cuando tu bebé esté cansado o de malas y rechace o ignore tu tono dulce, no te lo tomes personal, a veces le viene bien llorar un rato.

CANCIONES DE CUNA PARA CURAR LA TRISTEZA

En todas las culturas, las madres cantan canciones de cuna para consolar a sus bebés y a ellas mismas. Estas canciones siguen un patrón consistente. Su métrica imita el movimiento de mecer que experimentó el feto en el útero; las melodías son sencillas, la mayoría de las veces sólo se componen de cinco notas. El ritmo es constante e hipnótico. Estos atributos corresponden con la capacidad limitada que tiene el recién nacido para procesar los sonidos y el movimiento. Cuando una madre canta, el bebé siente la vibración familiar de sus cuerdas vocales, el movimiento rítmico de su respiración y la oscilación de su cuerpo que lo consuelan.

El sentido de las canciones de cuna es mucho más profundo que tranquilizar a un niño inquieto. Tal como su forma musical es consistente en todo el mundo, también la naturaleza alarmante de sus letras. Algunas tienen tonadas lastimeras: "Duérmete niño, duérmete ya", y es frecuente que las palabras entren al ámbito de la incertidumbre, el temor y la soledad.

> Duérmete mi niño,
> nadie va a gritar,
> la vida es tan dura
> debes descansar.
> —VÍCTOR JARA, "Canción de cuna para un niño vago"

> En los brazos te tengo
> y considero
> qué será de ti, niño,
> si yo me muero.
> —Canción de cuna española

Las canciones de cuna son la oportunidad de un padre preocupado de expresar verdades francas. Cuando los sentimientos sombríos se trasladan a la música, se le da alas a la frustración, temores y resentimiento acumulados en el día. En vez de convertirse en amargura, se evaporan, revitalizan tu visión del encanto de tu hijo mientras duerme.

La ciencia ha confirmado las propiedades sanadoras de las canciones de cuna. Estudios realizados en niños pequeños hospitalizados en cuidados intensivos, demuestran que escuchar una canción de cuna estabiliza el ritmo cardiaco y respiración de un bebé, lo ayuda a comer y dormir mejor y reduce su percepción del dolor durante los estudios médicos.[2] Y cuando tu bebé escucha tu canción de cuna, aprende a comunicarse. Asimila tus palabras y expresiones faciales, y responde gorgoreando. Observa tus labios e imita sus gestos. Los bebés absorben tu canción con todos sus sentidos.

FLORACIÓN Y PODA: EL LENGUAJE Y EL CEREBRO DEL BEBÉ

La tecnología nos permite echar un vistazo al cerebro humano y ver el efecto que tiene el lenguaje oral en el desarrollo de los niños incluso antes de nacer. Imagina una incubadora, con su habitante diminuto, un bebé prematuro que nació entre ocho y quince semanas antes de tiempo. Dentro de la incubadora, una bocina pequeña reproduce el sonido de la voz y el latido del corazón de la madre. Cuarenta incubadoras están equipadas con bocinas, veinte prematuros reciben tres horas extra al día de sonidos de mamá. Después de un mes, los investigadores emplean imágenes neuronales para medir la corteza auditiva de los prematuros, el centro auditivo del cerebro. Los centros auditivos en el lóbulo temporal de aquellos que gozaron de las horas extra de mamá son significativamente mayores. Su voz y latidos provocaron que creciera el cerebro del bebé, en sentido literal.[3]

Diversos estudios realizados a recién nacidos han demostrado la conexión prenatal entre la voz de una madre y el desarrollo cerebral de un bebé. Un día después de nacido, un recién nacido chupa un chupón más rápido a cambio de la recompensa de escuchar una grabación de la voz de su madre. Los recién nacidos pueden distinguir entre el lenguaje de sus padres y uno desconocido, y prefieren un libro que les leyeron en voz alta antes de nacer.

¿Cómo es posible que los bebés sepan tanto en tan pocos días de nacidos? Son paquetes muy bien provistos. Así como las bebés nacen con todos los huevos que necesitarán más adelante para producir sus propios bebés, el cerebro de un recién nacido incluye cien mil millones de neuronas y la capacidad de aprender y reproducir los sonidos y tonos de cualquier idioma. En el útero, el sentido auditivo está muy desarrollado, por eso los bebés nacen con vías neuronales auditivas muy bien desarrolladas.

Después de nacer, el cerebro recibe un flujo de sonidos desconocidos, así como visiones, aromas, sabores y texturas. A partir de esta sopa sensorial, el bebé le da forma a un mundo predecible. El niño podría necesitar *cualquier cosa* para sobrevivir: la capacidad de identificar nubes que presagian lluvia, campanillas de una bicicleta acercándose, o el aroma del caballo de la familia. El acento suave del portugués, el chasquido del idioma khoekhoe o los cinco tonos que se requieren para hablar mandarín. El cerebro dice: "¡venga!" y crea miles de millones de sinapsis adicionales para cuando el niño cumple tres años, el doble de la cifra de un adulto.

Los científicos denominan a este fenómeno *florecimiento sináptico*, y gracias a éste, los cerebros de los niños pequeños son extremadamente receptivos a estímulos nuevos. Por ejemplo, con todas esas sinapsis adicionales, los niños pequeños pueden aprender más de un idioma. En el proceso de aprendizaje, las sinapsis se eliminan o se podan. ¿Cuáles? Las que no se utilizan. Las sinapsis que permiten a un niño aprender khoekhoe, se marchitarán si no se cría en Namibia. Las sinapsis que ayudan a un niño a identificar el resplandor de las estrellas disminuirán si no nace en una familia con tradición marinera que navega siguiendo el cielo nocturno. Y si un niño escucha muy pocas palabras en su idioma nativo, se marchitarán algunas sinapsis que no utiliza: como las que respaldan la gramática y la pronunciación. Esto no quiere decir que es imposible que más adelante el niño domine estas aptitudes, sino que le exigirán mayor esfuerzo. Lo ideal es que un niño reciba información verbal con corrección gramatical, pronunciación adecuada y riqueza de vocabulario entre su nacimiento y los cinco años.[4]

El cerebro del niño que escucha una variedad generosa de palabras y sonidos en un contexto consistente se queda grabado con un mapa rico de vías neuronales y en cuanto comienza a imitar lo que escucha, las vías se quedan grabadas con mayor profundidad. Numerosos estudios han documentado el efecto que tiene "la brecha de la palabra": la diferencia en la destreza social y académica entre los niños que escuchan una diversidad de palabras y los que no.[5] Ver la televisión o jugar con apps educativas que "enriquecen la lengua" no apoyan el aprendizaje lingüístico de los niños menores de dos años. Tal como los cuerpos requieren nutrientes para crecer, el cerebro de los bebés y los niños pequeños prospera en un entorno con intercambio verbal humano abundante.

POR QUÉ LOS BEBÉS SON MÁS INTELIGENTES CUANDO HABLAN CON PAPÁ

Un niño en la etapa de la primera infancia y su papá deambulan en la calle principal de su colonia, un domingo por la mañana. Cuando el niño ve algo que quiere, sonríe, suelta la mano de su padre y corre hacia una librería. Pega en la puerta de vidrio con su pequeño puño.

> **Papá:** Sí, Jeb. Es la librería. Hoy está cerrada.
> *Jeb deja de sonreír y empieza a golpear la puerta.*
> **Papá:** Ya sé, es divertido. Venimos cuando queremos que nos cuenten un cuento. Vamos a asomarnos. ¿Ya viste? No hay nadie, pero regresamos mañana cuando abran.

El entorno, la postura, el ritmo, las expectativas sociales y el lenguaje de las madres y los padres enseñan aptitudes distintas, aunque igual de valiosas. El estilo de las madres fomenta el aprendizaje social y los vínculos afectivos, mientras que los padres tienden puentes con el mundo exterior recurriendo a un tono más adulto, a un léxico diferente y un diálogo menos concluyente. Estudios revelan que cuando los padres cargan a un bebé en el regazo o en una cangurera, es mucho más frecuente que elijan posicionar al bebé hacia afuera, con vista al exterior, que las madres, quienes posicionan al bebé hacia su cuerpo. Es una metáfora pertinente de cómo la convivencia con papá amplía y enriquece la experiencia de los niños en el transcurso de su vida.

De nuevo en mi colonia: un papá se arrodilla junto a una carriola para hacer contacto visual con su hijo de dos años. Ven a un conjunto de obreros utilizar un martillo neumático para romper el pavimento del otro lado de la calle. Tierra y pedazos de concreto salen volando. La pareja mira hipnotizada, admiran el espectáculo ruidoso y lleno de polvo.

Los padres aportan a la crianza de los niños aventura y un gusto por el riesgo que con frecuencia no corresponde con la necesidad natural de la madre para proteger y planificar. Los papás viajan con los niños en autobús y tren no sólo con el objetivo de llegar a un destino, también para compartir la emoción de viajar en vehículos grandes con mucha gente. Siguen sus impulsos para explorar, buscar, estar en movimiento y vivir el momento incluso sin empacar chupones, toallitas y refrigerios. Cuando se enfrentan con un reto, los niños aprenden a resolver lo inevitable viendo a papá.

Lynne Vernon-Feagans estudia la psicología de la alfabetización y el desarrollo lingüístico temprano en la Universidad de Carolina del Norte.

Su trabajo revela que cuando los padres emplean vocabulario diverso al interactuar con sus niños, al cumplir quince meses, los niños tienen aptitudes comunicativas más avanzadas; y al cumplir treinta y seis, desarrollo más avanzado en su expresión lingüística.[6] Incluso si mamá y papá tienen vocabularios equivalentes, los niños aprenden palabras con mayor facilidad si papá ha interactuado con ellos con regularidad.

Los investigadores creen que esto se puede deber a que, en general, las madres siguen pasando más tiempo con los niños que los padres. Mamá puede recitar *Mi papá* o *Mi mamá cuando está casi* dormida, por lo que sus comentarios sobre los libros se vuelven un poco memorizados. La madre también puede anticipar los deseos del niño, con lo cual frustra la conversación sin quererlo. Si después de lloriquear un poco, el niño obtiene su almuerzo, ¿para qué molestarse pidiéndolo con palabras? A fuerza de hábito, mamá puede utilizar palabras que su hija ya entiende. Cuando papá no tiene tal sintonía con el niño, es natural que utilice nuevas palabras, y así expanda el vocabulario del niño. La novedad de convivir con papá también puede explicar que el bebé ponga más atención. No se trata de que los papás sean mejores compañeros de juegos, simplemente son distintos de mamá.

LAS RISAS COMIENZAN AQUÍ

Así como los bebés reciben con cariño tus canciones de cuna desentonadas, un chiste oportuno siempre les parecerá gracioso. "Oportuno" se refiere a entender qué tanta información sensorial pueden tolerar. En tus primeras incursiones, utiliza sensaciones físicas y sonidos. Para los dos meses, tu bebé te sonreirá y te imitará si sacas la lengua. Pero como con toda clase de estímulos para los bebés, existe una frontera frágil entre el temor y el deleite. Cualquier manipulación ruda —incluidas las cosquillas— puede provocar protesta o lágrimas, y el mismo resoplido bobo arranca risas cuando se produce con suavidad, pero alarmará si es muy ruidoso.

Sopla en el estómago de tu bebé de cuatro o cinco meses y podrás escuchar sus risas y una comunicación apasionada con los ojos, la expresión facial, los pies y las piernas: ¡Otra vez! ¡Hazlo otra vez! A medida que el bebé crece, tanto las gracias físicas como las verbales lo divierten. Por

EL PÚBLICO TE ESCUCHA

ejemplo, si un adulto gatea en el piso, ladra, olisquea el aire y se encorva como el perro. O asoma la cabeza detrás de una puerta y dice "¡Bu!", ¡gracioso! Y ahora el bebé empieza a inventar su propio material. Mamá pregunta: "¿En dónde está tu nariz?", y el bebé señala su pie con una sonrisa pícara. ¿Hará reír a mamá si se pone una coladera como sombrero? ¿Y si vierte su leche desde su periquera? Ups, mamá parece molesta. Tal vez le guste si el tazón de cereal sale volando. Uf, qué difícil hacerla reír.

Algunos niños tienen una gracia natural. Mientras mi amiga le cambiaba el pañal a su hijo de dieciocho meses, el niño se ensució el dedo de popo. Señaló a su mamá y con alegría le ordenó: "¡pruébala!"

Una niña de dos años se vuelve loca pronunciando mal los nombres: su hermana Maricela es "Lela" y su papi es "Popi". Otra le dice a su mamá: "¡Mami, eres una concha!". Con el tiempo, muchos niños se vuelven astutos. Flora, de dos años, le responde a su papá.

> Toc, toc.
> **Papá:** ¿Quién es?
> **Flora:** Cosquillas.
> **Papá:** ¿Cuáles cosquillas?
> **Flora:** ¡A Clara! [Su hermana mayor.]

En el transcurso de la primera infancia, los niños valoran mucho a los adultos que se permiten hacer bobadas, que fingen caerse y pegarse con las cosas, hacer voces chistosas y caminar raro, o reaccionar con dramatismo, como llorar cuando un oso de peluche se cae a la alfombra: "¡Ay, noooooo!". ¡Qué público tan complaciente! Puedes ser el protagonista, y triunfar con tus peores chistes y gracias, o desarrollar habilidades para convencer a un niño necio para que se siente a comer.

EL VÍNCULO ENTRE LOS ALIMENTOS SÓLIDOS Y EL DESARROLLO DEL HABLA

Cuando le pregunté a una amiga con décadas de experiencia como maestra de preescolar, si sus alumnos estaban mostrando más retrasos en el habla y la articulación que en el pasado, respondió con rotundidad: "¡Sí!".[7] Me contó que los padres culpan a los aparatos electrónicos, pero no se dan cuenta de que parte del problema se debe al uso de las bolsas de alimentos (tubos de plásticos que contienen puré de frutas y verduras). "Los niños llegan a la escuela succionando su desayuno y después, de lunch, se comen otra bolsita de puré de ciruela y quinoa. Entran en una especie de trance de bebés y sin duda hablan menos a la hora del almuerzo."

Aprender a hablar implica un aspecto mecánico que se desarrolla a la par con la disposición cognitiva de un bebé. Es la forma en la que la naturaleza se asegura de que todo funcione en sincronía: los movimientos de la quijada, la lengua, las mejillas, la boca y los labios que le permiten a un bebé comer alimentos sólidos, son los mismos que facilitan el habla. Cuando masticamos y tragamos, fortalecemos los músculos que nos permiten hablar. A medida que un bebé cambia el sostén del pezón por una succión más sólida y después empieza a comer sus primeros alimentos blandos entre los cuatro y los seis meses, se está preparando para decir sus primeras palabras.

Ciertos acontecimientos importantes en el habla se relacionan directamente con los acontecimientos angulares en la alimentación del bebé, por ejemplo, dar tragos a un vaso abierto (no a un vaso entrenador) se relaciona con el avance en los sonidos que implican movimiento de los labios, como "g", y poder mover los alimentos dentro de la boca permite a un bebé pronunciar bien las palabras.[8] Por convenientes o prácticas que sean las bolsas de alimento en puré —y no tiene nada de malo recurrir a ellas de vez en cuando para refrigerios—, estudios realizados a niños en guarderías confirman lo que observó mi colega. El uso excesivo de las bolsas está alterando el desarrollo del habla de los niños.

Las bolsas de alimento son un sustituto deficiente del mundo glorioso de la cocina. Como norma general, los bebés mayores de un año deberían poder sentarse en sus periqueras y comer cuando la familia está comiendo, con modificaciones mínimas. La comida familiar es un acontecimiento clásico para desarrollar habilidades conversacionales, pero la hora de la comida entre un niño que empieza a caminar y un adulto también brinda muchas oportunidades. Pueden identificar sabores, texturas y colores; describir si algo está rico o feo, y experimentar las estaciones del año dependiendo de si hay en el tazón fresas frescas o sopa de calabaza.

MIRA QUIÉN NO HABLA

La calidad musical del *parentés* se le podrá facilitar a todos, pero la cantidad de tiempo que los padres dedican a hablar con sus bebés varía enormemente. Muchos padres consideran que las canciones, los cuentos y la narración son menos importantes que mantener a sus bebés abrigados, alimentados y bien descansados. A veces no es cuestión de prioridades sino de temperamento. A lo mejor mamá es callada por naturaleza o papá es tímido y prefiere no hablar en voz alta a un bebé que sólo responde balbuceando. Otros padres que se dan cuenta de lo alerta que se muestra su bebé ante expresiones faciales y su respuesta alegre a los juegos físicos, consideran la calidad de esa interacción suficiente y valiosa.

O tal vez a los padres los distraiga un compañero más predecible y dispuesto o exigente y urgente: su teléfono. El impulso de responder al sonido que te reclama te distrae de la invitación sutil de tu bebé para conversar. Nada en una pantalla brinda una experiencia tan personal y fugaz: fugaz porque aunque a tu bebé le fascinan tus canciones y chistes hoy, no será lo mismo cuando cumpla catorce años.

Limitar el uso de tu teléfono en la presencia de tu hijo es un hábito saludable porque el aprendizaje lingüístico de los bebés depende de que las personas les hablen y de que escuchen conversaciones. Para que esto funcione, el niño debe escuchar las dos partes del intercambio. Cuando un bebé escucha la mitad de una conversación telefónica, no puede comprender por completo el contexto, el significado, el ritmo del intercambio de las palabras habladas y las pausas que se dan al escuchar. En contraparte, escucha exclamaciones, frases aleatorias, oraciones parciales. Mientras tanto, los intentos del bebé para comunicarse gritando, señalando y pateando pasan desapercibidos por la madre o el padre ocupado.

En un Starbucks de San Francisco: un papá carga a una niña pequeña y se acercan al mostrador. Lo escucho decir: "¿Me podrías hacer un favor? La pregunta me llama la atención, es peculiar, pero amable, dulce, hasta genial. Este hombre confía en que su pequeña le pueda ayudar. Después escucho el resto: "Revisa los papeles en mi escritorio y busca el contrato sin firmar. Después escanéalo y mándamelo".

¿Quéee? Qué tonta. Está hablando a su oficina por bluetooth. ¡No con su hija pequeña!

LA VOZ DE LOS PADRES

Sigue hablando por teléfono: "Espérame un momento". Ordena y retoma la conversación. Su hija se emociona con algo que ve afuera. Señala con su dedo y emite un par de: "Ooos". Me asomo a la calle y veo, ¡un tranvía lleno de gente colgada en los pasamanos! circulando junto a un autobús! Pero papá sigue hablando por teléfono... La niña se encorva y luego se queda callada. Mitigo el dolor de esta escena con una fantasía de venganza. *Ya verás cuánto te cuesta el curso de preparación para la parte verbal del examen de admisión a la universidad, amigo.*

Desearía que esta escena fuera inusual. Casi todas las veces que estoy en la calle, veo a niños que intentan llamar la atención de sus papás, pero cuando los papás están ocupados con sus teléfonos, los niños pronto dejan de intentarlo. Más triste es ver a los niños que ven que su mamá o papá están con el teléfono y ni siquiera hacen el intento de interrumpir. Un estudio reveló que el comportamiento de los adultos hacia los niños durante la hora de la comida cambia cuando hay teléfonos o tabletas en la mesa: "con frecuencia, los cuidadores absortos en sus aparatos ignoraban la conducta de los niños un buen rato, después reaccionaban con regaños, repitiendo instrucciones robóticas... Parecían insensibles a las necesidades que expresaban los niños o respondían físicamente; por ejemplo, una adulta pateó el pie de un niño bajo la mesa, otra cuidadora empujó las manos de un niño cuando este intentaba en repetidas ocasiones levantarle la cara para que dejara de ver la pantalla de su tableta".[9]

El estudio nos recuerda que no sólo los padres, también todos los cuidadores deben ser sensatos a la hora de utilizar aparatos, por el bien de los niños. Cuéntale a tu niñera o nana que el desarrollo emocional y lingüístico de un bebé se retrasa cuando los adultos que los cuidan hablan por teléfono o se centran en sus pantallas. Resalta su papel vital como maestra e interlocutora de tu bebé.

Las reacciones de los niños frente a sus padres o cuidadores al teléfono me recuerdan al célebre "experimento del rostro inmóvil" que realizó el psicólogo del desarrollo Ed Tronick, en 1975. Se encuentra en YouTube, y es uno de los videos más potentes e inquietantes que conozco. El experimento comienza con una madre hablando y jugando con su hijo pequeño. Después le piden a la mamá voltear brevemente y volver a mirar al niño con una mirada inexpresiva. La cámara se enfoca en la cara del niño, su expresión registra el reconocimiento de que algo anda mal, después muestra preocupación (parece decir, *mamá, en serio, ¿qué te pasa?*), y hace esfuerzos intensos por recuperar el afecto de mamá y finalmente, se ve un sufrimiento total. Presenciarlo es doloroso y es un alivio cuando al fin la mamá puede seguir su impulso natural y consolar al niño.

La niña en Starbucks que intentó llamar la atención de su papá y después se encogió de hombros en señal de resignación, me recordó a los bebés en el laboratorio del doctor Tronick. No estaba agitada ni asustada, como el niño en el experimento del rostro inmóvil, pero su desánimo reflejó una trágica lección aprendida.

DELEITES TRANSPARENTES O POR QUÉ LOS MEDIOS IMPRESOS SUPERAN A LAS PANTALLAS

Los bebés pueden ser aburridos y frustrantes, los menores de tres años, molestos e incansables. Una vez, la madre de una bebé de tres meses me llamó para preguntarme: "Bueno, llevo veinte minutos acostada en el piso con ella, ¿ahora qué?". Otra mamá me confesó: "Tener un tercer bebé fue un error garrafal. Lo odio. Nunca duerme durante el día y está feo. Parece un anciano calvo. Y no deja de llorar".

—Todos queremos llorar siempre —respondí—. Sólo aprendemos a controlarlo.

—¡Nadie me advirtió que sería así! Fue mucho más fácil con las niñas.

No importa si es tu primer o quinto hijo, llegará un momento en el que te sientas delirar por la falta de sueño o presa de un aburrimiento indescriptible. ¿Entonces por qué no puedes distraerte un poco con tu teléfono? ¿Se supone que debes mirar a tu bebé hasta que uno de los dos se suelte a llorar o se quede dormido?

Para nada. Pero intenta distraerte con algo que no sea una pantalla; algo como un libro o una revista. Cuando lo haces, tu atención es más pública, más accesible. Los aparatos exigen una atención distinta. La influencia en tus emociones y cognición es más privada, y tu visión se centra estrechamente en un espacio más pequeño. Disminuye tu conciencia periférica. Si estás enviando mensajes, es interactiva. Si estás viendo internet o videos, es cambiante y móvil. La página impresa es estática, si levantas la vista, nada cambia, lo cual quiere decir que tienes más atención libre para observar tu entorno. Es más probable que el padre que está leyendo un libro en el parque se percate de que su hijo llora, que el padre viendo la pantalla del teléfono.[10]

Existe otro motivo sutil para elegir la palabra impresa sobre los aparatos electrónicos. Si tu hija ve una portada, el peso de un libro, o cómo hojeas una revista, absorbe información útil sobre ti y aprende más sobre tu mundo y el suyo. La niña puede mirar por encima de tu hombro fácilmente, comentar la portada o las imágenes y preguntar si el libro es bueno. Hace preguntas como: "¿de qué trata?, ¿por qué quieres leerlo?". Tu actividad puede ser catalizadora para conversar. Por el contrario, los teléfonos no son transparentes, como apuntó Susan Dominus en un ensayo nostálgico titulado "Motherhood, Screened Off". Ahí escribe que cada que toma su teléfono, sus hijos saben que también "está tomando camino a un portal, igual de mágico que aquel en el ropero de Narnia y con el mismo potencial de transportarse a otro mundo o a mundos infinitos… Por ello es razonable que se preocupen por qué tan lejos viajaré y si volveré pronto".[11]

Además de la vaguedad y la inaccesibilidad de lo que haces en la pantalla, el hecho de que puedes pasarlo y ocultarlo al instante, te distancias aún más de tu hijo. Es cierto que los adultos disfrutan de muchas distracciones que nada tienen que ver con los niños. Es parte del atractivo y misterio de la adultez. Pero mandar mensajes no es misterioso, es furtivo. Misterioso sería a dónde van mamá y papá cuando salen solos por la noche. Lo furtivo excluye, es una barrera.

Tu bebé —y más adelante, menor de tres años, niño y adolescente— te puede llegar a conocer por los libros y las revistas que lees, la música que te gusta y los equipos a los que apoyas. Cuando convives con tu hija, ¿te pondrías audífonos para escuchar música o ver un partido? Eso la excluiría de la acción. Del mismo modo, permítele ver lo que lees, porque es una forma de invitarla a tu mundo. Piensa cuántos aspectos de su vida interior te gustaría que te compartiera en los años venideros, compartir tus experiencias ahora parece un acto de camaradería.

LOS GADGETS COMO NIÑERAS

Una mamá joven se sienta en un restaurante con un niño de pelo rizado en su regazo, mientras le da de comer arroz y verduras. Él chilla y ella le murmura algo al oído. Después veo a qué le chilla: a un teléfono acomodado de costado que reproduce una caricatura diminuta. A lo mejor estás pensando: ¿Qué tiene de malo? Los dos están contentos, ¡es entretenimiento! Relájate.

Elijo esta escena para introducir el tema de las iPads o los teléfonos como niñeras, precisamente porque aparentemente son una viñeta amorosa e inocente. El problema es que es muy probable que su uso no sólo ocurra una vez a la semana, sino múltiples veces al día. La investigación sobre el uso que hacen los niños de aparatos electrónicos está en curso, pero en lo que se refiere al desarrollo del lenguaje, los descubrimientos no son favorables.

Los adultos reconocen que son "adictos" a sus aparatos, y la ciencia respalda el empleo de esa palabra. Los teléfonos inteligentes activan varias partes del cerebro que fomentan la conducta compulsiva. Desde el punto de vista evolutivo, nos motiva "buscar". La dopamina, un neurotransmisor, nos motiva a buscar información, nuevas experiencias y elementos elementales como el alimento y el sexo. Anteriormente se creía que la dopamina controlaba los sistemas de placer del cerebro, pero nuevos estudios revelan un proceso mucho más complejo: sentimos placer cuando lo buscamos y luego lo encontramos. El "buscar" activa la respuesta placentera opioide. En términos neurológicos, anhelamos buscar y encontrar en la misma medida. Nuestros teléfonos nos permiten buscar información sin descanso.

Este placer de buscar y encontrar se intensifica si no sabes qué encontrarás o cuándo lo harás.[12] Los psicólogos denominan a este fenómeno "refuerzo variable". Recibimos mensajes de texto, tuits o correos electrónicos en momentos impredecibles o "variables", lo cual nos motiva a buscar y ver nueva información al respecto. Los sonidos que los anuncian marcan otra casilla en la lista de las compulsiones: la respuesta pavloviana.

Nada de esto es casual. En 2012, Bill Davidow, ejecutivo de la industria de la tecnología con muchos años de experiencia, reportó que: "muchas compañías de internet están aprendiendo lo que la industria del tabaco sabe desde hace tiempo: la adicción les conviene. No hay duda de que al poner en práctica las técnicas actuales de la neurociencia podremos crear obsesiones cada vez más atractivas en el mundo virtual".[13] Así que los padres no se equivocan cuando se confiesan adictos.

La investigación sigue su curso, pero el cerebro de los bebés y los niños pequeños es como esponja y debemos protegerlo de la exposición al poder adictivo de las pantallas.

Los padres que defienden que sus bebés utilicen aparatos pueden creer que "es educativo" o decir: "¡a mi hijo le encanta!". Sin embargo, Linda Stone, ejecutiva de la industria tecnológica y teórica acuñó la frase "atención parcial continua" y no está de acuerdo: "Quizá creamos que a los niños les fascinan los teléfonos por naturaleza. La realidad es que a los niños les fascina lo que a mamá y papá les fascine. Si a ellos les fascinan las flores en su jardín, entonces a los niños también. Y si mamá y papá no pueden soltar su aparato con pantalla, entonces el niño piensa: "¡Ahí está toda la diversión, quiero uno!".[14]

La Academia Americana de Pediatría (AAP, por sus siglas en inglés) lleva años recomendando a los padres no permitir a los niños menores de dos años manejar teléfonos inteligentes o tabletas por los posibles retrasos en el desarrollo del lenguaje vinculados a su uso. "Investigaciones en el campo de la neurociencia, demuestran que los niños muy pequeños aprenden mejor mediante la comunicación bidireccional. Conceder "tiempo para hablar" entre el cuidador y el niño sigue siendo crucial para el desarrollo del lenguaje".[15]

En 2016, la AAP modificó su postura, afirmó que "algunos medios pueden tener valor educativo para los niños a partir de los 18 meses de edad, pero es de crucial importancia que sean programas de alta calidad, como el contenido que ofrece Sesame Workshop y PBS... Los problemas comienzan cuando los medios de comunicación desplazan la actividad física, la exploración activa y la interacción social cara a cara en el mundo real, todo ello esencial para el aprendizaje. Demasiado tiempo frente a una pantalla también puede alterar la cantidad y la calidad del sueño".[16]

Hoy por hoy no hay estudios que relacionen los retrasos en el habla y el lenguaje en los estudiantes de primaria y preparatoria *exclusivamente* con la cantidad de tiempo que dedicaron a los aparatos en su temprana infancia. Pero en el Reino Unido, un estudio realizado entre 2007 (los primeros iPhones llegaron al mercado en enero de ese año) y 2011 a estudiantes demostró "que la cifra de los niños en edad escolar que requerían ayuda experta debido a dificultades lingüísticas y del habla, aumentó 71 por ciento".[17]

SUEÑO, RUIDO Y LA MÚSICA DE LA TRIBU

En ocasiones no es preciso entretener a tu hijo con un aparato ni con nada más. A veces los bebés duermen y "acostarlos" se vuelve la obsesión apasionada de los padres. Es el motivo de las canciones de cuna, la mecedora vibradora de cunas electrónica y el sinfín de tonadas de guitarra *slack-key* hawaiana o la música que sirve de sedante con la que se ha encariñado el bebé. Y en cuanto se queda dormido, se tiene la costumbre de caminar de puntitas y mantener la casa en un silencio sepulcral por temor de que una voz lo despierte.

El entorno sonoro del bebé es vital para su desarrollo. No obstante, del mismo modo en que un entorno impecable, sin gérmenes, reduce la inmunidad frente a las infecciones, no hace falta callar a todo el mundo y crear una zona de silencio antinatural en casa porque el bebé está durmiendo. Si bien nada tranquiliza a un bebé como la voz de su mamá, los otros sonidos de la tribu también lo relajan, pues los percibió cuando estuvo en el útero. La aspiradora del pasillo, el perro ladrando al timbre, o el salto rítmico de la hermana mayor cuando se sube al sillón, son un soundtrack familiar. Está más cómodo con los ruidos cercanos de la familia que con el silencio solitario de una habitación aislada. El monitor del bebé te tranquiliza como padre, pero no a él.

Además, cualquier niño menor de un año es capaz de quedarse dormido durante el choque de un tren. Los has visto quedarse dormidos en el hombro de papá en plena fiesta de cumpleaños ruidosa. Dicho esto, no es conveniente exponer a los bebés a ruido excesivo fuera de casa. Su oído es muy sensible, por lo que es importante protegerlos de los sonidos penetrantes, discordantes o de altos decibeles. Tal vez parece un corderito en el restaurante ajetreado o el festival al aire libre, mirando las luces o tomando la siesta, pero el precio será un bebé sobreestimulado e insomne a las dos de la mañana.

Más aún, el ruido podría dañarle el oído. La música amplificada, la aceleración de motores, el clamor de las multitudes (como en eventos deportivos) y otros ruidos estridentes pueden causar pérdida de oído permanente tanto a los bebés como a los niños pequeños. Debido a que su cráneo es mucho más delgado que el de los adultos, el oído interno es más vulnerable. Los audífonos repelentes de ruido para bebés y niños no son costosos y se pueden encontrar en línea. Si anticipas estar en situaciones en las que el bebé podría estar expuesto a ruidos muy estridentes, entonces son accesorios necesarios.

ASISTENCIA SILENCIOSA: CUÁNDO SER EL COMPAÑERO SILENCIOSO DE TU BEBÉ

Los seres humanos siempre han recurrido al silencio como bálsamo para el alma: la habitación para meditar, el senderismo, el rincón silencioso de la biblioteca. El silencio también es invaluable para los bebés, no como precursor de la siesta, sino como entrada para el "yo". Existen dos motivos sólidos para cultivar el silencio en compañía con tu bebé. El primero es práctico y educativo, el segundo es más profundo.

Cuando los bebés están intentando resolver problemas en los límites emergentes de sus competencias, es mejor que los padres se abstengan de ayudarlos demasiado rápido, también en el caso de la orientación verbal. Esto es distinto de narrar rituales diarios y requiere atención de parte de los padres. Deborah Carlisle Solomon, una extraordinaria educadora con años de experiencia, me contó que enseñar a las madres "a no hablar, no señalar, ni siquiera plantear preguntas encaminadas a brindar soluciones" es parte esencial de su programa para la primera infancia.

Fui como oyente a una clase titulada "Mami y yo", y vi la ansiedad de los padres frente a este edicto en apariencia sencillo. Los padres y los bebés estaban sentados en una manta grande de franela llena de juguetes. Wyatt, de dieciocho meses, estaba estirando el brazo, quería una pelota suave de tela que descansaba a lo lejos en un pliegue de la manta. Wyatt miraba la pelota y refunfuñaba suavemente. Al ver su esfuerzo, su madre automáticamente se estiró para acercársela y al mismo tiempo, describió la percepción de su deseo: "¡Quieres la pelota!".

—Espera —dijo el facilitador del grupo con sutileza—. Vamos a ver qué pasa.

Wyatt estaba atento, resuelto, pero no angustiado. Siguió refunfuñando. Ahora la madre sufría más que el niño. ¡Sería tan fácil ayudarlo! De pronto, Wyatt cambió su estrategia. En vez de estirarse para alcanzar la pelota, tomó la manta en el puño y la jaló con suficiente fuerza para soltar la pelota de su pliegue, y así la pelota rodó directo a su mano. ¡El bebé estaba feliz! Su madre exhaló.

—Sé que al principio fue duro, pero mira lo que hizo Wyatt. ¡Esa pelota es oro! Si le hubiera facilitado alcanzarla, seguiría siendo una simple pelota. Siéntate sobre tus manos, imagina que tienes la boca cerrada con cinta adhesiva, espera unos segundos antes de ofrecerle ayuda, utiliza cualquier truco para detenerte de interferir con la oportunidad de Wyatt de resolver un problema —dijo Lisa.

Poco después de observar a Wyatt, pasé la mañana en la playa. Me hice amiga de Jenny, mamá de Theo, de dos años. Observamos a Theo llenar su cubeta de arena, verter arena por una coladera y hacerlo todo de nuevo. Y de nuevo. A veces narraba la acción, describiendo su equipo: "*Cubeta...* pala". Otras, cantaba: "Arena, ay arena, ay arena". Pero la mayoría de sus movimientos requerían una concentración tan profunda que trabajó en silencio. Jenny me contó que llevaba veinte minutos entretenido. "Me tengo que recordar no interrumpirlo para enseñarle nada. Dejarlo en paz."

Al controlarse, Jenny le dio la oportunidad a Theo de estar a solas. Es el segundo motivo por el cual es necesario hacerles compañía en silencio. La comodidad de la compañía en silencio le permite a un niño aprender a hablar a solas, un hábito de diálogo interior positivo. A medida que crece, la reflexión será un protector poderoso contra la inseguridad, la meditación ansiosa y la evasión frenética del aburrimiento.

El juego solitario es inmensamente distinto de la forma en la que un niño pequeño interactúa con un aparato electrónico. La psicóloga y socióloga Sherry Turkle estudia y enseña el efecto de la tecnología en las relaciones humanas en el Instituto Tecnológico de Massachusetts. Advierte: "Aprender sobre la soledad y estar a solas es fundamental en el desarrollo temprano, no es sensato que los niños se lo pierdan porque decides aplacarlos con un aparato... Necesitan poder explorar su imaginación; conocerse, saber quiénes son. Así, un día podrán relacionarse sentimentalmente sin el pánico de estar solos. Si no le enseñas a tus hijos a estar a solas, sólo sabrán cómo sentirse solitarios".[18]

El acompañamiento en silencio, paciente, como cualquier práctica espiritual, exige disciplina, convicción y valor. En un mundo de ambición ansiosa, entrometerte en la relación de tu hijo consigo mismo puede confundirse con guiarlo. No involucrarte a cada paso, puede parecer negligencia. Cada vez me impresiona más cuando me encuentro a padres que reconocen que con frecuencia, cuando los adultos hacen menos, los niños pueden hacer más.

Cuando los niños empiezan a caminar, se acelera su adquisición del lenguaje y florece su personalidad. Entramos a la infancia en toda su expresión, la tierra de las historias prolijas, los pretextos descabellados, las malas interpretaciones extravagantes y las futuras leyendas familiares. Mantén los ojos y los oídos abiertos.

CAPÍTULO 2

El gran espacio de catedral de la infancia

Aprende el idioma del mundo de tu hijo

Niños y niñas entre los tres y los once años

¿Acaso la infancia es igual en todas las épocas o la definen los adultos que resguardan sus puertas? Nuestra experiencia moderna con la crianza suele ser tensa y aprehensiva. Escuchamos a los niños deprisa, o los escuchamos a medias. Las prisas nos obligan a querer aprovechar al máximo toda interacción; por tanto, deletreamos palabras en los cuentos para dormir y los obligamos a hacer reportes en el camino de la escuela a la práctica. En este "correr", hacemos suposiciones descuidadas o nos dejamos llevar por las emociones en vez de tomarnos el tiempo para reflexionar.

En vez de tener conversaciones sin filtro y dispersas, muchas comunicaciones entre adultos y niños están cargadas de sugerencias, recordatorios y advertencias. Sentarse con nuestros hijos y escucharlos —haciendo comentarios o preguntas esporádicas, sin revisar el teléfono— parecerá un arte perdido. Pero puedes comenzar con cinco minutos ininterrumpidos. O incluso dos. Esos minutos con tu hijo, tan cambiado de ayer para hoy, te ofrecerán tesoros sorprendentes y te harán querer más.

El mundo ha cambiado abismalmente en décadas recientes, pero las condiciones para una infancia feliz siguen siendo sencillas. Alimento, refugio, seguridad. Una cantidad saludable de tiempo sin estructura y un padre dispuesto a escuchar sobre las aventuras del día. Virginia Woolf escribió lo siguiente sobre su madre: "ahí estaba ella, en el mismo centro de aquel gran espacio de gran catedral que era la infancia".[1]

Un padre define la infancia no sólo al proveer un hogar cálido, también estando en el centro, listo para escuchar y dispuesto para hablar.

TRES VERDADES FUNDAMENTALES SOBRE LOS NIÑOS

Aunque los niños te puedan llevar al reino del encanto, la vida puede ser un infierno cuando estás metido hasta las rodillas en las trincheras de un día común y corriente con ellos. Y a diferencia de otras actividades sociales, ésta no es opcional. Cuando las sagas judías antiguas se referían a *"tzar giddul banim"* (el dolor de criar a los niños, en hebreo), reconocían tanto la urgencia como la aparente futilidad de transmitir tu mensaje a unos locos distraídos, necios, ignorantes y egocéntricos. Pero podemos suavizar algunas de las dificultades que nos encontramos día a día si comprendemos tres verdades fundamentales. Si parecen obvias, y por tanto parece fácil incorporarlas a tu corazón, tu forma de ver la vida y rutina de crianza, probablemente seas novato en la crianza de los hijos.

1. Los niños y las niñas son diferentes

Ven y escuchan distinto, aprenden distinto, progresan a ritmos distintos, encuentran situaciones y sonidos divertidos y distintos, y responden a las interacciones verbales y no verbales con estilos distintos. Es cierto que los estereotipos anticuados pueden perjudicar reduciendo o distorsionando nuestra opinión sobre los niños como individuos, y los niños y las niñas comparten muchas características. Sin embargo, los padres y otros adultos necesitan valorar los rasgos distintivos de cada niño y al mismo tiempo, aceptar que existen diferencias de género.

2. La conducta de tu hijo o hija no te hace ser mal padre

No puedes tomarte la mala conducta de los niños a modo personal. Salvo contadas excepciones, su terquedad, irritabilidad, resistencia a la razón y otras conductas malhumoradas u ofensivas no reflejan cuánto te aman ni tus aptitudes como padre. Tienen muchas otras influencias en su vida: dificultades diarias, humillaciones, anhelos incumplidos, frustraciones y decepciones. Al igual que el desastre que llevan dentro de sus mochilas, lo descargan en casa. Si no sintieran que puedes sortearlo, no te arrojarían su carga emocional.

3. Hoy es una instantánea, no la película épica de la vida de tu hijo o hija

Los niños evolucionan constantemente. El día de hoy no predice mucho sobre el mañana, tampoco sobre los años de la secundaria, o su profesión futura ni sobre cómo será tu relación con ellos cuando hayan madurado. En un mundo de clasificaciones y listados constantes, es sumamente contracultural esperar y observar, pero es esencial.

Una última sugerencia antes de comenzar nuestro estudio sobre la conversación. Cuando hables con los niños, finge ser un viajero que lo ve todo con ojos frescos o un antropólogo cultural. ¿Cuáles son las costumbres de esta gente? ¿Sus tradiciones, creencias? ¿A quién admiran y por qué? ¿Qué ambicionan? Cuando entres a su territorio, permite que te guíe una mente abierta, la curiosidad y el valor.

COACHING VOCAL, PRIMERA LECCIÓN: LA TONADA IMPORTA IGUAL QUE LAS LETRAS

Los artistas, músicos y escritores siempre buscan "encontrar su voz"; esto es, la expresión más auténtica de quiénes son. En la vida cotidiana nuestra voz transmite no sólo información literal, también pistas que provienen del alma que burbujea al interior. A tu hijo le importan tu ritmo, tono, calidez o distancia, falta de aliento o arrastre de las palabras mucho más que las palabras que pronuncias. Cuando tu hija reflexione sobre su infancia, recordará el deleite de tus saludos y la molestia en tus órdenes a gritos, la entonación de tus apodos, tu risa o resoplido de desaprobación. Tu hijo recordará el placer con el que lo motivabas, tus redundantes discursos de advertencia, la dulzura de tus canciones para dormir. Buena parte de lo que apreciamos, deseamos y tememos en lo que respecta a nuestros hijos, se refleja en la calidad de nuestra voz. Y la mayoría de las veces, no tenemos ni idea de cómo sonamos en su presencia.

Mis lecciones vocales con los padres suelen comenzar con una llamada como la que recibí de una madre consternada.

—Tenemos una emergencia con nuestra hija, Ruby. Es terrible en todos los aspectos. ¡Es una pesadilla! —la mujer susurraba con fuerza. La imaginaba oculta en el baño—. Necesitamos verte lo antes posible. Estamos dispuestos a cancelar cualquier cosa para verte.

—¿Cuántos años tiene Ruby?

—Cuatro.

¿Cuatro? A juzgar por el pánico de su madre, hubiera creído que quince. Pero las niñas de cuatro años que pueden sorprender a los padres para mal, en semanas se transforman de pequeñas dulces y sonrientes en déspotas en diamantina color rosa. Es tan dulce, una compañera encantadora, hasta que un día se aparece Bellatriz Mandona y no se va. Entonces la confianza de los padres empieza a flaquear.

Me reuní con la mamá de Ruby y le pregunté sobre la composición de la familia, la salud física de Ruby en términos generales, sus patrones de alimentación y sueño, y cualquier experiencia difícil que hubiera tenido. Después la invité a narrar a detalle algunas "pesadillas" cotidianas recientes. Después de escuchar un par de ejemplos, sonreí y la interrumpí:

—¡Guau! Cómo me hubiera gustado filmarte. Así podrías escuchar lo mucho que cambió tu tono. Tu voz se volvió muy aguda. Entrecerraste los ojos, tensaste la quijada y los hombros y empezaste a mover los brazos y a señalar. ¿Crees que esto ocurra cuando hablas con Ruby?

—Tal vez, ¡porque estoy furiosa! Es muy mala conmigo.

—A los cuatro, las palabras "malas" surgen de la frustración, la ansiedad o el cansancio. Ruby se viene abajo con las personas que adora y en quienes más confía: ustedes.

—Pero se pone así en las fiestas de cumpleaños e incluso con mis papás. Es vergonzoso.

—Vamos a intentar un nuevo enfoque. En vez de buscar entender el dónde, cuándo y por qué de la conducta provocativa de Ruby, o qué clase de consecuencias podrían ayudar a ejercer mayor autocontrol, centrémonos en un cambio sencillo. Comencemos con un ejercicio vocal. La lección de voz elemental que imparto implica frecuencia, velocidad, tono y lenguaje corporal.

1. Cuando comiences a sentir tensión mientras hablas con un niño de cualquier edad, relaja tus músculos faciales y hombros. Apoya las manos en el regazo. No señales.
2. Respira profundo. Disminuye la frecuencia de la voz y la velocidad del discurso.
3. No emplees un tono condescendiente ni infantil.

Realizo un ejercicio similar con todos mis clientes nuevos: les pido que describan a detalle la situación que desencadenó en una pelea o colapso con su hijo o hija. ¿En qué parte de la casa estaban? ¿Qué hora era? ¿Cuándo había sido la última vez que habían comido? Invariablemente, a medida que la madre o el padre relatan los hechos, se desesperan y elevan la voz, tal como lo hicieron en el incidente. Esta voz aguda, tensa, comunica indignación, temor y falta de autoridad. Es prácticamente igual de frecuente entre padres y madres.

En cuanto el padre eleva la voz, los papeles se invierten. El niño puede ver al padre como un hermano mayor que se burla de ellos o los insulta, o bien, un hermano menor llorón. Cuando el niño contesta e indica que ha dejado de escuchar, la frustración de los padres aumenta: el débil mensaje vocal ahora está acompañado por señales no verbales de alarma o sumisas (hombros encorvados, boca abierta, gesticulaciones de las manos). Cuando un padre firme se encorva y se viene abajo, el niño se subleva. Percibe (no por las palabras, sino por la frecuencia y el tono) que está ganando el round. El niño no siente la emoción de la victoria. Aunque no es consciente, siente temor; temor y poder, una combinación desafortunada. La conducta del padre indica: *no puedo contigo cuando te comportas como un niño.*

En sesiones posteriores con los padres, exploramos los sentimientos que reflejan mediante su voz estresada, repetición sin sentido y conducta alarmada. Al mismo tiempo, practicamos más lecciones de voz. Si tienes una voz más tranquila, te sentirás más tranquilo. Si atenúas la frecuencia, el niño percibe que puedes controlar tus sentimientos y que la situación no es perturbadora ni inusual. Los niños responden tranquilizándose y cediendo el poder, con frecuencia con gratitud (aunque no sean conscientes de ello). Esto, en cambio, te permite dejar de intentar mantener el control o sentir vergüenza por haberlo perdido y descifrar por qué se suscitó el problema. Cambiar el tono vocal resulta, de manera natural, en un cambio de conducta y perspectiva.

No tienes que *sentirte* tranquilo para actuar como si lo estuvieras, y cosechar los frutos. Los intérpretes, oradores y maestros dependen de comportarse "como si" para ganarse la vida. También puedes aprender a hacerlo.

TÉRMINOS ESPECIALIZADOS DE LA PALABRA HABLADA

Tengo mucha experiencia hablando. Llevo treinta y cinco años trabajando como terapeuta y he dado más de quinientas clases y conferencias inaugurales. Como investigadora he dirigido entrevistas formales con cientos de adultos y estudiantes. Pero cuando empecé a valorar la asombrosa mejoría en las relaciones entre padres e hijos en virtud de ajustes pequeños aunque específicos en la voz y el lenguaje corporal, aproveché nuevos recursos: instructores de actuación y voz. Estos profesionales saben qué enfoques mantienen o pierden la atención del escucha, cuáles inspiran buena voluntad e implicación o irritan y alejan a las personas. Como todas las disciplinas, la instrucción vocal tiene su propio léxico. Éstos son algunos de los términos más comunes.

Frecuencia: registro de la voz. Un registro agudo es agradable para los niños y las mascotas, pero indica falta de poder frente a un niño de dos o tres años. Un registro bajo demuestra autocontrol y autoridad.

Volumen: herramienta formidable de la que se abusa con frecuencia. Los gritos expresan debilidad o inspiran sordera voluntaria en el escucha, en cambio, hablar con un volumen medio inspira respeto y es una invitación atractiva para poner atención.

Tempo: velocidad del discurso. Hablar rápido puede expresar emoción o entusiasmo, pero también nerviosismo, disgusto o inquietud. Hablar despacio te da tiempo de resaltar puntos específicos y le da tiempo al niño de procesar tu mensaje.

Pausas: indican una transición a otro punto o le dan tiempo al niño de absorber una idea. Para los padres, pausar también implica escuchar y guardar silencio, evitar interrumpir o corregir.

Tono o timbre: es el atributo emocional de tu voz. Expresa tu actitud, por ejemplo, moralizante, satisfecho, condescendiente, curioso, aburrido, nervioso o impresionado.

Cadencia: ritmo de tu discurso. Si bien a los bebés les encantan las canciones de cuna y una cadencia cantarina, a los niños mayores les molesta o les parece ofensiva. Los discursos ensayados revelan una cadencia plana, en cambio, las proclamaciones mecánicas o alabanzas —"¡Guau, qué bien!"— pueden parecer insinceras y superficiales.

Léxico: vocabulario que utilizas con tu hijo. Puedes ampliar el vocabulario de tus hijos empleando palabras un poco más complejas que otras que ya conocen, dales contexto para que les sea más fácil deducir el significado.

Expresiones faciales: siempre deben corresponder con tu voz y tus palabras, pero es inevitable que los niños lean cosas en tu expresión que no quieres demostrar. Tal vez pregunten: "¿Por qué tienes los labios así?", cuando quieras ocultar tu frustración. Mis hijas me acusan de hacer "caras de asco". Es imposible mantener control absoluto de tus expresiones, pero te puedes entrenar para ser más consciente de los movimientos de tus labios, boca, quijada y cejas. Si te sientes muy tenso y prefieres no demostrarlo, prueba este truco al que recurren los oradores: aprieta los dedos de los pies. Libera el estrés con discreción.

NOTAS SOBRE EL SILENCIO

Esperar en silencio a que tu hijo termine una oración es igual de fundamental en una conversación que la forma en la que te expresas. Lo más beneficioso para los intercambios entre padres e hijos es sentarse frente a ellos al nivel de su vista, con las manos dobladas en el regazo, hacer contacto visual y evitar interrupciones. La calma y la falta de distracciones comunican tu deseo de escuchar porque lo que tu hijo quiere contarte es fascinante, importante y debes tomarlo en serio. Estos momentos brindan a los niños alivio y compañía durante los escollos temerosos de su día.

Ningún padre puede hacer esto cada vez que su hijo habla. Pero vale la pena cultivar estas aptitudes porque la escucha atenta y paciente es una forma de comunicación en peligro de extinción a pesar de sus múltiples recompensas: arregla muchos de los problemas que los padres llevan a mi oficina, es gratuito y al igual que el sueño, es natural (o lo era, antes de que estuviéramos tan ocupados que nos olvidamos de cómo hacerlo).

UN FORMATO PARA LAS CONVERSACIONES

Para los cuatro años, el repertorio de las conversaciones de los niños está en flor. Ya pueden formar oraciones completas, emplear gramática compleja y te acribillan con preguntas y participan en juegos complejos de simulación. La mayoría de los niños son parlanchines entretenidos, pero también es una etapa en la que te exasperarán porque te ignoran, hacen las cosas con una lentitud impresionante y discuten. O bien dominarán la conversación con su parloteo, lo cual frustra a los adultos que creen que si los controlan, disminuirá su autoestima y alegría de vivir.

Con los bebés la comunicación es mediante el habla, el tacto y los gestos animados. Con los niños, tienes un compañero de conversación competente que te quiere contar todo. Te seguirán hasta la puerta del baño y no se detendrán a respirar mientras estás dentro. Son tercos y exigentes, eufóricos y curiosos. ¿Tu misión? Limitar el potencial para caer en el tedio o la desesperación, y aumentar la posibilidad del disfrute.

Trata a los niños pequeños con dignidad, anímalos a reflexionar en voz alta, pregunta sobre temas que les confundan o les inspiren temor y recurre a la fantasía. Pide que te expliquen y profundicen, pero hazlo con paso ligero, no asumas que la conclusión será descubrir un problema o transmitir una lección de vida esencial. Escucha mucho y recuerda que los niños no buscan descargar información, sino un compañero cariñoso de conversación.

Estás hablando con una persona cuya concentración es limitada, así que sé breve con las peticiones e instrucciones y transmítelas en voz alta y clara para que las escuche un niño que tal vez está soñando despierto. Los padres ocupados acostumbran dar órdenes por encima del hombro mientras van saliendo de una habitación. Cuando no reciben una respuesta inmediata, las repiten a una distancia mayor y en tono irritado. Desde la perspectiva del niño, es como escuchar a un gigante ronco sin ver su expresión. *Su voz suena enojada, pero oye, no le veo la cara, así que me voy a arriesgar a ignorarlo.*

Observa a los maestros de niños pequeños en un salón de clases.

Cuando quieren comunicar información importante a un alumno, se ponen de rodillas, ven al niño a los ojos y hablan en tono bajo, esperan y después le piden al niño que repita el mensaje. Lo denomino "escucha integral": dar al niño tu atención absoluta, a nivel de la vista y apoyar la mano suavemente en el hombro del niño.

En cuanto los niños aprenden a hablar, empiezan a detectar la hipocresía. Perciben la frecuencia falsa de las relaciones públicas: "¡Te va a *encantar* el campamento de ciencias!". Detectan intenciones ocultas: "¿Levantaste la mano en clase?". (¿Tu maestro te está prestando suficiente atención?) Les molestan los elogios, el orgullo y el interés falsos porque pueden distinguir entre el valor auténtico de algo que dijeron o hicieron y un "¡Qué bien!" distraído. Aquí entra en juego tratar a los niños con respeto.

Le he preguntado a los niños qué frases de sus padres les molestan más (es decir, cuáles les parecen manipuladoras, pasivo-agresivas, falsas o ilusorias). Éstas son las ganadoras:

—Nada más quería avisarte...

—¿Sabes qué?

—¡Estará genial!

—No lo dices en serio.

—Sabes que no lo hizo a propósito.

—¿Puedo hablar contigo un segundo? (El niño sabe traducirlo a "quince minutos miserables".)

—¿Con quién te sentaste en el lunch?

—¿En serio? (Terminar una oración con un "en serio" tentativo, suplicante socava tu autoridad y le molesta a tu hijo. Implica que puede responder: "no, no está bien", lo cual no es cierto o bien, es un poder negativo que ningún niño quiere.)

...y por último:

—¡Con cuidado!

Es muy probable que tu lamento tenso (aunque trillado y predecible) de "¡con cuidado!" cuando tu hijo está a bordo de su bici cerca de una entrada para coches no sea útil. Lo útil sería: "María, espera. Quiero darte las reglas para ir por la calle [insertar el término adulto según el contexto]. Hay una forma segura de andar en bici por [palabra adulta en contexto]. Si ves una entrada para coches, siempre detente. Cuando te hayas detenido, mira la calle frente a la entrada para comprobar si un coche está a punto de entrar. También dentro de la entrada para comprobar si un coche está a punto de salir en reversa".

Si varias veces al día gritas "¡con cuidado!" en automático, es un mantra flojo. El niño lo interpreta como: *"ya generalicé el miedo"* (así que *no me pongas mucha atención*) o *"no confío en tu juicio"* (así que no tienes *que desarrollarlo, déjame que yo tome las decisiones*).

Al hablar con los niños, sobre todo los más pequeños, serás testigo de muchos errores verbales graciosos. En vez de corregir en automático las pronunciaciones incorrectas, el uso incorrecto de las palabras o la desinformación, date cuenta que hacerlo podría limitar el entusiasmo de tu hijo y que se sienta desconfiado de expresarse. Mejor adopta el enfoque de hacer una pausa y reflexionar: ignora algunos errores y repite algunas palabras o ideas adecuadamente sin señalar el error.

Ahora veamos algunas estrategias constructivas para iniciar conversaciones y explorar temas.

PARA INICIAR CONVERSACIONES

Puedes comenzar con observaciones específicas que demuestran tu atención. "Me interesa cómo dibujaste las nubes y las personas que están paradas ahí. ¿Lo hiciste con plumón y pintura? Parece que esa escena tiene una historia." Observar las herramientas y las intenciones de tu artista emergente es una forma más atractiva de iniciar una conversación que hacer preguntas cuya respuesta sean monosílabos o decir: "¡Qué buen dibujo!, ¡felicidades!".

Para los cuatro o cinco años, los niños empiezan a sospechar de las preguntas con final abierto que les hacen sus padres cuando quieren obtener información, por ejemplo: "¿Qué hiciste hoy?", "Cómo estuvo el lunch?" Si recuerdas lo que ya te contaron y después les pides más información, revelas que te interesan *ellos*, no sus logros ni su popularidad: "¿los renacuajos que estabas desarrollando en clase ya se convirtieron en ranas?".

Las preguntas abiertas como:"¿Te divertiste?", no son necesariamente ansiosas ni entrometidas, y tu hija puede responderlas con entusiasmo. Pero si quieres aumentar las probabilidades de obtener respuestas de más de una sílaba, intenta complementar los detalles: "¿La familia de Dion todavía tiene el trampolín en el jardín? ¿Su papá los salpicó con la manguera mientras saltaban como la última vez?". Si eres platicador y específico, es más probable que tu hija te responda del mismo modo.

Una forma interesante de iniciar una conversación es descubrir las oportunidades para que tu hija sea una consultora valiosa. Nota: plantea esta clase de preguntas sólo si hablas en serio y si tomarás en serio las contribuciones de tu hija.

—¿A quién te gustaría invitar al viaje a la playa?

—¿Qué preparamos de lunch cuando venga Addie?

—¿Se te ocurre cómo podemos hacer que tus primos se sientan bienvenidos?

—Me gustaría escuchar la música que elegiste para el coche.

—¿Qué te parece mejor, estacionarnos cerca de la entrada o de la salida del estacionamiento?

—¿Qué se te ocurre para tu fiesta de cumpleaños?

—¿Qué otro truco le enseñamos al cachorro?

Este estilo de preguntas dignifica al niño pues le otorga una misión. También sirve como contrapunto a la rutina de preguntas padre-hijo que son necesarias para el día a día:

—¿Recuerdas qué día tenemos que devolver la tortuga a la escuela?

—¿Todos se abrocharon el cinturón?

—¿Por qué hay lodo en el sillón?

A menudo sólo hace falta la curiosidad de los niños para iniciar un diálogo. Un conocido me contó lo mucho que disfruta la compañía de su sobrino de siete años: "andamos en bici todo el día. Jack es brillante para iniciar conversaciones. Me hace preguntas del tipo: 'Tío Ryan, ¿quién es tu superhéroe favorito de Marvel? ¿Qué te ha hecho reír más tiempo? ¿Alguna vez te rompieron el corazón?'".

AMPLIAR LA CONVERSACIÓN

Existen varias estrategias para que la conversación sea más interesante tanto para ti como para tu hijo. La forma más fácil es repetir la noticia que te contó y hacer preguntas al respecto. Intenta incluir una referencia específica a lo que te acaba de contar el niño. Por ejemplo: "¡No sabía!, ¿qué más?" o bien: "No sabía eso de los antiguos egipcios. ¿*Todos* se rapaban?, ¿por qué?". Repetirlo señala que la información te impresionó mucho.

La afinidad es otro enfoque. "Esto me recuerda a algo que pasó cuando estaba en quinto de primaria. Dos niñas de mi salón desaparecieron en la excursión al museo. Nunca regresaron al autobús de la escuela y se metieron en muchos problemas. ¿Por qué lo habrán hecho?" Los temas un poco escandalosos intrigan a los niños pequeños. Y porque es tu historia, y no su vida, se sienten seguros de expresar sus propias hipótesis imaginativas sobre lo que estas niñas pensaron, o no pensaron.

Reformular los comentarios de un niño pidiendo que te aclare algo también puede ser revelador.

—Vamos a ver. Creo saber a qué te refieres. Por una parte quieres quedarte a dormir en casa de Jasper, pero también tienes tus dudas. ¿Estoy bien?

—Cuéntame qué intentas descifrar...

Sé un acompañante dispuesto cuando se trata de explorar reinos misteriosos. Pide detalles sobre sus sueños, dibujos y las tragedias y consecuencias de las decisiones que toman los personajes de sus libros. Al igual que el compañero silencioso que le da a los bebés la oportunidad de hacerles compañía, la compañía emocional también es uno de tus objetivos.

Niño: En mi sueño me perseguía un monstruo muy grande.
Mamá: ¡Guau!, ¿qué tan grande?, ¿como una jirafa?, ¿o una casa?, ¿o una montaña?
Niño: ¡Más grande, mamá! Sólo que la boca era tan grande como una montaña.
Mamá: Guau, es ENORME. Creo que es el monstruo más grande que me han descrito. Ya veo por qué te asustaste tanto. ¿Se

parecía a algún animal que hayas visto?, ¿era de un color sólido
o su pelo tenía patrones como puntos o rayas?

Niño: Era morado con manchas verdes enormes. [Seguro no es
cierto, más bien una reconstrucción a posteriori, lo cual está
bien pues el objetivo de esta clase de diálogo no es la precisión.]

A través de este intercambio íntimo y relajado, tu hijo ya no tiene el
papel de víctima perseguida, sino de un narrador alegre. Ahora, Noah,
mamá y el monstruo punteado están sentados en la sala en la suave luz
de la mañana. La próxima vez que se aparezca el depredador en el paisaje onírico de Noah, los adornos lúdicos que inventó y el recuerdo íntimo de compartirlo con mamá le ayudarán a reconfigurar la narrativa.

Pregunta a tu hijo si le gustaría que anotaras sus sueños o historias
en un diario o en la computadora. Incluso si ya tiene edad para hacerlo
solo, la idea es facilitarle el proyecto y no convertirlo en una tarea escolar. Si acepta tu propuesta de ser su escriba, puedes proponerle algo
más: "¿Te gustaría ilustrar el texto?". Tu curiosidad y respeto convierte el
miedo en creatividad y construye un puente entre las imágenes aterradoras y el padre sereno y protector. También le puedes leer la historia,
a los niños les encanta cuando mamá o papá hacen una interpretación
dramática de sus creaciones.

PARA CERRAR UNA CONVERSACIÓN

Una forma agradable de terminar una plática es: "Tengo que hacer una
llamada del trabajo/empezar a preparar la cena/vestirme para salir, pero
qué conversación tan interesante. ¡Gracias!". Tal vez te parezca formal,
pero expresa lo mucho que valoras el intercambio y le enseña a tu hija
a expresar gratitud.

Cuando el diálogo no haya sido tan agradable —por ejemplo, cuando tu hijo y tú tengan puntos de vista distintos— pon atención de no
caer en la trampa de pensar que debes insistir hasta llegar a un consen-
so. Cuando al niño o al padre se les agota el combustible emocional, es
difícil ver el punto de vista del otro. En vez insistir mediante la razón y
la lógica, esforzarte para llegar a una solución creativa que complazca a
todos o darte por vencido, puedes aplazar las decisiones y la discusión.

Las frases que no ceden o ignoran la pasión, desesperación o urgencia de tu hija tienen el valor adicional de ser técnicas que puede utilizar cuando se enfrenta a la presión social en la secundaria.

—Entiendo, sé a dónde quieres llegar. Pero necesito tiempo para pensarlo.

—Necesito hablar con tu madre de esto.

—Necesito meditarlo y luego hablamos.

—Esto es nuevo, permíteme considerarlo.

—No tengo la respuesta, pero puedo averiguar más al respecto y mañana hablamos.

También a veces es adecuado decir: "no". Una versión más elegante de "no" y fácil de recordar:

Reconoce lo que tu hijo quiere: "Entiendo que todavía no quieres regresar a casa porque Sofía y tú no han terminado de decorar la casa del árbol y la mamá de Sofía te invitó a quedarte a dormir".

Ofrece *contexto*: "En esta ocasión no puede ser porque mañana tienes un partido a las nueve de la mañana y necesitas dormir en tu propia cama para que descanses bien y estés lista para el partido".

Muestra *empatía*: "Sé que es difícil irse porque te estás divirtiendo mucho. De todas formas tenemos que irnos. Despídete".

Eres la autoridad e incluso si a tu hija le gustaría quedarse a dormir, en última instancia le resulta más reconfortante saber que estás a cargo y eres responsable.

FOMENTAR LA CONVERSACIÓN

Cuando los padres acuden a mi consultorio en virtud de un niño que no coopera o es infeliz en casa, pregunto la fuente de las fricciones: "¿Qué porcentaje de tu comunicación con el niño consiste en regañar, recordar o castigar?" Las respuestas suelen ser exageradas y expresar arrepentimiento y culpa: "Diría que 90 o 100 por ciento".

Esto nunca es verdadero. Los padres tienen toda clase de conversaciones interesantes y espontáneas con sus hijos, pero sus confesiones me indican que están habituados a ser cautos. No confían en que el niño pueda con sus responsabilidades diarias, así que por compulsión se quejan o lo regañan.

Después pregunto cuánto tiempo pasa el niño en actividades frente a una pantalla. La respuesta verbal clásica: "demasiado". La no verbal: expresión facial triste, agachan la cabeza y niegan con ella, levantan las manos con las palmas abiertas para expresar impotencia y resignación.

El motivo por el cual pregunto sobre los regaños y el tiempo frente a las pantallas es para que los padres sean conscientes del precio de estos hábitos arraigados. Pelear con los padres y jugar con aparatos consume con demasiada frecuencia buena parte del día de un niño fuera de la escuela. Esto deja poco espacio para tener un diálogo íntimo y libre.

Cualquier conversación espera entre bastidores para hacer su entrada: la sensación del niño de que el papá o la mamá están listos para escuchar y dispuestos a ofrecer un generoso "sí y..." para continuar con la conversación. El discurso fértil entre padre e hijo fluye a partir de momentos espontáneos y está protegido por un conjunto de normas implícitas. El padre es o está:

- Confiable. No revelas lo que te cuentan.
- Respetuoso. No te burlas ni desdeñas.
- Curioso. Planteas preguntas y tienes ganas de saber más.
- Muestra un interés genuino. No asientas mecánicamente, pides que te aclaren cuando no entiendes algo.
- En sintonía. Cuando tu hijo transmite seriedad, emoción o desconcierto, no estás distraído. Más aún, puede confiar en ti para eludir las distracciones, escuchar y responder con esmero.
- Paciente. Permites que la conversación continúe hasta que concluye naturalmente.

¿Cuál es la frecuencia de este tipo de intercambio? Diaria, pero no cada vez que tu hijo dice algo o muestra una expresión facial sin una historia de fondo. ¿La duración de la conversación? Depende del momento y las circunstancias. A fin de cuentas, debes gestionar un hogar y una vida personal con eficiencia razonable.

Muchos padres consideran el tiempo en el coche, el baño o la hora de ir a dormir oportunidades intrínsecas para tener conversaciones extendidas sobre los momentos más importantes del día. Sin duda, estas rutinas brindan ventanas fiables para conectar, pero también son limitadas. Para la noche los adultos y los niños ya están cansados, o los adultos todavía tienen cosas que hacer y los rituales se completan con prisas. Por eso la presencia atenta de un padre debe ser flexible y accesible.

Cuando le explico a los padres que los regaños, los castigos y permitir mucho tiempo frente a las pantallas inhibe el deseo de un niño para comunicarse, prestan más atención a las posibilidades para las pláticas espontáneas. En vez de recibir exigencias o pretextos, se encuentran con observaciones tanto graciosas como profundas, y su hija se vuelve más confiada y elocuente.

Hacerle espacio a tu hijo comienza en la mañana. Si eres como la mayoría de los adultos, tu primer encuentro al despertar es con tu celular. Es un despertador extraordinario: confiable y agradable. Pero... si echas un vistazo a tus mensajes, correo electrónico o las noticias, tu mente cambia a la compleja modalidad de priorizar: ¿Qué hago con esta petición o aquella información? ¿La almaceno? ¿Respondo? ¿La ignoro? Si te metes en tu teléfono antes de ver la cara de tu hijo, es muy probable que te encuentre preocupado y agitado. Pero si puedes resistir el impulso de revisar tu buzón, tienes la oportunidad de contemplar qué le espera a tu hijo este día en particular. ¿Qué pasó en su mundo ayer? ¿Algo que ansiaba? ¿Algo que le preocupaba? Esta breve evaluación cariñosa te otorga las mejores probabilidades de entrar a su historia en desarrollo con palabras que lo animarán antes de que salga de casa.

Las distracciones digitales presentan el mayor obstáculo para las conversaciones a medida que el día avanza. Para proteger las fronteras que permiten que las familias estrechen sus lazos, los expertos concuerdan en que no se deben consultar ni teléfonos ni aparatos:

- Durante comidas en familia, en casa o en restaurantes.
- Manejando.
- A la hora del baño.
- A la hora de acostarse.

Más allá de estos casos, nunca sobra silenciar tu teléfono cuando estés con tu hijo y déjalo en tu bolso o fuera de la vista.

Tu hija imitará tus hábitos al teléfono al igual que imita tus modales y opiniones. Pero la tecnología difiere de los modales en la mesa: es un cambio cultural radical y sus consecuencias involuntarias quedarán claras con el tiempo. No sabemos cómo dentro de veinte años los aparatos habrán afectado la capacidad de un joven para relacionarse o entablar conversaciones con ingenio. Lo que sí sabemos es que estas aptitudes que se adquieren en la infancia dependen de que los padres las cultiven constantemente.

"¿CÓMO SE RÍE UN OJO?" POR QUÉ EL HUMOR ES MÁS IMPORTANTE QUE CASI CUALQUIER OTRA COSA

La primera vez que tu bebé se ríe es un placer. Pero la primera vez que tu hijo pequeño te hace reír a carcajadas es cósmico: una recompensa por tus años de trabajo arduo y un barómetro confiable de la calidad de la vida que tiene por delante.

Cuando los padres acuden a consulta para hablar de sus hijos, siempre me tomo el tiempo para no centrarme sólo en los problemas y ver al niño desde otro punto de vista. Pregunto sobre su sentido del humor. ¿Hace cosas a propósito para entretener a los demás? ¿A ti? ¿A sus maestros? ¿Sus amigos? ¿Los papás de sus amigos? Tomarte en serio el humor natural de tu hijo implica brindarle un espacio para que cuente sus historias disparatadas, apodos retorcidos y chistes anticuados ("Hola, me llamo Paco. ¿Y tú?" "No, yo no."). En la comodidad de tu presencia, tu hijo te puede entretener con sus imitaciones de sus compañeros o pedirte que cantes "We Are the Champions" a todo pulmón, con todo y las partes operísticas. Nadie en tu vida valorará tu interpretación tanto como tu hijo de cuatro o cinco años.

Descubrirás que hay ciertas cosas que a los dos les parecen hilarantes (es fácil si tienen mascota). Y ahora están construyendo una enciclopedia de chistes que sólo ustedes entienden. Un tazón de cereal de mal humor. Su acento británico. Las pronunciaciones incorrectas son tan encantadoras que merecen un sitio de honor en la lista familiar.

Niña de cuatro años: Papi, me asustan las *quesadillas*.
Papá: A mí también me asustan las pesadillas, cariño.

Abuela le dice que se siente como Dios manda.
Niñas: ¿Quién es dios panda?

Compartir la alegría tiene el poder de acercarnos y animarnos; disfrutar de comedia física exagerada y caídas intencionales ejecutadas con maestría, nos permite experimentar fantasías violentas sin el dolor de las consecuencias del mundo real. Con las anécdotas exageradas y las hazañas emocionantes el narrador no corre peligro ni decepción, más bien está en control de la conclusión. La exageración y la época son parte de la diversión.

Los temas más serios de nuestra cotidianidad suelen excluir estas modalidades de comunicación espléndidas: lecciones sobre jugar limpio, explicaciones sobre la seguridad en línea, lecciones sobre los peligros de la presión social. En muchos salones de clases de preescolar se puede percibir cómo se ha devaluado la ligereza, en las que el plan de estudios ha excluido las abundantes lecciones sobre el juego y la socialización para abordar la lectura y la preparación para los exámenes con absoluta seriedad. Esto suscita una paradoja: si bien se considera que el desarrollo del sentido del humor de los niños es demasiado superficial, su valor real es enorme.

En el transcurso de la vida de tu hija, sus amigos, parejas sentimentales, colegas y patrones se sentirán atraídos por ella no sólo por sus habilidades impresionantes (muchas personas las tienen), también por lo mucho que disfrutan su compañía. ¿Será divertido jugar con ella? ¿Agradable trabajar con ella? Su capacidad para apreciar los aspectos cómicos de nuestro dilema humano influirá enormemente en la clase de vida que tenga y las personas que formarán parte de ella. La risa es nuestro premio de consolación para las indignidades y los giros inesperados que todos padecemos, empezando en la infancia. Y un buen sentido del humor es un superpoder en el patio de juegos: un boleto para la vida social de una nueva escuela o para eludir al acosador escolar. Es igual de importante que cualquier otro aspecto en la salud y el desarrollo de un niño.

Los adultos suelen tener una actitud fatalista respecto al sentido del humor: o naces gracioso o no. Sin embargo, al igual que pintar un paisaje o preparar una comida gourmet, se puede nutrir un poco de talento. ¿Acaso la crianza no es una especie de plática motivacional? ¿Y quiénes son las estrellas en ese campo? Quienes transmiten un mensaje serio con sentido del humor. Permite que tu hogar sea un lugar para encontrar la diversión e intenta refinar tus capacidades narrativas y cómicas.

La risa es la mejor válvula de escape para nuestra cultura de esfuerzos incansables y los niños aprenden a usarla observándote. La noche anterior a un concurso de ortografía abrumador o un torneo de taekwondo para cambiar de cinta, desiste de los preparativos de último minuto y mejor relájense con un libro de chistes y acertijos. Pídele que te muestre su video favorito en YouTube, su GIF favorito o lean una historia graciosa juntas antes de dormir. Y antes de ir a la cama, tú también distráete con una visita breve a theonion.com, cuyos titulares siempre ponen en perspectiva las preocupaciones de la crianza. Éstos son algunos que he empleado en conferencias:

- "Padres toman control creativo del proyecto de arte de su hijo de tercero de primaria."
- "Clase de spinning diaria es lo único que impide a una mamá lanzarse por un acantilado en su coche con sus hijos a bordo."
- "Seguro los padres de una niña que no deja de llorar no son buenos padres."

Y uno que todavía no uso:

- "Experta en crianza tiene el descaro de decirte cómo criar a tus propios hijos."

ABUSOS DEL SENTIDO DEL HUMOR: CUANDO LAS BUENAS INTENCIONES GENERAN DESCONFIANZA

El humor es una forma extremadamente efectiva de ayudar a tu hijo a procesar experiencias difíciles y verlas desde una nueva perspectiva. Sin embargo, presta atención a la sabiduría de los comediantes profesionales: la tragedia *más el tiempo* es igual a comedia.

Tener en cuenta el temperamento de tu hijo te orientará para elegir el momento oportuno. Un desempeño pobre, un amigo que cambió de grupo, un campamento en el que no dejó de llover son más ricos por su narrativa que por el momento. Si tu hija aprende a esperar que te apresures a reestructurar su tristeza, dolor o decepción (sin importar lo superficial que sea) con reacciones juguetonas, quizá se sienta subestimada o traicionada o esto le despierte metaemociones como vergüenza por sentir tristeza o culpa por sentir molestia. Y tal vez aprenda a no acudir a ti cuando la vida detone sentimientos fuertes y necesite alguien que la escuche con atención y compasión.

Los niños tienen la costumbre de ver el humor de sus padres con doble moral. Un comentario gracioso de mamá puede avergonzar e incluso hacer llorar a un niño, pero cuando papá tiene *exactamente la misma ocurrencia*, se encuentra con admiración y carcajadas. Sin embargo, esta reacción no es cien por ciento segura. A veces me gusta recordarle a los padres que incluso los niños pequeños que parecen ser muy sofisticados se toman las palabras en sentido literal, les importa muchísimo la opinión de papá e imitan su conducta. Cuando la ironía y el sarcasmo tan generalizado en los medios se replica en casa en un contexto casual, puede tener efectos involuntarios en los niños, y fomentar que oculten sentimientos dulces y se comporten como pequeños cínicos.

CUANDO LOS NIÑOS VUELVEN A HABLAR COMO BEBÉS

La mamá de Antonia, de cinco años, estaba preocupada: de repente su niña elocuente había empezado a hablar como si tuviera dos años. "¿Acaso es porque estoy embarazada? ¿Siente la presión de ser una niña grande? Es muy molesto y vergonzoso cuando lo hace frente a desconocidos."

Después de indagar un poco, me enteré de que Antonia entraba al kínder en unas semanas y que su abuela había vendido su casa acogedora para mudarse a un departamento más práctico. Eran muchos cambios para una niña pequeña. "Sugiero que es una reacción saludable a los cambios que Antonia está anticipando: las maravillas o los horrores de un bebé nuevo, las maravillas o los horrores del kínder. Y la desaparición del refugio familiar de la abuela."

Los niños tienen preocupaciones existenciales importantes, pero no es necesario descifrarlas ni ahondar en los detalles a menos que los niños pregunten. Para sortear su ansiedad, Antonia recurría a una forma de regresión segura y mucho más suave que mojar la cama, chuparse el dedo, morder o pegar a sus compañeros o hacer berrinches en público. ¿Cómo afrontarlo? Le recomendé lo siguiente a su madre:

1. Piensa que el habla de bebé es un acento pronunciado. Dile a Antonia que no entiendes, *pero sólo cuando de verdad no le entiendas*. Si te dice: "Mami, quiello...", no le pidas que hable como "niña grande" (esto puede humillarla y orillarla a recurrir a una forma de comunicación aún más infantil: las lágrimas). Mejor mírala directo a los ojos (sin adoptar una expresión crítica), habla despacio y utiliza un tono cortés, aunque perplejo, para pedirle que repita su comentario o petición. Después procura interpretarlo. No hace falta convertirlo en una conversación íntima eterna o entenderá que su habla de bebé es un truco mágico para atraer la atención de mamá.
2. Cuando no te hable directamente, ignora por completo el habla de bebé. Incluso si te da vergüenza frente a tu madre o la mesera.
3. No te metas si le habla así a su padre. Es asunto de ellos dos.
4. Relaciónate con ella con cariño y trátala como niña grande. "La próxima semana es cumpleaños de la abuela. ¿Qué pastel crees que quiera?"

El habla de bebé es una estrategia económica de un niño para darse una válvula de escape emocional en momentos de transición. Es temporal y desaparecerá cuando el niño se acostumbre a su nueva rutina o entorno.

LOS CUENTOS DE HADAS NO SE VUELVEN REALIDAD, NO TE SUCEDERÁN

> *Los cuentos de hadas no le dicen a los niños que*
> *los dragones existen. Los niños ya saben que los*
> *dragones existen. Los cuentos de hadas le di-*
> *cen a los niños que se puede matar al dragón.*
> G. K. CHESTERTON

Resulta increíble que incluso si las actividades diarias de una familia agobiada se sienten normales porque son la norma, los rituales tradicionales para irse a la cama siguen siendo sagrados. El arte teatral y el guion: una habitación iluminada tenuemente, una almohada, una cobija, un osito de peluche o una mantita vieja, el papá o la mamá, o ambos, concentrados por completo en el niño, un momento íntimo para leer y hablar que concluye con el intercambio de cariños. ¿Qué mejor manera de abrir la llave del flujo de la conversación durante este interludio cariñoso y sin prisas entre el día y la hora de dormir?

A los niños muy pequeños les fascina el ritmo, la rima y los animales parlantes. Juntos le dan una palmada al conejito y dicen: "Buenas noches, luna" y siguen a Willy en sus aventuras. A medida que maduran, el periodo de concentración y la comprensión de las palabras y las ideas, los acompañas y compadeces al melancólico Igor, visitan tierras repletas de cosas amistosas aunque salvajes, cocinas nocturnas, duraznos gigantes y fábricas de chocolate. ¿Pero luego qué? Ya que agotaron el canon de los amados clásicos, muchos niños (sobre todo los que tienen hermanos mayores) piden más emoción: "¡Vamos a leer *Harry Potter!*". No te precipites, porque si saltas de *Pooh* a Dumbledore, te habrás perdido los cuentos de hadas.

¡Los cuentos de hadas! Sangrientos, sexistas, clasistas, injustos, duros. ¿Por qué ponerle fin a la breve inocencia de tu hijo al introducirlo al abandono, el secuestro y en intento de canibalismo (*Hansel y Gretel*); la esclavitud infantil y la orfandad (*Cenicienta*), la despiadada depredación de un animal salvaje (*Caperucita roja*)? Porque cuando se aventuran juntos a la oscuridad del bosque desde la seguridad de una habitación cálida, le ofreces a tu hijo un contenedor resistente para los pensamientos y los sentimientos intensos aunque incipientes, que se acumulan durante el día.

En su obra clásica *Psicoanálisis de los cuentos de hadas*, el psicólogo Bruno Bettelheim describe que estos relatos extraños y salvajes cautivan a los niños pequeños pues ofrecen aceptación y aprobación de los estados emocionales caóticos que alberga en su interior. Al presentarle el concepto de villano, le brindas personajes en los que proyectar sus propios sentimientos violentos: por ejemplo, la mezcla humana normal de amor y odio que siente, pero no puede describir ni expresar, hacia sus familiares y amigos. Cuando aprende que los niños astutos, resilientes e ingeniosos vencen al mal, comprende que las acciones tienen consecuencias y así tiene ejemplos de heroísmo y esperanza. De acuerdo con Bettelheim: "Los cuentos de hadas son sugerentes. Sus mensajes pueden insinuar soluciones, pero nunca las explican con lujo de detalle. Los cuentos de hadas le dejan a la fantasía del niño decidir si debe poner en práctica en su propio caso lo que la historia revela sobre la vida y la naturaleza humana, y de hacerlo, cómo".[2]

En cualquier punto de la historia, un padre puede detenerse y preguntarle a la niña qué le parece el dilema del protagonista. ¿Qué haría si fuera ella? ¿Puede adivinar qué pasará después? ¿Qué opina que *debería* pasarle al personaje?

La naturaleza fantástica de los cuentos de hadas le brindan a tu hija la oportunidad de preguntar sobre temas que le pueden desconcertar u obsesionar. No contengas las respuestas francas. La simplicidad y el candor alivian la mente inquieta de un niño pequeño. Sin importar el camino que tu hija quiera explorar, ilumínalo con tu linterna. Un niño de siete años estaba obsesionado con la edad de los personajes en los cuentos: "Los niños pequeños como Hansel y Gretel nunca podrían contra una bruja en la vida real. Se los comería". Al notar su ansiedad, sus padres le regalaron unos libros de una colección de historias verdaderas sobre niños que sortearon situaciones aterradoras en la vida real. Entre los títulos figuraban: *Sobreviví el naufragio del Titanic* y *Sobreviví el huracán Katrina*. La actitud del niño dejó de ser aprensiva y se volvió aventurera, al punto de que el próximo verano, hizo un plan con su papá: "Mejor no hay que nadar cerca del salvavidas o tal vez nos diga que no podemos nadar".

EL BANCO DE LA BUENA VOLUNTAD

Enseñar a los niños a ser amables, solidarios y considerados sin importar su estado de ánimo o deseos más inmediatos es una conversación que durará al menos dos décadas y media. Pero hay una forma de inclinar la balanza a tu favor. El psicólogo y autor Bob Ditter acuñó un concepto que lo describe muy bien: "el banco de la buena voluntad". El respeto mutuo entre los padres y sus hijos depende de los depósitos de los padres en este banco. Los gestos discretos de confianza y tolerancia hacia el niño se acumulan y generan intereses: dejar que su construcción de Lego se quede en donde está toda una semana puede ser más valioso que un viaje a Disneylandia.

Con frecuencia, se dice que criar a los niños es cuestión de elegir tus batallas. Aunque es un consejo muy sabio, también es una táctica defensiva. El banco de la buena voluntad es proactivo. En vez de esperar a que se suscite una batalla y después decidir si vale la pena combatir en ella, busca formas para permitir que tu hijo se sienta independiente y valorado. Cuando has depositado consistentemente en el banco de la buena voluntad, es más probable que los niños toleren reglas estrictas o las que consideren irracionales o injustas.

¿Qué te garantiza rendimientos en una inversión? Mostrarte entusiasta y fascinado cuando tu hija te cuente historias, con su provisión de información esotérica (para ti, no para ella) y sus narrativas sin aliento, difíciles de seguir, que contienen muchas oraciones conectadas por "y luego... y luego... y luego..." Pídele a tu hijo *más* detalles sobre tornados, drones y rondas de deportes profesionales. Muéstrate tolerante con las elecciones de ropa de tu hija, sin importar lo extravagantes o raras que sean, siempre y cuando no trasgredan el código de vestimenta de la escuela. Resiste comentar el cuidado con el que las dos compraron su guardarropa. Recuerda que el respeto genera respeto.

> **Mamá:** Llevas una semana poniéndote esas mallas para ir a la escuela.
> **Hija:** Me encantan, mamá. Están suaves.
> **Mamá:** Sí, claro, si están suaves, son cómodas.

Respeta el deseo de tu hijo de mantener su cuarto cerrado para su hermana menor cuando él no está en casa y estará más dispuesto a ayudarle con la tarea cuando estés muy ocupada. Respeta el deseo de tu hija de no sentirse obligada a saludar y despedirse de beso de un amigo de la familia y es más probable que responda a sus preguntas torpes, aunque bien intencionadas, con una sonrisa: "¡No, tío Jeff, no tengo novio todavía porque apenas voy en tercero!".

Las pequeñas complacencias impresionan mucho. Una niña dijo: "a veces, en la fila del súper mi mamá me deja escoger algunos chocolates rellenos Lindor de diferentes colores". Me di cuenta de que los segundos que mamá estaba dispuesta a esperar mientras su hija escogía los colores que quería era una moneda de mucho valor en el banco de la buena voluntad.

Cuando realizo entrevistas a grupos de estudiantes en todo el país, siempre hay una pregunta que tiene una respuesta entusiasta al instante: "¿qué les gusta hacer con sus papás?". El entusiasmo de los niños de contarlo revela el placer tan grande que les produce la compañía de sus padres y las muchas formas en las que los padres acumulan buena voluntad, seguramente sin ser conscientes de ello. Debajo ofrezco un ejemplo breve:

—Papá es mi amigo. Andamos en bici y jugamos cartas.

—Mi mamá y mi papá ponen su música y bailamos.

—Cocino con mi mamá. ¡Me enseñó a asar hamburguesas con el queso dentro!

—Mi mamá y yo vemos *The Great British Bake Off* y hablamos durante todo el programa. Es súper divertido.

—Me gusta rezar con mi mamá.

—Hacemos motocross los fines de semana.

—Papá y yo nos aventamos al lago desde un acantilado. Mamá no puede ni ver.

—Mis papás nacieron en la India. Vemos películas de Bollywood.

—Cuando me subo al coche, mi mamá voltea para verme, me da una palmada en el brazo y me dice: 'hola, cariño', antes de arrancar. Me gusta mucho.

El banco de la buena voluntad es más que una estrategia para alentar la buena conducta. Es una filosofía que aligerará la atmósfera en tu hogar mientras tus hijos vivan en él. En todas las edades, los niños te presentarán los peores problemas imaginables y también los momentos más deslumbrantes. Cuanto más sepas qué alegra el corazón de tu hijo, más de esos momentos verás.

CAPÍTULO 3

Los más grandes, más fuertes y más rápidos

Cómo conectar con los niños pequeños
De los tres a los once años

Me caen bien los niños, menos los varones.
LEWIS CARROLL

Mamá, mamá, ¿sabías que hay cuatrocientas cincuenta especies de tiburones? El más grande es el tiburón blanco. ¡Mide dieciocho metros! Pero los tiburones sólo matan a una persona al año. ¡Los perros matan a doscientas personas al año! ¿Sabes qué país tiene el wi-fi más rápido del mundo? Corea del Sur. ¡Aquí es superlento! Estamos detrás de Lituania, Letonia y Portugal. ¿Sabías que los abejorros bebés se llaman drones? ¡DE AHÍ VIENE LA PALABRA! ¡La palabra dron! No es broma. Búscalo.

Hablar con niños pequeños exige un sorprendente toque delicado. Los niños quieren dejar su huella, ejercer poder y demostrar su valor, por lo que gritan, resoplan y recitan hechos con un estilo que puede molestar a los adultos. Una respuesta automática e impaciente al monólogo curiosamente intenso de un niño, que no tiene en cuenta el nivel de interés decreciente del escucha puede ser: "Okey, okey, ya entendí", o "Bueno, ya, súbete al coche, por favor". En su parloteo, tu cerebro "reptiliano" genera intranquilidad: *Este niño es raro.* Pero si te resistes a callarlo para pasar a la siguiente actividad, obtienes una recompensa: la poesía en un soliloquio que contiene las palabras *tiburón blanco, Lituania, abejorros bebés.* ¿En qué otra parte escucharías todo eso en un mismo párrafo?

En este capítulo aprenderás por qué los niños se expresan en un estilo que las niñas y las mujeres suelen considerar peculiar u ofensivo, emocionantes descubrimientos en la ciencia cerebral que revelan las funciones adaptables de la escucha selectiva, gritos y tosquedad de los niños pequeños y el efecto drástico de los cambios culturales en el desarrollo de los niños. Esta información será un mapa para que reestructures tus palabras y acciones y las considere un regalo. Tal vez la presentación no será impecable, como en el caso de su hermana, pero esto tiene que ver con cómo su mente activa se relaciona con las pasiones de su corazón. Respóndele en su lenguaje y te escuchará. Sin importar lo que quieras comunicar —compasión, valoración o códigos de conducta aceptables—, te escuchará.

¿DE QUÉ ESTÁN HECHOS LOS NIÑOS?

A medida que las exigencias escolares y las preocupaciones por la seguridad han aumentado, el comportamiento inquieto de los niños se considera un problema, en vez de características naturales que debemos valorar. Estos cambios afectan la forma en que los padres evalúan a sus hijos y cómo los niños se sienten sobre ellos mismos. Hasta hace apenas diez años, la mayoría de los padres de niños pequeños acudían a consulta por recomendación de la escuela. El alumno estaba atrasado en lectura y escritura, era inquieto y complicado y su malhumor era desconcertante. Hoy los padres me buscan por iniciativa propia. ¿La razón más frecuente? Las preocupaciones angustiantes de su hijo. Estos padres acongojados emplean frases tan similares que me da la impresión de escuchar a actores que están leyendo un guion para un casting. Esto es lo que dice la mamá de Spencer, de seis años y medio.

> Spencer insiste en que uno de nosotros se quede con él en su cuarto mientras se viste para la escuela. Cuando llegamos a casa, incluso si tiene muchas ganas de algo —una pieza de Lego o sus sandalias—, se niega a subir solo. Tiene tantas preguntas sobre su tarea que me tengo que sentar con él de principio a fin.
>
> Sufre mucho si sabe que vamos a salir en la noche. Si salimos antes de que se quede dormido, le ruega a la niñera que lo deje llamarnos. Tiene pesadillas y quiere dormir con nosotros, si decimos que no, entonces se acuesta con su hermanita. Y sólo le interesan las pijamadas que son en la casa.

Otros padres me buscan porque sus hijos insisten en comportarse gro-seros, maleducados e insensibles. La mamá de Hugo, de ocho años, na-rra sus frustraciones diarias:

> Hugo cree que es graciosísimo cuando dice cosas como: "Hey, mamá, pareces embarazada. ¿Por qué no le contaste a nadie?". O cuando le dice a su hermanito "El increíble niño de los pies peludos", lo cual in-variablemente provoca una pelea. La comida de los demás le parece asquerosa, y lo dice, a pesar de que le he pedido una y otra vez que no lo haga, y mastica con la boca abierta para molestarnos.

A los padres de Spencer les preocupa que nunca sea autosuficiente y que su debilidad lo haga blanco de acosadores. Los padres de Hugo te-men que su insensibilidad frente a los demás sea evidencia del carácter mediocre de su hijo y un pronóstico desalentador de los problemas que tendrán que enfrentar cuando entre a la adolescencia. Por descorazo-nadores, patéticos o molestos que sean en casa, a decir de sus padres, en cambio los maestros de los niños creen que son maravillosos. Cuan-do pregunto qué sucedió en la última reunión de padres y maestros, las respuestas vuelven a ser consistentes: "Ah, ¡los maestros lo adoran! Di-cen que contribuye mucho en el salón. Que participa y es amable con los niños pequeños en el patio. Les encanta su sentido del humor". Mu-chas veces, los padres me cuentan que cuando escuchan estas obser-vaciones, se miran perplejos y piensan: ¿NUESTRO hijo? No, creo que la maestra está describiendo a otro niño.

Ya que la maestra dio el reporte entusiasta de los rasgos admira-bles del niño, prosigue, como todos los maestros, a abordar "aspectos que necesita mejorar". Tal vez tiene la tendencia a alardear un poco, ha-cer bromas, espetar las cosas sin pensarlas. Tal vez pide permiso para ir a la enfermería por uno que otro síntoma impreciso con demasiada fre-cuencia. Le comento a los padres que me sorprende lo rápido que se ol-vidan de las fortalezas de los niños después de la reunión y, en cambio, mantienen muy frescos los "aspectos que necesita mejorar", lo cual res-palda su preocupación sobre la conducta irremediable o grosera que ob-servan en el niño en casa.

En la última década he identificado un patrón que, en muchos casos, explica la impotencia de Spencer y, por lo menos en parte, la conducta "inmadura" de Hugo. La mayoría de los niños aguanta el día en la escuela con valentía y se mantienen en sus actividades extracurriculares o prácticas. Pero en cuanto llegan a la comodidad de casa y dejan sus mochilas en la entrada, estos varones jóvenes y fuertes retroceden y adoptan conductas dependientes, molestas y pueriles (como veremos en el próximo capítulo, las niñas reaccionan de otra forma a este aterrizaje en casa). Los niños no están cansados, como deberían estarlo después de un par de horas corriendo y jugando con los amigos. No, están agotados. Y ansiosos. Esta ansiedad es su energía, imaginación y deseo por tener aventuras internas, contra el yo.

Los padres temen que sus hijos terminen siendo parias sociales o inútiles para trabajar a menos que aprendan a contenerse, así que se centran en enseñarles cómo hacerlo. Sin embargo, si la mayoría de nuestras conversaciones con los niños consisten en regañar, corregir o advertir, los estamos perjudicando, sin importar el cuidado que le pongamos a nuestra expresión. Decimos: "Caleb, no estoy enojada contigo. Estoy triste por tu comportamiento." Pero no es cierto y Caleb lo sabe. Él *es* su comportamiento, así que *sí* estás enojada con él. Lo que no sabe es por qué.

LAS COSTUMBRES PECULIARES DE LAS SOCIEDADES OCCIDENTALES, EDUCADAS, INDUSTRIALIZADAS, RICAS Y DEMOCRÁTICAS

En su magnífico libro *The Anthropology of Childhood*, David Lancy describe que las normas y expectativas actuales de los padres en las sociedades occidentales, educadas, industrializadas, ricas y democráticas contrastan con aquellas de otras culturas del mundo y con un Estados Unidos de otras generaciones. Los niños en las sociedades no occidentales, educadas, industrializadas, ricas y democráticas reciben labores que elevan su estatus social y también satisfacen su necesidad natural de moverse. Lancy argumenta que los niños anhelan vigilar territorios distantes y cazar provisiones. Si se les niega la oportunidad, les aguardan los problemas.[1]

Con frecuencia, los padres se quejan de que sus hijos son demasiado toscos, nerviosos o escandalosos, ¿pero comparados con quién? Con las niñas. En el transcurso de buena parte de la historia de la humanidad (y en algunas culturas hoy en día), la tosquedad no era un problema porque había muchos aspectos de la vida diaria que exigían que algunos miembros de la comunidad tuvieran fuerza física, agresividad, energía y una voz resonante que alejara a los depredadores. Los roles de los hombres y las mujeres eran limitados y marcados, pero los dos tipos de características —el salvajismo y la suavidad— eran necesarios para la supervivencia del clan.

Ya no es así. En las sociedades modernas, la adopción de una economía tecnológica ha reducido el valor de la testosterona, salvo en el campo de futbol americano o en las películas de acción. Nuestra cultura admira a quienes pueden permanecer sentados durante periodos prolongados centrados en tareas mentales. Esto se refleja en la educación que reciben nuestros hijos desde preescolar. Y a pesar de que se está haciendo conciencia sobre mejores prácticas para criar a los niños, nuestra preocupación por la coerción sexual y el enfoque de los medios en actos de violencia masculina, dificultan que valoremos las múltiples características adorables de los niños: franqueza, facilidad para sortear desaires emocionales, mucha energía y vida. Es fácil interpretar estos rasgos como si fueran rudeza y utilizarlos para predecir los problemas que se avecinan. O simplemente tolerar las "excentricidades" de los niños hasta que evolucionen y lleguen a una fase más aceptable (similar a las niñas). Payasear con los amigos o papá puede ayudar a los niños pequeños a deshacerse de parte de la presión, pero no se puede esperar que el vínculo masculino ocasional compense un cambio sociológico tan grande.

Incluso a los padres más amorosos y comprensivos les puede costar tolerar las cualidades físicas o el nerviosismo de su hijo, así como el espacio que consumen sus construcciones, juegos, armas y equipo. Sucede con frecuencia que los niños que lo tienen más difícil son aquellos con hermanas mayores, porque es difícil que los padres no comparen la conducta y aptitudes de los hermanos. Los múltiples libros y páginas con escalones unisex lo refuerzan: "Es posible que la mayoría de los bebés puedan... Algunos bebés podrán... Pocos bebés podrán...". Aunque los padres puedan sentirse seguros tras comparar a sus hijos con una escala normal, el hecho es que el desarrollo del cerebro de las niñas y los niños es muy diferente antes del nacimiento, así como durante su infancia y adolescencia.

Si comprendes a nivel elemental cómo se desarrolla el cerebro de los niños podrás hablar el lenguaje de tu hijo: palabras y oraciones que podrá entender, expresadas con una duración, a un ritmo y volumen que podrá escuchar con facilidad. Reconocerás el comportamiento de tu hijo como parte del curso general de la niñez masculina, y no lo juzgarás dentro del contexto limitado de tu familia o su salón de clases. Si te familiarizas con las conductas masculinas frecuentes, las podrás incorporar a lo que ya conoces de la personalidad de tu hijo y podrás comprender más a fondo qué motiva sus estados de ánimo, palabras y acciones. Y si eres el padre o la madre de una niña, aprender el desarrollo cerebral de los niños te hará valorar un poco más (o ser más paciente) los gritos, los saltos, las armas, las estadísticas deportivas de los hijos de tus amigos y parientes.

EL CEREBRO DE LOS NIÑOS

El cerebro masculino y el femenino interpretan el mundo de manera distinta. Nuevas técnicas en la neurociencia, como el mapeo cerebral, nos permiten comprender este órgano complejo un poco mejor, incluso si hacerlo de manera integral sigue estando fuera de nuestro alcance. Por ejemplo, mediante imágenes por resonancia magnética funcional, investigadores pueden ver la actividad neuronal en tiempo real. Han aprendido que se encienden distintas partes del cerebro cuando las niñas y los niños hablan, arman rompecabezas o encuentran distracciones visuales.[2] Sabemos que el cerebro de los niños y las niñas se desarrollan a ritmos y tiempos distintos y en orden diferente en las zonas que afectan el lenguaje, la memoria espacial y la coordinación motriz.[3] Las niñas y los niños tienen distintos niveles de serotonina y oxitocina, neuroquímicos que afectan su respuesta a los estímulos, y los niveles de hormonas como la testosterona, el estrógeno y la progesterona afectan el estado de ánimo y el comportamiento de los niños y las niñas antes de la pubertad.

En décadas recientes también hemos aprendido mucho sobre la plasticidad neuronal: la experiencia afecta todos los aspectos del funcionamiento cerebral. Si bien las diferencias innatas en la anatomía cerebral pueden explicar por qué los niños se ponen inquietos en el salón de clases o demuestran la lealtad a sus amigos gritando: "¡unas carreritas de aquí a la esquina!", y por qué las niñas mecen con ternura a sus muñecas para que se queden dormidas, también sabemos que cada niño es único y siempre está evolucionando. Los estereotipos son peligrosos, su historia está plagada de prejuicios y suposiciones falsas. Los adultos tenemos la responsabilidad de valorar la sensibilidad y el carácter platicador de un niño y enseñar a quienes no lo son cómo ser empáticos y elocuentes. También es nuestro deber alentar las aptitudes técnicas y temerarias en las niñas. Podemos hacerlo adquiriendo mayor conciencia de las tendencias de género y, al mismo tiempo, estando alertas a los rasgos y temperamento individuales de cada niño.

Nadie tiene más experiencia con esto que los maestros. Su deseo de satisfacer las necesidades de todos sus alumnos ha fomentado buena parte de la investigación sobre el desarrollo cerebral de los niños y cómo influye en el aprendizaje y la comunicación. Requiere sutileza sacar lo mejor de los niños en un entorno como el salón de clases, con el énfasis tan grande que se hace en la expresión verbal, la capacidad de escuchar y el control de los impulsos.

Leonard Sax, psicólogo, médico familiar y autor de *Boys Adrift* y *Why Gender Matters*, estudia el efecto que tiene el ruido en el salón de clases en los niños y las niñas. Descubrió que en los salones de clases mixtos, los maestros que mejor llamaban la atención de los niños varones hablaban entre seis y ocho decibeles más fuerte que otros maestros. Esta observación empírica está sustentada por investigación biológica que demuestra que la capacidad auditiva de los niños no es tan aguda como la de las niñas. Al mismo tiempo, Sax observó que los niños podían tolerar mayor ruido de fondo que las niñas. "El zumbido de un ventilador o de el tamborileo de unos dedos sobre un escritorio pueden irritar mucho a una niña o a las maestras, pero es menos probable que irriten a un niño."[4]

Sax concluyó que si los niños con mal rendimiento se sentaban en la parte trasera del salón, tendría sentido cambiarlos al frente, en donde podrían escuchar mejor al maestro. Pero entraban en juego las diferencias de género social y emocional: para los niños, el respeto de sus amigos era más importante que contar con la aprobación de su maestro o mejorar sus calificaciones. En los salones en donde a los niños se les permite sentarse en donde quieran, los niños inquietos se sientan atrás. Si un maestro los cambia al frente, "la prioridad de ese niño será demostrar a sus amigos en las filas traseras que no es el consentido de la maestra, que sigue siendo 'del grupito'. Como resultado, podría portarse más inquieto y distraído en la fila delantera de lo que era en la trasera."[5]

Es exactamente la clase de dificultad que enfrentan los padres de los niños varones cuando procuran animar a sus hijos a escuchar, seguir instrucciones, expresarse verbalmente, demostrar sus sentimientos y pensar antes de decir las cosas. Cuanto mejor conozcas estas herramientas con las que cuenta tu hijo, será más sencillo hablar con él. Si tienes dificultades, puedes repasar una lista mental de los rasgos masculinos comunes para decidir a cuáles te estás enfrentando. Este ejercicio que relaciona los obstáculos en la comunicación con las diferencias biológicas innatas también es útil para los padres de niñas, como veremos en el siguiente capítulo.

En esta tabla encontrarás atributos cerebrales, neuroquímicos y hormonales que afectan la comunicación con los niños y las niñas. (No es una lista de *todas* las diferencias en el desarrollo de los niños, por lo tanto, no se mencionan aspectos como el dominio de los niños del razonamiento espacial y lógico.) En general, la comunidad científica acepta estos rasgos. En el apéndice puedes encontrar una tabla mucho más detallada.

DIFERENCIAS DEL DESARROLLO Y LA FUNCIÓN CEREBRAL ENTRE LOS NIÑOS Y LAS NIÑAS[6]

NIÑOS	NIÑAS
Desarrollan aptitudes lingüísticas más lento que las niñas.	Desarrollan aptitudes lingüísticas más rápido que los niños.
En casi todos los casos, el habla de los niños es comprensible para los cuatro años y medio de edad. En promedio, dicen menos palabras al día que las niñas y hablan más lento.	En casi todos los casos, el habla de las niñas es comprensible para los tres años de edad. En promedio, dicen hasta el doble o triple de palabras que los niños al día y hablan dos veces más rápido que ellos.

Aprenden a leer después que las niñas.	Aprenden a leer entre un año y dieciocho meses antes que los niños.
Se dejan llevar por los impulsos, necesitan escape motor (actividad física) con más frecuencia.	Se les facilita quedarse sentadas por periodos prolongados.
Es menos probable que perciban señales de dolor o aflicción en los demás.	Responden con más frecuencia y más rápido ante señales de dolor o aflicción.
Para escuchar a un orador cómodamente, los niños necesitan que la voz de esa persona sea entre seis y ocho decibeles más alta de lo que las niñas requieren. Tienen mayor tolerancia al ruido de fondo.	Pueden distinguir voces a decibeles menores e identificar los matices tonales mejor que los niños. Escuchan mejor en frecuencias altas. El ruido de fondo les irrita o distrae más.
Procesan las señales visuales de modo distinto que las niñas, les llama la atención el movimiento y ven mejor bajo luz radiante.	Son sensibles ante el significado de las expresiones faciales y el lenguaje corporal, ven mejor bajo luz tenue.
Sufren ansiedad por separación aguda y lloran con mayor facilidad antes de los tres años. Más adelante reaccionan ante cambios moderados o enfrentamientos con emoción o euforia.	Su capacidad para interpretar señales sociales les ayuda a adaptarse a nuevos entornos. Reaccionan al estrés extremo retrayéndose o con síntomas psicosomáticos.
Tienen niveles más altos de testosterona; sin embargo, estos niveles varían mucho entre cada niño. La testosterona provoca que los niños expresen su energía social mediante intentos de dominancia física y social.	Tienen niveles más altos de estrógeno y progesterona, las hormonas de "los vínculos afectivos". Las niñas recurren a la energía social para establecer vínculos con sus pares y los adultos.

TU HIJO: FRÁGIL, AUNQUE DESPISTADO

Dos aspectos del desarrollo cerebral son particularmente importantes al hablar con niños entre los tres o cuatro años y la pubertad. Uno de ellos es que los niños y las niñas procesan las emociones de manera distinta. Como los niños tienen menos herramientas verbales y cognitivas para comprender sus sentimientos o determinar su origen, les toma más tiempo sanar. A tu hijo le puede tomar más tiempo procesar una pelea familiar que a una niña; que tal vez ya lo haya comentado con una amiga y superado emocionalmente a la mañana siguiente. Si el niño está triste cuando pasas por él a la escuela, el motivo puede ser algo que sucedió hace dos días, no esa tarde.[7]

La segunda diferencia esencial entre los niños y las niñas es la cantidad de serotonina y oxitocina que secreta su cerebro. Los niños producen menos. La menor cantidad de serotonina los hace más impulsivos e inquietos que las niñas, el menor nivel de oxitocina provoca que respondan con más lentitud al dolor emocional o físico de los demás.[8] Cuando te preocupes por la conducta cruel de tu hijo, ten en mente que no necesariamente se trata de un defecto, sino un rasgo estándar propio de los niños que cambia a medida que crecen. (Y piensa lo rápido que correría para ayudar a su abuela si ésta se cayera.)

Queda claro que hay límites. Incluso si se porta bien en la escuela, si identificas un patrón en su conducta, por ejemplo: si lastima a los animales, otros niños, adultos o a él mismo a propósito, ocasiona incendios o muestra una conducta distinta de las peleas juguetonas con otros niños, busca la orientación de un profesional.

HABLA EN VOZ ALTA, CON SERENIDAD, SENCILLEZ Y REPITE

Las quejas universales de los padres sobre sus hijos tienen que ver con la capacidad inconsistente de escuchar, su inquietud y falta de tacto. Resulta que la energía que dota a los niños de su sed de vivir, espontánea y franca, fomenta estos rasgos. Tu labor es gestionar tus reacciones ante la conducta de tu hijo y enseñarle algunos métodos sociales astutos.

Todo comienza con cómo se hablan los adultos entre ellos. En las familias en las que los gritos molestos son normales, sin querer, los padres entrenan a sus hijos para responder a base de insultos y gritos. Los niños concluyen que el problema no es su conducta, sino el mal humor o reglas incoherentes de sus padres. ¿Por qué otra razón mamá o papá se enfurecerían por infracciones que parecen mínimas? "¡Nunca cuelgas tu toalla! ¡Siempre se te olvida!" Es un niño. Esta labor no es prioritaria. No se le ocurre colgar su toalla para que esté seca cuando se vuelva a bañar porque no le importa que esté seca cuando se vuelva a bañar.

Es normal que un niño no responda a sus papás la primera vez que le hablan, incluso la segunda. Cuando eso suceda, es muy probable que *no los haya escuchado*, sobre todo si estaba concentrado en una actividad. Así funciona su cerebro. Comprender esto puede prevenir sentimientos de ira o indignación. Prepárate para repetir lo que dices y saca el máximo provecho a tu comunicación siguiendo estas lecciones vocales.

Volumen y frecuencia

Los niños de todas las edades responden mejor a las oraciones cortas que se dicen en voz alta, pero no en una frecuencia aguda: "Taylor, mírame. Son las cinco y media. Es hora de ir a la cocina y darle de comer a Pancho." No des más de dos instrucciones al mismo tiempo. Espera que te ignoren. En vez de preguntar: "¿qué dije?" y luego amenazar, repite tu petición en el mismo volumen, alto, pero sin gritar. Si ya te escuchó y espera que se te olvide, cuando repites con serenidad tu petición, le demuestras que no te vas a cansar. Evita intensificar tu reclamo: "Por ENÉSIMA vez, EL POBRE PERRO TIENE HAMBRE Y, QUE YO SEPA, NO SE PUEDE ALIMENTAR SOLO".

Cuando los maestros quieren llamar la atención de los niños, aplauden siguiendo un ritmo sencillo (clap, clap, CLAP; clap, clap, CLAP). Es un truco útil en el caso de los niños porque responden a los ruidos y les gusta el aspecto lúdico que implica. Es un buen sustituto de los gritos. Si la situación es urgente, utiliza la técnica de frente: desciende al nivel del niño, apoya tu mano en su hombro, míralo a los ojos y pídele que repita lo que dijiste.

Los niños procesan la información sensorial y las emociones más lento que las niñas, por lo que no sólo les tomará más tiempo responder, si les gritas, es más probable que se sientan mal. Y aunque puedan tolerar algunos gritos de papá, el mismo trato de mamá puede doler mucho.

Tono

Los niños *no escuchan* las diferencias tonales sutiles, así que a tu hijo se le escapan tus suspiros o sarcasmo. Si los percibe, es muy probable que lo confundan o lastimen, no lo motiven. Tu tono afligido pasará desapercibido, terminarás sintiéndote ofendido o ignorado, aunque él no se dé cuenta de las sutilezas. Esto cambia cuando los niños llegan a la adolescencia, y se vuelven supersensibles frente al tono de sus padres, para entonces tendrás que aprender a sonar alegre y a no juzgar. Puedes empezar desde hoy.

Tempo

Aunque esté hablando a un ritmo frenético, habla a ritmo moderado. Las capacidades lingüísticas de los niños se desarrollan con más lentitud que las de las niñas, y esto incluye su capacidad para escuchar y hablar. Habla a ritmo relajado, pero intenta no exagerar, no anuncies a modo robótico: "Por favor. Lleva. El. Plato. Al. Fregadero". (Aunque dada la indiferencia a las sutilezas de los niños, tal vez le parezca gracioso, lo cual es uno de los rasgos adorables de los niños.)

Pausas

Ariela Schmidt Shandling, patóloga del lenguaje y el habla, atribuye el tartamudeo de los niños a la tensión que crean los padres cuando le exigen a sus hijos: "¡Apúrate, ve al grano!". Cuando hables con un niño, aprende a ser paciente ante sus pausas y salidas en falso, comunes a la hora de aprender a articular sus pensamientos. Ten en cuenta que es probable que no haya un punto claro, tal vez sólo te están compartiendo información interesante. Si les pides repetir lo que les acabas de decir, dales tiempo suficiente para hacerlo, incluso si se tienen que detener para recordar. Actúa con delicadeza.

Lenguaje corporal

Cuando hables con tu hijo, velo a la cara. Siéntate en el piso si está jugando ahí. Aunque no sea tan hábil como una niña para leer las expresiones, necesita verte la cara porque le ayuda a concentrarse. No te enojes si ignora una mirada severa o si niegas con la cabeza en señal de decepción. Seguro no lo entendió. Relaja los hombros y los brazos, no hagas gestos con las manos, tampoco señales ni des manotazos al aire.

LAS SOLUCIONES

No puedes obligar a un niño a que se preocupe por colgar su toalla mojada, empatizar con un amigo cuando se tropieza y se cae o a que se siente en silencio cuando su biología le pide a gritos levantarse de un salto y ponerse a correr. Sin embargo, hay métodos para ayudar a tu hijo a ajustar su comportamiento para que no siempre sea el motivo de la ira y la decepción de los demás.

Lo que *no* debes decir: "tu conducta es inapropiada. Debes concentrarte en clase y no interrumpir tanto. Entonces tendrás más éxito". A un niño pequeño palabras abstractas como *inapropiado, concentrarte, interrumpir, éxito* no le dicen nada. Cuando las dices en un tono severo, moralizante, le suenan al *bla-bla-bla-bla* de los adultos en *Snoopy*.

En vez de esperar que tu lógica convenza a tu hijo a cambiar, actúa como su cómplice. Finge ser un antropólogo cultural que le está enseñando las costumbres peculiares, aunque predecibles, de miembros de otras tribus. Tu tono debe ser el de un confidente.

Mira, Jessica, todas las personas con quienes estás teniendo problemas —las niñas, tus abuelas, los niños mayores en la escuela, los maestros, incluso mamá y yo—, reaccionamos de forma similar con ciertas cosas que tú y todos los niños hacen. Tal vez no tenga mucho sentido. Pero el secreto para meterte en menos problemas es aprender los patrones. Es como un código. Si puedes memorizar cómo reaccionarán estas personas, podrás predecir qué les molesta o decepciona. Así no tendrás que adivinar: "¿Y ahora qué hice?".

Las travesuras y las respuestas impertinentes que a los adultos les molestan tanto son expresiones normales del ímpetu, pavoneo y deseo de entretener o provocar con un estilo que los niños consideran justo y lúdico. He enlistado las conductas más frecuentes junto con una propuesta de cómo explicarlas a tu hijo. En el transcurso de la lectura, tal vez consideres que tu hijo es brillante, que seguro son cosas que ya sabe. Que simplemente está decidiendo no comportarse de manera civilizada. Sin embargo, algunas normas sociales les parecen ridículas o desconcertantes a los niños, por ello es útil explicarles las cosas. Después, depende de él: tal vez vale la pena un momento de reflexión con tal de jalarle el pelo a su hermana y escucharla gritar. Tal vez no. No discutas si lo que hizo estuvo bien o mal o si su hermana no aguanta nada. Tampoco suavices las cosas halagándolo: "Ya sé que te gusta hacer reír a los niños en el salón. ¡Y eres muy gracioso! Pero tienes que poner atención, ¿de acuerdo?". Estas transmitiendo códigos secretos vitales y debes ser directo.

En vez de atiborrar a tu hijo con un manual de reglas preprogramado, espera a que alguna de sus decisiones lo meta en problemas. Es raro que los niños se arrepientan de sus trasgresiones porque no les parece que hayan hecho nada malo. Al contrario, estará indignado o confundido. Aborda esta reacción no como estupidez ni insolencia, sino simple ignorancia. Después oriéntalo con el mismo tono objetivo que utilizabas cuando era pequeño y le enseñaste a no jalarle las orejas al cachorro. Con tu orientación podrá empezar a practicar el autocontrol.

Nota: en los ejemplos siguientes, recurro a frases como "Se enojan contigo" y "Te gritan" porque tu hijo entenderá a qué te refieres. Los niños suelen emplear la frase "me gritó" para describir cualquier regaño, incluso el más mínimo.

Cuando molesta a alguien por su aspecto

"Si te burlas del aspecto de los demás o de la ropa que traen puesta, aunque sepan que te caen bien, podrían responderte con un insulto. A veces les puede dar vergüenza o enojarse contigo. Puedes hacerlos sentir mal. Esto pasa más con las niñas y los adultos, pero muchos niños también son sensibles."

Si tu hijo está molestando o insultando a otros niños y eso le está causando problemas, también puedes explicarle que: "Si ofendes a alguien por su aspecto y le dicen a sus papás o a la maestra, un adulto te puede regañar, castigar o llamarme. A algunos niños no les importa que los molestes, a otros sí, y mucho. Pon atención a cómo reacciona la gente".

Molesta a los demás por su rendimiento

Las reglas por molestar en virtud de la apariencia también son pertinentes para el rendimiento, con una advertencia adicional: hoy en día los padres son sumamente sensibles cuando se ponen en duda las capacidades de sus hijos, incluso si lo hace otro niño. Procura concientizar a tu hijo sobre lo que él considera crítica constructiva como: "¡No sabes lanzar!".

Tal vez se encoja de hombros y responda: "sólo le dije la verdad, mamá. Y todo el mundo lo sabe". Tal vez, pero aprender a criticar de forma sutil y constructiva —y aprender a quedarse callado— es una aptitud social que es mejor aprender desde la infancia.

Intenta decirle a tu hijo: "En general, cuando alguien comete un error, lo sabe y ya se siente mal. Antes de decir nada, espera a ver qué pasa. Si alguien más lo critica, mira cómo reacciona y cómo reaccionan los adultos. Decir algo cruel te puede meter en problemas, incluso si es verdad. Y puede herir los sentimientos de los demás".

O bien: "En vez de insultar a alguien que se equivocó, piensa en un comentario que les pueda ayudar a mejorar. Por ejemplo, 'Se me ocurre cómo te puedes parar para lanzar mejor'. Si les interesa, te van a preguntar".

Espetar una opinión negativa
"Cuando se te ocurra algo —por ejemplo, crees que el programa que está viendo tu hermana es una tontería o la tarea que te dejó la maestra es aburrida o tu amigo escogió una patineta que no sirve—, piensa qué pasaría si les dices algo. A lo mejor esa persona se enoja contigo y ya no quiere ser tu amiga, incluso si es cierto y tu comentario hizo reír a todos. Algunos son más sensibles que otros. Si observas cómo reaccionan en distintas situaciones, no es tan difícil averiguarlo. Cuando conoces a alguien, es mejor no criticarlo."

Interrumpir
"Si interrumpes a los demás cuando están hablando, se pueden distraer o pensar que no te importa lo que te están contando. Espera a que se produzca una pausa en su relato y después responde lo que dijeron o cuenta una historia que tenga que ver con el mismo tema."

Tocar, jalar, empujar
"Estoy seguro de que ya te diste cuenta de que las niñas y los niños juegan distinto. Si picas, empujas, les pegas, les jalas el pelo, la ropa o les das un puñetazo a las niñas, la mayoría se va a enojar, les dolerá, llorarán o le dirán a un adulto, no importa si lo haces jugando. A lo mejor tus amigos reaccionan diferente, pero a algunos niños no les gusta. Lo mejor es empezar con calma y no tocar a los demás a menos que sean amigos y sepas que

no les importa. Y nunca seas pesado con los adultos a menos que lo alienten, como cuando papá y tú juegan a los piratas o a los guerreros ninjas."

Hacer el tonto en el salón
"A veces el maestro se puede reír de tus chistes, a veces se puede enojar. Mientras más lo conozcas, irás conociendo su sentido del humor. Antes de hacer un comentario gracioso, ten en cuenta que te puede gritar o señalar de problemático. Contempla tu historial con ese maestro y piensa si vale la pena el riesgo."

Distraer a otros alumnos
"Para los maestros es difícil tener la atención de todo el salón, sobre todo si hay muchos alumnos y no tiene ningún ayudante. Cuando distraes a los otros niños susurrando, haciendo gestos o pasando recaditos, dificultas el trabajo del maestro. Incluso si estás ayudando a tus compañeros, a los maestros no les gusta. Por supuesto, cuando trabajen en grupo o en equipo, está bien hablar con los demás alumnos."

Asquear a los demás
"Muchas personas reaccionan distinto ante las cosas asquerosas que tú y tus amigos. Aunque te parezca gracioso asquearlos, tal vez los niños te llamen tonto o bebé, le digan a otros niños o griten. Podría castigarte un adulto."

Ser muy escandaloso: voces internas y externas
Dile al niño: "te voy a enseñar cuál es la diferencia entre una voz interna y una externa para un adulto. Empezando con el susurro más suave, di: 'Me encantan los globos rojos y grandes'. Ahora un poco más fuerte...". Continúa hasta que llegues al nivel de "voz externa" y denomínalo nivel 7. Después supéralo hasta que los dos terminen gritando y riéndose. Denomínalo nivel 10. Después explica: "en tu mente, no rebases el nivel cuatro o cinco. También cuando vayas en un coche, porque ruidos muy altos pueden distraer a quien maneja. Afuera, si hablas más alto que siete, incluso si estás en un jardín o en el patio de la escuela, si hay adultos cerca, alguien te podría pedir que bajes la voz o un desconocido puede creer que te pasa algo y preocuparse".

SEGUIR LOS IMPULSOS: ENSEÑAR A LOS NIÑOS A RECONOCER Y NOMBRAR LOS SENTIMIENTOS IMPORTANTES

Los niños tardan más que las niñas en reconocer los pensamientos y las señales físicas que les transmiten: *¡Estoy experimentando un sentimiento incómodo ahora mismo! Veamos qué es, qué lo pudo haber provocado, y qué puedo hacer para sentirme mejor sin meterme en problemas.* Un niño escucha que mamá lo regaña por haberle quitado un juguete a su hermana bebé, a la maestra llamarle la atención por patear la silla o a papá acusarlo de mentir sobre que otro niño lo empujó, y no puede explicar por qué lo hizo, porque honestamente no lo sabe.

Los adultos ayudan a los niños a entender la relación entre sus actos impulsivos y sus sentimientos hablándoles de conceptos expresados con palabras como tener *celos* del bebé (quitarle algo), *frustración* y *desánimo* cuando la maestra explica las fracciones otra vez y sigues sin entenderlas (patear) y *avergonzado* cuando te tropiezas, rasgas tus jeans nuevos y te ensucias las rodillas con tierra y piedritas (mentir). Lo que suele diferenciar a los niños de las niñas, como veremos cuando entremos en detalle en el próximo capítulo, es que las niñas saben que sienten algo, aunque desconozcan la palabra exacta para describirlo. A lo mejor dicen que "odian" a alguien cuando lo que sienten es envidia. Los niños no necesariamente hacen tal conexión. No tienen idea de por qué tomaron el juguete o patearon la silla, simplemente quisieron hacerlo.

Cuando escuchas a tu hijo contarte su versión de los hechos, tal vez puedas orientarlo a reconocer sentimientos de los que no era consciente, los que a su vez lo hicieron reaccionar o tomar decisiones que le causaron problemas. Si está dispuesto, podrás señalarle reacciones físicas puntuales que lo ayuden a darse cuenta de que está molesto, como un dolor de panza, una reacción fuerte a una herida menor, le late el corazón fuerte, suda. Pero este método no será efectivo si se sigue sintiendo herido, resentido o humillado. Si lo mandas a su cuarto a "reflexionar" puede ser útil para *ti*, para que te calmes, pero desde su punto de vista, ¿qué hay que reflexionar además de la injusticia del mundo o qué tan seguido tiene mala suerte o no lo comprenden?

A veces la mejor manera de ayudar a los niños pequeños a adquirir conciencia de sus actos y sentimientos es recurrir a un enfoque indirecto. Para los niños (y los hombres), no perder el respeto de los demás es de importancia vital, así que elige un sentimiento que tu hijo deba entender e inserta el concepto en un contexto que no lo implique. Por ejemplo, mientras lees un cuento antes de dormir, haz una pausa sutil para plantear una pregunta. Pregúntale qué cree que siente el personaje o qué sentiría él mismo de encontrarse en la misma situación. Después repite lo que dijo, concuerda ("es cierto, qué triste") y profundiza en las emociones: "si eso me pasara a mí, me sentiría un poco emocionado, pero también preocupado". De este modo tu hijo no tiene que reconocer su propio dolor, temor o ira, pero escuchar a sus padres describirlo es una lección de empatía. También refuerza las vías neuronales de la compasión hacia sí mismo y los demás.

Sin duda todos nosotros, incluso tras años en terapia, seguimos aprendiendo a reconocer la relación entre acontecimientos o pensamientos detonantes y nuestros sentimientos. Ofrecer a los niños opciones alternas a pelear, huir, ponerse ansioso y fingir que nunca pasó, les evita angustia innecesaria y les brinda herramientas que pueden emplear para reflexionar antes de reaccionar ante el próximo desafío emocional.

Un héroe necesita una misión

Todos los niños pequeños se enfrentan a tres preguntas existenciales:

¿Cómo puedo ser yo mismo sin meterme en problemas?
¿Alguien me ve como héroe?
¿De qué forma contribuyo a esta familia que sea única, que no se compare con lo que alguien más contribuya?

Las estrategias que revisamos ayudarían a tu hijo con la primera pregunta. A medida que dediques menos tiempo discutiendo por su conducta, saldrán a relucir los matices de su personalidad y podrás orientarlo para que realice actividades que le permitan ser un héroe y fomenten sus contribuciones únicas.

Una a una saldrán a relucir las pasiones y particularidades de tu hijo. Observa y escucha. Permite que hable en la oscuridad, en el coche, en movimiento, mientras esperan el autobús o el metro. En general, se siente más cómodo hablando lado a lado que frente a frente (la técnica "frente a frente" es importante para peticiones o regaños, no charlas informales"). Tu papel es estar atento y receptivo ante los comentarios. Algunos niños prefieren anotar un pensamiento importante, confesión o sentimiento franco en un papel y deslizarlo debajo de tu puerta en vez de decirlo en persona. Si *tú* le dejas recados de vez en cuando en su escritorio, buró o almohada, habrás abierto una vía de comunicación que no sabía que existía y será mucho más probable que haga lo mismo.

En cuanto a tu contribución a las conversaciones con tu hijo, una metáfora acertada es la de encestar: dices algo breve, después algo más, y a veces te escuchan, encestas. Con los niños este enfoque funciona mejor que las explicaciones o discusiones serias y prolongadas.

Habrá muchas revelaciones de camino a la escuela si te muestras curiosa, esto es, si resistes el impulso de aprovechar esos momentos para recordar o dar instrucciones. Mejor haz preguntas casuales o comenta cosas interesantes:

—Ya vi que los Suárez tienen un perro nuevo. Está muy grande. ¿Has notado alguna otra novedad en nuestra calle?

Esto puede suscitar un diálogo:

—¡En Halloween, los vecinos de los Suárez dieron dulces horribles!
—Guácala. ¿Sabían horrible o se veían horribles?
—¡Los dos! [Pausa.] Mamá, ¿soy raro? Creo que no me gusta la mayoría de los dulces de Halloween.
—Creo que tienes un paladar exigente. [Este comentario contextualiza un nuevo término, es maravilloso para enriquecer su vocabulario.] Sabes lo que te gusta. Es interesante porque te emociona mucho ir a pedir calaverita.
—Porque quiero muchos dulces, todos los que pueda, pero no quiero comerlos. Quiero tener dulces para intercambiarlos, sobre todo cuando a los otros niños se les acaban.
—Tiene sentido, ya tienes tu estrategia.

Durante un paseo de veinte minutos por la colonia puedes fijar una meta como encontrar un muy buen palo, uno grueso, largo y recto. Los niños buscan tesoros —el cuerpo en descomposición de un pájaro, una pila de vidrios rotos de la ventanilla de un coche— y necesitan un buen palo para inspeccionar sus descubrimientos. Si hay callejones en tu colonia, intenta recorrerlos. Inspeccionen los muebles abandonados, asómense por el hoyo de la reja en el jardín de algún vecino, observen los contenidos de una cochera abierta llena de triques. Es como buscar un tesoro o ignorar sin pudor el letrero de "propiedad privada", lo cual le encanta a los niños pequeños (y a muchas niñas).

Un amigo médico que siempre trabaja muchas horas, tenía la costumbre de llevar a su hijo pequeño a hacer mandados inventados hasta a una hora de distancia en coche para tener tiempo ininterrumpido y en solitario con él en el coche. También tenía una hija mayor, pero no tenía problema en encontrar tiempo para hablar con ella ni le exigía coreografiarlo. Ahora, cuando su hijo de veinticuatro años los visita en casa, siempre le pide a su mamá que lo acompañe a hacer algunos mandados. ¡Qué dulce!

Se pueden suscitar conversaciones agradables durante un paseo con tu hijo, pero los relatos épicos que acumula después de paseos a solas o con amigos también son divertidos. Encuentra oportunidades para que juegue en la calle, en el entorno menos restringido posible. El tiempo libre, la falta de estructura, la ausencia de los padres y el espacio para deambular son tierra fértil para desarrollar su técnica narrativa. Al igual que la sincronía entre aprender a comer alimentos sólidos y aprender a hablar, las ganas de los niños de aventurarse en lugares salvajes respaldan su desarrollo verbal. Aunque su estructura emocional les dificulta expresar sus sentimientos, estarán muy emocionados de contarte sobre la trampa para ardillas que construyeron en el jardín y explicarte cómo funciona a detalle. (No te preocupes, seguro que no funciona.)

¿En dónde pueden tus hijos —niñas y niños— correr y luchar con ramas que hagan de espadas? ¿Qué pueden escalar y en dónde se pueden esconder? ¿En dónde pueden construir una casa club para invitar a sus amigos y hacer sus propias reglas? ¿En dónde se pueden alejar de ti? ¿En el campamento familiar, el muelle en casa del abuelo, tu jardín? ¿Explorando el perímetro de un lago en el parque? En estos lugares tu hijo puede practicar su heroísmo y reunir un tesoro de historias que después llevará a casa.

El tiempo libre y el juego sin estructura hace mucho más que cultivar la facilidad de los niños con el lenguaje. También tiene un efecto positivo en su estado de ánimo y su espíritu. Peter Gray, profesor investigador de psicología en el Boston College, estudia la relación entre la psicopatología y el sentido de "voluntad" (control apropiado según la etapa del desarrollo sobre la calidad y cantidad de las actividades diarias propias). Escribe: "si impedimos que los niños tengan oportunidad de jugar solos, lejos de la supervisión y el control directo de un adulto, los privamos de las oportunidades de aprender cómo tener control sobre su propia vida. A lo mejor pensamos que los estamos protegiendo, pero de hecho disminuimos su alegría, su sensación de autocontrol, les impedimos descubrir y explorar las actividades que más les gustan y aumentamos las probabilidades de que padezcan ansiedad, depresión y otros trastornos".[9]

En otras palabras, un héroe necesita —*verdaderamente* necesita— una misión. Y un adulto a quien contarle todos los detalles.

HECHOS ASOMBROSOS, RÉCORDS MUNDIALES Y OTROS ACONTECIMIENTOS DIGNOS DE "AUNQUE USTED NO LO CREA"

La tercera parte del predicamento de un niño —¿De qué forma contribuyo a esta familia que sea única, que no se compare con lo que alguien más contribuya?— es una pregunta capciosa porque tu hijo y tú tienen definiciones de *contribuir*. Tal vez para ti tenga que ver con el rendimiento y un elemento de ciudadanía familiar: ayudar a los hermanos, hacer tareas domésticas, cooperar con los padres. Es cierto que todo esto es vital para el sentido de pertenencia y propósito en tu familia. Sin embargo, no son tan importantes para un niño imaginativo como la verdadera moneda de su reino: la información. Las cuatrocientas clases de tiburones, el edificio más alto del mundo, la cámara de video más pequeña que emplea la CIA, el mayor número de canastas anotadas en un solo partido... ¿Cómo sabrías de estos hechos tan asombrosos si no te los contara?

Intenta que su encanto te seduzca, incluso si sus temas preferidos no son los temas que normalmente consideras interesantes. ¿Cómo? Una táctica es fingir ignorancia, buscar su conocimiento experto, sin importar cuán exiguo sea. Tu entusiasmo es un depósito en el banco de la buena voluntad. Di: "¡Interesante!", "¿Qué más sabes de los microrrobots?", "¿Qué otros trucos emplean los espías?".

Desde luego, podría estar recitando el mismo listado de dinosaurios que ya has escuchado unas cincuenta veces, el inventario caduco que te provoca querer desviarte a una tienda de licores. El motivo por el cual se repite es que se le acabó el material. Los niños pequeños necesitan más información, no sólo para saciar su curiosidad, también para mantenerte cautivado. La forma más segura de actualizar el monólogo es proporcionar nuevos hechos y experiencias mediante libros, videos o salidas: una visita a la biblioteca, al puerto, al muelle o la estación del tren; subir en el elevador de un edificio muy alto, una excursión a un museo, acuario o zoológico. Puedes ayudar a tu hijo a cambiar de canal si lo expones a más canales.

Los niños quieren demostrar que son amos del universo. Reunir información es una forma de dominar un tema. Si esa información implica superlativos —el más grande, el más fuerte, el más rápido—, mejor. Los extremos son buenos. ¿Quién es el animal más veloz?: el chita. ¿Qué tan rápido?: ciento veinte kilómetros por hora. ¿Qué animal mata a su presa más rápido?: ¡la tortuga caimán!

Algunos padres e hijos comparten afinidades de manera natural y otros le enseñan al otro territorios nuevos. Si cualquiera de los dos padres siente que desconoce o no le interesan las pasiones de su hijo, pueden intentar cambiar el canal a un interés diferente o informarse. Puede ser tan sencillo como googlear un par de cosas y decir: "Ayer aprendí que…". Escucha la respuesta de tu hijo y aprenderás qué le cautiva. Entre los temas y conceptos que pueden fascinarle figuran:

Superlativos. Lo más grande, rápido, alto, pequeño, pesado, largo, ruidoso, profundo, viejo o fuerte.

Superpoderes. Magia: puedes engañar al ojo y a las personas. Espías: tienes una identidad distinta, puedes disfrazarte. Códigos: tienes un conocimiento especial secreto. Detectives, ninjas, atletas, astronautas.

Territorios extremos. Espacio, desierto, océanos, la selva. La distancia entre Marte y Júpiter, el número de Tierras que cabrían en el Sol, la Fosa de las Marianas y las criaturas extrañas que ahí viven, el Valle de la Muerte, el lugar más caluroso y de menor elevación de la Tierra, el río Amazonas, el más extenso de la Tierra, hogar de la anaconda, la serpiente más larga del mundo. ¡Comen cabras!

Criaturas gigantes. Dinosaurios, ballenas, pulpo gigante, elefantes, osos grizzli, mamuts lanudos.

Depredadores. Número de víctimas y métodos de depredación, ¿cómo consumen a su presa?

Deadliest Warrior. Esta serie televisiva se emitió entre 2009 y 2011 y cubrió un tema sobre el que a los niños les fascina especular: ¿quién hubiera ganado, un samurái o un vikingo? ¿Un pirata o un mongol? Con un par de capítulos tendrán mucho de qué hablar.

Monster Bug Wars. Es el mismo caso que el programa anterior, ¡pero con insectos! Encuéntralos en YouTube.

Medios de transformación. Grandes: vehículos de dieciocho ruedas, limusinas, el *Titanic.* Exóticos: submarinos, dirigibles. Futuro: *hoverboards* que floten de verdad, coches sin conductor, mochilas propulsoras.

Marcadores, promedios, estadísticas de jugadores. Para los padres a quienes no les gustan los deportes, esto puede ser difícil, pero inténtenlo si a su hijo le interesa mucho. A lo mejor descubren que son aficionados de corazón.

Si aceptas que escuchar a tu hijo y hablar con él difiere del intercambio familiar entre los adultos (o entre los adultos y las niñas), puedes seguirle el ritmo cuando recite los hechos, estadísticas y récords mundiales. Su objetivo no es ser encantador ni crear un vínculo emocional, sino compartir sus descubrimientos asombrosos con sus seres queridos.

CÓMO RESPETAR EL CARÁCTER DE NIÑO DE TU HIJO Y RESPETAR SU ESCUELA

Hoy en día, los niños deben cumplir expectativas confusas: ser combatiente en el campo de juego, un caballero en el almuerzo y un erudito en el salón de clases. El desafío de los padres es reconocer este acto en la cuerda floja sin minar la legitimidad de las instituciones que un niño necesita para prosperar, sobre todo en la escuela.

Incluso cuando ha incrementado nuestro conocimiento sobre la neurociencia de las diferencias de género y los expertos en el desarrollo infantil (y los padres) ponen en duda la prescripción frecuente de medicamentos para combatir el déficit de atención, el hecho sigue siendo que los niños deben permanecer sentados, quietos, y desempeñarse como las niñas en la escuela, e incluso a veces en campamentos de verano que enfatizan el desarrollo de aptitudes de alto nivel. ¿Qué puedes hacer como padre, además de educar a tu hijo en casa o inscribirlo a una institución con más estrategias de enseñanzas propicias para los niños, si es que existe una cerca de casa, tu hijo es candidato y puedes pagarla?

Si presientes que tu hijo está frustrado y siente que no da la talla y nunca lo hará —una preocupación frecuente entre las familias a quienes oriento—, valida su dificultad y muestra empatía, sin embargo, ten cuidado de no emplear un tono o mensaje de compasión. Los niños interpretan la compasión como permiso para excusarse: "¡papá, sabes que es injusto. No es mi culpa que no recordé la tarea!".

Resiste el impulso de ponerte de su lado para que luche contra la escuela. Cuando los padres retan a los maestros por cada injusticia y calificación mediocre, el esfuerzo resulta contraproducente. En vez de empoderar al niño, aumenta su sensación de incompetencia, lo cual provoca apatía, ira y amargura. Y culpar a la escuela y al maestro enloquece a los maestros experimentados. Recuerdan lo efectivo que era cuando los padres y los maestros estaban unidos y los niños sabían bien que no podían enfrentarlos. Pese a las desventajas intrínsecas que enfrentan los niños en muchas escuelas hoy en día, la solidaridad entre los adultos siempre es mejor para los niños. Es consistente y el lapso ocasional en la justicia es una práctica excelente de cómo funciona el mundo. Los padres que se ponen del lado de los niños contra el "sistema" están sentando precedentes peligrosos e irreales al enseñarle a los niños que están por encima de las reglas.

Una forma positiva de reconocer las dificultades de la escuela es un poco subversiva. Implica celebrar de manera regular las cualidades de niño de tu hijo, mientras comparas de manera sutil su día en la escuela con aspectos de tu día adulto que son difíciles y aburridos. Por ejemplo, podrías llevarlo al autolavado y contarle: "pasé casi toda la tarde en una reunión muy larga y esto es muy divertido. ¡Vamos a lavar el coche!".

Le estás demostrando que disfrutas la oportunidad de mojarte y ensuciarte un poco, relajarte y divertirte, además, lavar el coche es una forma práctica de hacerlo. Le demuestras equilibrio. La implicación es, *sí, hay momentos de la jornada laboral y académica que son difíciles y aburridos, pero los dos nos portamos bien cuando estamos en servicio*. Y cuando salimos, los dos valoramos una manguera gigante con mucha potencia. Lavar el coche con el niño le muestra que te gusta el lado físico, sin estructura, no académico de la vida, tanto como a él. Y que te esmeras por buscar la forma de disfrutar ese lado.

Es muy infrecuente cuando una escuela o maestro en particular perjudican a un niño. En ese momento es preciso armarse de diplomacia y valor para pedir que le cambien la carga de trabajo o al maestro.[10] Si tus esfuerzos son en vano, tal vez tendrás que contemplar cambiar a tu hijo de escuela. Pero para la gran mayoría de los padres, el paso de sus niños por la primaria no exige pelear con los maestros ni cambiar de institución. Sólo exige paciencia y comprender cómo se desarrollan los niños.

Cuando mi papá era pequeño, su hermano mayor le daba una leve cachetada todas las mañanas y le decía: "Es para recordarte que escuches a tu maestra". Suena duro (¡y no lo estoy recomendando!), pero era una forma de reconocer lo difícil que le resulta a los niños quedarse quietos, una lección rudimentaria sobre autocontrol y un recordatorio de la importancia de aprovechar la oportunidad de aprender. Por otro lado, mi papá vivía en Brighton Beach, se metía al mar cuando quería, nadaba entre las rocas y frecuentaba el club de playa para escuchar a bandas en vivo. Ningún adulto rastreaba cada uno de sus movimientos. Hoy en día los niños son prisioneros a menos que los padres se aseguren de proporcionarles un escape. Es otro motivo más para dejar libre a tu hijo en la naturaleza (o lo más cercano a ella).

VIDEOJUEGOS: LADRONES DEL TIEMPO Y BANDA DE HERMANOS

Hace muchos, muchos años —cerca de treinta— los niños tenían poca tarea y una pandilla de amigos de la colonia al salir de casa. Organizaban su día y utilizaban todos sus cinco sentidos en un mundo tridimensional: andaban en bici, escalaban árboles, jugaban beisbol, batallas de nieve o lanzaban globos llenos de agua. Asómate a tu calle. Ni un niño a la vista. Mira a tu hijo. El que está sentado seguro y cómodo en su habitación, con un control en la mano, puede disparar armas, salir ileso de zonas de guerra, estrangular al enemigo, gritar a la pantalla, para satisfacer algunos de sus impulsos naturales.

Hay muchos aspectos de la tecnología en cambio constante, muchas preguntas que no tienen respuesta. ¿Acaso estamos obsesionados con los videojuegos y las redes sociales del mismo modo que los padres de los cincuenta se obsesionaban con la televisión? ¿O más bien corremos el riesgo de la inconsciencia, al igual que los doctores que en los anuncios de cigarros de la misma época, invitaban a los consumidores a "Darle unas vacaciones a tu garganta... ¡fúmate un cigarro FRESCO!".[11] Cada familia y cada niño es distinto, ¿de modo que cómo podemos decidir cuidadosamente las reglas adecuadas para los videojuegos?

No es fácil. Sin embargo, los videojuegos se han estudiado tanto en el transcurso de los últimos veinte años, que poner límites es responsabilidad de los padres. La investigación es tan perturbadora que en 2013, el *Manual de diagnóstico y estadísticas de los trastornos mentales* identificó un nuevo trastorno que merece mayor investigación: el trastorno por videojuegos en línea. "Los *gamers* juegan de manera compulsiva, excluyendo otros intereses, y su actividad en línea persistente y recurrente resulta en una disfunción o angustia con consecuencias clínicas... experimentan síntomas de abstinencia cuando no juegan."[12]

Es improbable que tu hijo se vuelva adicto a los videojuegos en el sentido clínico de ser disfuncional en diversos aspectos de su vida. Sólo ocho por ciento de los *gamers* entre los ocho y los dieciocho años cumplen con esos criterios.[13] Para la mayoría de los niños, la amistad en la era digital implica jugar juegos en red vía voz, lo cual conduce a "colaboración, conversación, la diversión de hablar tonterías y sentimientos felices de conexión".[14] Un estudio extenso de representación nacional que se publicó en la revista académica *Pediatrics* demostró que los niños entre los diez y los quince años que juegan videojuegos en cualquier plataforma una hora o menos al día, demuestran ajustarse mejor psicosocialmente, a diferencia de quienes no juegan, en cambio, es el caso opuesto para quienes juegan más de tres horas diarias.[15]

En todo caso, para muchos padres y sus hijos, las discusiones diarias sobre cuánto tiempo jugar es una fuente de conflicto perpetuo. Aunque los niños no se atrincheren en sus cuartos durante días sin comer ni bañarse, sus sesiones de horas corresponden con la definición no clínica y popular de una adicción.

Randy Kulman, fundador de LearningWorks for Kids, una empresa que evalúa apps y videos educativos, coincide: "En términos del ajuste psicológico, jugar una hora al día parece lo más saludable". Para separar a tu hijo de sus videojuegos, sugieren establecer una rutina consistente. Avísale con diez minutos de anticipación cuando la sesión esté por finalizar y recurre a un cronómetro que el niño pueda ver. Crea una tradición posjuego para cuando se acabe el tiempo, como comer un refrigerio o hablar sobre la sesión.

Puedes presentarle a tu hijo el concepto de los límites si lo comparas contigo: "hay tantas cosas divertidas, que nuestros antojos dominan nuestro juicio sobre qué nos conviene. Por ejemplo, el pastel de chocolate. Si lo tuviera en casa siempre, comería demasiado, aunque sé que no es saludable. Mi deseo sería mucho más fuerte que mi fuerza de voluntad. No te puedo permitir que juegues más tiempo de lo que es saludable, aunque entiendo que ahora mismo no estés de acuerdo conmigo".

A medida que los niños crecen, la mayoría pide juegos que los sumerjan en combate, mundos de fantasía o actividades criminales en las que el éxito implica perseguir a las personas, dispararles o desaparecerlas. Los descubrimientos más recientes no muestran relación entre jugar videojuegos violentos y comportamiento violento en la vida real, pero como siempre, la moderación y conocer bien a tu hijo te orientarán.

Vale la pena contemplar otra pregunta: ¿qué no hacen los niños cuando están jugando videojuegos? No interactúan cara a cara con otros niños o adultos en entornos variados. En mayor medida que las niñas, los niños necesitan practicar la comunicación interpersonal, el control de los impulsos en la vida real, articular sus pensamientos y sentimientos, transigir y leer las expresiones de los demás. Cuanta más torpeza social tenga el niño, más le afectará la falta de práctica de estas habilidades interpersonales. Sin duda, un grupo de amigos *gamers* puede ser un aspecto positivo en la vida de un niño, pero se requieren límites y siguen siendo esenciales los amigos y las salidas que no tengan nada que ver con los videojuegos.

Con los videojuegos existe una secuencia de hábitos saludables y nocivos:

Interés → placer y adquisición de aptitudes → pasión y orgullo → preocupación → obsesión

¿Cómo saber en qué o dónde se encuentra tu hijo? Analiza su vida para saber cómo reglamentar la duración del juego. ¿Disfruta a sus amigos en actividades distintas a los videojuegos como deportes, teatro, o jugar en la colonia? ¿Sus maestros lo describen como una persona animada que participa en una serie de actividades en la escuela? (Nota: no es importante saber si es un líder, extrovertido o popular. Pese a los ideales estadunidenses, éstas no son cualidades esenciales para la salud emocional.) ¿Disfruta convivir con la familia en reuniones o viajes? ¿Hay algún abuelo, tío, primo, amigo de la familia o de los padres con quien disfrute hablar y a quien le guste hablar con él? ¿Tiene otros intereses que le apasionen (coleccionar tarjetas de beisbol, hechos o historias) y le brinden conocimientos especiales y material de conversación que utilice con nuevos amigos y conocidos? Si la respuesta a la mayoría de estas preguntas es positiva, es muy probable que el tiempo que pasa jugando videojuegos esté bien calibrado. Pon atención para mantener un equilibrio en su vida y haz los ajustes necesarios.

EL BANCO DE LA BUENA VOLUNTAD CON LOS NIÑOS

A los niños les encanta impresionar a sus papás con su conocimiento, habilidades, juegos y valor. Tu entusiasmo por las pasiones de tu hijo y tolerancia ante cosas menos interesantes son fuentes confiables de fondos en el banco de la buena voluntad. Cuando le demuestras no sólo tu amor, también tu respeto, te ganas su confianza, y así se te facilita instruirlo en asuntos de lenguaje, modales, conducta y empatía, vitales para su crecimiento. Con esto en mente, las siguientes son algunas sugerencias para sumar al banco de la buena voluntad.

- Inscríbelo a una clase de cocina para niños. Están llenas de niños. ¿Por qué? Por el fuego, picar, asar a la parrilla, afilar los cuchillos.

Los chefs junior aprenden a utilizar toda clase de herramientas que normalmente están fuera de su alcance, y también cómo preparar algunos platillos.

- Dale permiso de apropiarse de una sección del jardín (o la más descuidada del patio, siempre es la parte favorita de un niño para explorar).
- Permítele hacer lo que quiera en su cuarto, siempre y cuando no incluya comida podrida y con la advertencia de que no deje sus pertenencias —incluyendo zapatos con los que se pueden tropezar los demás, vasos y platos sucios— en otras partes de la casa. Respeta el nivel de limpieza en la casa, pero puede hacer lo que quiera en su cuarto.
- Si comparte su cuarto, búscale un lugar en la casa que pueda ser su dominio privado y en donde pueda ser desordenado siempre que quiera, como una esquina en el ático, sótano o estacionamiento.
- Inscríbelo a un equipo deportivo, en donde podrá gritar, abuchear y brincar de alegría. O llévalo a la playa o a la montaña rusa más rápida de la ciudad.
- Permítele elegir un audiolibro para escucharlo en el coche. Especulen con los personajes, sin censurar nada. Adéntrate en su mundo.
- Dale permiso de ponerse el mismo atuendo para la escuela muchos días seguidos, incluso si incluye una capa y botas, mientras esté limpio (no importa si está desgastado o descolorido).
- Permítele faltar un día a la escuela cada semestre para una excursión o aventura (a menos que haya faltado seguido por enfermedad o si se saltaría un examen). Puede elegir el día y las actividades. No se trata de un premio por su desempeño, es un regalo. También es buena idea para las niñas.

Aunque los niños pequeños entran a la infancia con menos palabras que las niñas, hablan menos y emplean oraciones más sencillas, esto no quiere decir que no tengan un vínculo profundo y activo con las personas de su entorno. Los padres deben intentar hablar el lenguaje de sus hijos (o en caso de los padres, recordarlo) y así llegarán a un punto medio con los niños, absorberán un vocabulario con más matices y, en el proceso, verán cómo su mundo se llena de detalles y nuevos significados.

¿Y qué hay de sus hermanas? Los padres no necesitan hablarles en ningún lenguaje especial para relacionarse con ellas. Las niñas hablan como "adultos" en torno a los cuatro años. En todo caso, como veremos en el próximo capítulo, los padres pueden enseñarles mucho sobre cómo comunicarse en nuestra cultura compleja.

CAPÍTULO 4

La jefa, la mejor amiga, la máxima sacerdotisa de la simulación

Cómo conversar con las niñas pequeñas

De los tres a los once años

A sus cuatro años, Mira entra corriendo al patio de preescolar, pero en vez de buscar a su grupo de amigas, se detiene y camina hacia la maestra. Con los ojos bien abiertos, el brazo izquierdo en la cintura, la mano derecha en la mejilla con los dedos extendidos, dice:

—¡Susanna! ¿Estás estrenando falda?
—Buenos días, Mira. Sí, es nueva.
—¿En dónde la compraste?
—La compré en una tienda que se llama Anthropologie.
—¡Me fascina esa tienda! Guardan mangos de puerta relucientes en canastas.

Este intercambio resalta algunos elementos extraordinarios. Sin planearlo ni esforzarse, Mira utilizó una frase muy exitosa para iniciar una conversación. Lo que detonó su pregunta fue reconocer de inmediato varias señales visuales (el diseño, color o la tela de una falda) que comparó con un cúmulo de información (el vestuario de trabajo de su maestra) almacenado en la memoria de Mira. Su empleo de palabras avanzadas (*relucientes*, *mangos*, *canastas*) y compleja estructura de sus oraciones animaron el intercambio y su pose expresiva transmitió su curiosidad, sorpresa y deleite.

La maestría de Mira en el arte de la conversación encantó a un escucha adulto. A tal grado que, muchos años después, puedo relatar este diálogo palabra por palabra entre mi hija Susanna, y su pequeña alumna.

Las niñas pequeñas pueden hablar el lenguaje de los adultos y así entablar una conversación con ellos. Su elocuencia y capacidad para interpretar señales verbales y no verbales sutiles les permite florecer en una variedad de contextos sociales. La mayoría de las niñas puede tolerar con facilidad el régimen del salón de clases los primeros años de la escuela, en parte debido a su capacidad de escuchar y responder, y en parte porque les preocupa mucho complacer a la maestra. Sin embargo, los atributos que les garantizan el éxito en esferas que nuestra sociedad valora también conduce a los padres a tener expectativas irreales de sus hijas.

Un inconveniente común de los padres es confundir la sofisticación verbal de su hija con madurez emocional e interpretar sus berrinches como regresiones y manipulaciones. Les indigna que parezca tan sofisticada y se comporte tan infantil. Para crear mayor confusión, las niñas están entrando a la pubertad antes: ahora, la Academia Americana de Pediatría considera que entre los siete y ocho años es una edad normal.[1]

Aunque le quedan algunos años para comenzar a menstruar, las hormonas provocan que las niñas sean susceptibles a los mensajes de los medios sobre cómo deben verse y comportarse (¡coquetas!, ¡bonitas!, ¡provocadoras!). Las palabras pícaras y el carácter seductor de las niñas reflejan esos mensajes mucho antes de que ellas entiendan qué significan. Esto alarma a los padres y respalda su impresión de que las niñas "tienen cuatro años, pero parecen de cuarenta". Pero no lo son.

La fashionista animada no se está "comportando" infantil con sus pucheros y exigencias, es una niña. Y está atrapada en una trampa invisible para ella y sus padres. Impulsada por las hormonas, las presiones culturales y su dominio del lenguaje, parece experimentada, cuando en realidad es una observadora astuta e imitadora ágil. La frustración y consternación de sus padres frente a su conducta puede molestar a la niña en dos sentidos: se molesta con ellos porque se enojan con ella y se enoja con ella misma porque quiere ser la niña buena.

Sin embargo, no lo puede evitar. Sigue hablando, discutiendo y abogando por su caso porque las palabras se le dan tan bien y sus sentimientos son muy intensos. Sus gustos son apasionados: ¡Ese vestido no! ¡Ese yogur no! ¡Ese champú, ese cuento, esos calcetines! ¡Esa crayola no! Morado, pero no ESE morado.

Sus deseos son frenéticos: ¡Ya te dije que todos tienen un trampolín! ¡Una muñeca American Girl! ¡Se puede ir a dormir mucho más tarde que yo! ¡Tiene zapatos con plataforma! Y dijiste que tal vez. ¿Verdad? Entonces, ¿cuándo? ¿Mamá? ¡Tú dijiste!

Si eres el papá o la mamá de una niña, tarde o temprano te darás cuenta de que las discusiones —sobre las injusticias diarias, o la ropa, o su cuarto, o su pelo, sus amigas o comida— no se resolverán en una conversación lógica, sincera. Querrás tomártelo con calma porque criar a una niña franca, razonable, significa recorrer lo que parece el mismo territorio áspero, con modificaciones sutiles, todos los días durante años.

Si tienes las edades y las etapas en mente y con práctica, podrás ajustar tu mensaje y entrega para que tu hija y tú puedan sortear los rápidos de su infancia con menos fricción y más apreciación mutua. Puedes entrenarte para considerar su meticulosidad y criterio, su afán por la hipérbole, abundancia de corazón. Sin que tu hija se dé cuenta, podrás guiarla de modo que protejas su individualidad tormentosa y veloz crecimiento cognitivo y físico y, al mismo tiempo, inculcarle buenos modales y civismo en la familia.

LA CARGA DE UNA MADRE

La relación entre las hijas y las madres es completamente distinta de aquella entre las hijas y los padres. Antes de abordar las mejores maneras de conversar con tu hija pequeña, examinemos cómo se desarrollan estas diferencias en la familia.

El cerebro de las madres y las hijas comparten rasgos anatómicos propios de su género: leen las expresiones faciales, el tono de voz y el lenguaje corporal y están programados para percibir y responder a los sentimientos y opiniones de los demás. (Para un resumen del desarrollo cerebral femenino, véase la página 74 o la tabla más detallada en el apéndice.) Estas percepciones y la preocupación que estimulan aumenta con los vínculos entre las mujeres. Cuando tanto la madre como la hija examinan de cerca el tono, ceño fruncido o suspiro de la otra, se puede producir estática emocional. Tal vez mal interpretaron los motivos de la otra porque, pese a sus similitudes, una niña pequeña y una mujer adulta tienen perspectivas distintas. O bien, pueden obsesionarse hablando de los problemas (lo que los psicólogos denominan correflexión). Estas dinámicas están en la raíz de muchos conflictos entre madres e hijas.

Además de los desafíos innatos de la comunicación entre mujeres, están las presiones específicas de nuestra cultura moderna. Hoy en día las madres son sumamente cercanas a sus hijos. Incluso cuando trabajan fuera de casa, es más frecuente que las mamás se involucren a nivel microscópico: organizar, programar, asegurarse que los niños lleguen a tiempo a todo. Esto implica que buena parte de su conversación con los niños consiste en interrogarlos y exhortarlos a hacer las cosas.

Las madres también enfrentan presiones relativamente nuevas para acertar en la crianza. En los últimos veinte años, el término crianza se ha vuelto ubicuo, anteriormente, el término común era *cuidar a los hijos*. Pasamos de "tu hijo es un encanto" a "eres muy buena madre", ahora las madres están en el centro de atención, no los hijos. Las madres se preocupan por todas las decisiones y hay muchísimas. Se sienten juzgadas desde todos los ángulos: los fantasmas de su propia historia familiar, sus padres y suegros, las otras mamás, la escuela, internet, los medios de comunicación, las redes sociales. Con tantas voces que opinan, se siente imposible hacerlo bien.

¿Y PAPÁ?

Hoy en día, los papás adoran a sus hijos y en general están más implicados en la vida familiar que sus propios padres. Debido a que los hombres no detectan las señales sociales de forma innata como las mujeres, cuando se relacionan con sus hijas, el volumen de la estática emocional es mínimo. Los papás no le ponen atención a las minucias (¿Cuándo fue la última vez que se lavó el pelo? ¿Qué me susurró?) y por tanto, no preguntan ni critican por ello. Gracias a esto, la relación es más relajada.

Los padres no se preocupan por los matices de la crianza, tampoco les importa lo que otros padres opinen de sus aptitudes como padres. Para las mujeres, ser una buena madre parece un referendo sobre su valor como ser humano. Su ansiedad incluye también que papá haga bien las cosas.

Esto es pertinente para las madres de niños y niñas, pero en mi trabajo con familias he identificado un patrón muy claro: las mamás tienen mayor tolerancia para cómo un padre concibe crianza si se trata de un niño. Las mamás respetan el vínculo entre padre e hijo porque una relación unida "entre chicos" es parte de hacer las cosas bien. La brusquedad de papá, sus bromas y franqueza son igual de esenciales para las niñas que para los niños, pero muchas madres desprecian el enfoque de papá si se trata de una niña.

Una y otra vez las madres describen escenarios en los que han regañado al papá frente a los niños porque consideran que su papel es deficiente. No están de acuerdo con los hábitos de papá, sus modales imperfectos en la mesa, su gusto por los alimentos "malos", deja calcetines en el piso de la sala, dice groserías. Su estilo de crianza también molesta a las mamás, quienes citan hábitos como críticas demasiado francas, ser escandalosos o tener estándares excesivos para el rendimiento académico o atlético de las niñas.

Cuando escucho estas preocupaciones, advierto a las mamás que cuando critican abiertamente al papá en la presencia de los niños, les enseñan que la frágil sensibilidad de un niño tiene prioridad frente a la dignidad y libertad de un padre en su propio hogar. Y pregunto:

- ¿Los niños se quejan y pierden menos el tiempo y cooperan más cuando papá da las órdenes?
- ¿Le demuestran su cariño, por ejemplo, se ponen contentos cuando él llega a casa?
- ¿Les gusta convivir con él?
- ¿Valoran su sentido del humor? ¿Espíritu aventurero? ¿Conocimiento esotérico? ¿Sabiduría sofisticada? ¿Capacidad para jugar?

Si las madres responden, "Sí, pero...", respondo: "Sé que no parece justo, pero existe una doble moral entre lo que se considera una conducta tolerable de un padre y una madre. Los papás siempre se salen con la suya con más cosas".

No sorprende que algunos padres se cansan de que los reprendan y los controlen de forma excesiva. Pierden la confianza y se distancian. Esto constituye una pérdida enorme para la niña y la persona que será de adulta. Los padres (o si papá no está disponible, otro adulto maduro y leal) tienen un papel complejo y crucial en la crianza de las niñas. En mi consulta he visto lo que la literatura confirma: es más probable que las niñas con papás ausentes, distantes, adictos a las sustancias o al trabajo —papás que no están comprometidos con su crianza— inicien su actividad sexual prematuramente.[2] No es la experiencia familiar que una madre cariñosa alentaría con intención.

Debido a los obstáculos que, sin querer, las madres ponen entre sus hijas y sus padres, y a que las mamás supervisan la rutina diaria, las niñas pasan más tiempo con ellas que con papá. Esa proximidad suscita fricciones y disputas. Mientras tanto, la convivencia con papá es menos frecuente y también se asocia con los acontecimientos más placenteros de la vida, como aprender a andar en bici o ir juntos a los partidos de futbol del fin de semana. Durante esos interludios, las niñas no pelean, se quejan ni discuten tanto como cuando están con mamá. No sugiero que algunos papás no tengan que vestir a los niños para ir a la escuela o preparar la comida, por supuesto que sí. Pero en la mayoría de los hogares, las mamás se encargan de los detalles cotidianos y la comunicación entre madre e hija, pese a mayor sincronía, también es más beligerante. Por estas razones, en buena parte de este capítulo me dirigiré a las madres, aunque las estrategias funcionan igual para ambos padres.

ESPÍRITU HONESTO, SENCILLO Y DE COMPAÑERISMO

La regla básica para los padres de niñas es "sé sincero con tu hija". A diferencia de los niños, las niñas se percatan si titubeas o guardas silencio. No sólo escuchan las palabras, detectan fácilmente tus intentos de convencimiento o una verdad a medias. Si transmites tu mensaje de forma directa y honesta, creas una atmósfera relajada que se presta para la conversación y con base en la confianza. El objetivo es una actitud de compañerismo, no enredada. Con esto último me refiero a la falta de límites claros: si el estatus de tu hija es tu estatus, si sus emociones son las tuyas, si su creatividad y destreza atlética y vida interior son también las tuyas, entonces esto es invasivo y nocivo. El espíritu de compañerismo transmite el mensaje: "estoy de tu lado, pero respeto tu autonomía".

Todos los niños pequeños responden mejor a instrucciones breves y claras: "Es hora de tomar tus libros y lonchera", "Por favor, vacía el lavaplatos", "¿Le podrías decir a papá que es hora de irse?". Es probable que las niñas te escuchen a la primera. Tal vez te ignoren, pero te eludirán con un: "¡Ya voy!". Cualquier cosa que pidas que no corresponda con lo que ellas quieran hacer en ese momento es una invitación para discutir o postergar.

En un esfuerzo por no discutir, las madres suelen decir cosas del estilo: "¿en serio quieres vestirte así para ir a la escuela? ¿De verdad ya acabaste la tarea?". Son preguntas retóricas, pasivo agresivas, que ninguna niña responderá de esta forma: "Ay, gracias mami. No puedo creer que estaba a punto de ponerme este vestido. ¡Con el frío que hará!". Mamá intenta convencer a su hija de adoptar su idea, pero la hace parecer débil y resulta un desafío: "¡sí, me lo quiero poner y me lo voy a poner!".

Puedes prescindir de preguntas como estas si dejas de intentar correr frente a tu hija con un escudo para protegerla de las consecuencias naturales de sus acciones, como tener frío y sacar malas calificaciones. Las consecuencias naturales y otras fuerzas externas, como el código de vestimenta de la escuela, pueden hacer buena parte de tu trabajo, y dejarte con menos cosas que discutir. Pero no hay manera de evitarlo: con las niñas, las negociaciones serán un estilo de vida durante muchos años. Las siguientes lecciones de voz mantendrán los debates civilizados.

Volumen y frecuencia

> Hija: ¿Por qué gritas?
> Mamá: ¡NO ESTOY GRITANDO!

Cuando los niños no responden como quieren las madres, muchas terminan gritando. Les asombra lo rápido que sucede y la frecuencia con la que se intensifica hasta acabar en insultos. Las niñas te igualarán decibel por decibel, por lo que es fundamental que te controles. Un truco efectivo es una cortesía de Alcohólicos Anónimos. Cuando escuches que tu voz empieza a aumentar, pregúntate si tienes hambre, estás enojada, te sientes sola o cansada. Después pregúntate por qué. A veces la soledad y el enojo no tienen nada que ver con tu hija, sólo tuvo la desgracia de estar en tu línea de fuego. En estos momentos, el candor no es sólo una decisión estratégica e inteligente, también puede cambiar el centro de la conversación. Si le explicas: "Hoy estoy agotada, así que te anticipo que puedo sonar malhumorada". Muchas hijas preguntarán: "¿Por qué?, ¿qué pasó?". Si no te molesta compartirlo, esto le permite empatizar, hacerte reír y practicar, alegrar y consolar a otra persona.

Tono

Las niñas son particularmente sensibles al tono que revela desdén, burla o indignación. Por desgracia, estas actitudes se han vuelto normales en el frenesí de la vida cotidiana de algunos adultos. Muchos padres no son conscientes de lo iracundos o despectivos que suenan algunos comentarios, resoplidos o risitas. Tal vez parezca que tu hija no te escucha —está cantando lo que suena en la radio—, sin embargo, entre madre e hija, todos los mensajes emocionales se intensifican. Cambiar de enfoque puede ser útil. Procura cantar con ella unos minutos antes de pedirle que guarde silencio y te escuche. Olvídate de tus intenciones un momento y permite entrar al mundo de tu hija. Es mucho más divertido y tu tono mejorará en consecuencia.

Tempo

Hablar despacio es efectivo con los niños porque están absortos en sus cosas y no escuchan igual de bien que las niñas. Con las niñas, habla a buen ritmo como para mantenerlas interesadas, pero tan rápido como ellas. Las niñas de todas las edades hablan con tono de urgencia, sin aliento, y las madres tienden a igualar el tempo e intensificarlo. Entre las mujeres es una forma normal de comunicarse: una mujer narrará su historia, después su amiga contará una similar como gesto de empatía, y esto fortalece su vínculo. Todas igualarán el nivel de emoción y patrones de expresión.

Deborah Tannen, profesora de lingüística en la Universidad de Georgetown y autora de varios libros fundamentales sobre la comunicación, afirma que los patrones de expresión entre mujeres tienen características puntuales como: "plática de problemas", "coincidencia cooperativa" y "plática de compenetración". A veces la coincidencia e intensificación entre madre e hija son positivas y emocionantes.

—¡Mamá! ¡En la escuela vamos a hacer una excursión al museo y nos podemos quedar a dormir ahí!

—¡Guau, dormir en el museo! Seguro tendrás muchas cosas que contarnos.

Sin embargo, en otras ocasiones las mamás igualan los colapsos ansiosos de sus hijas. Las mamás tienen un papel de liderazgo con sus hijas, no una relación de hermanas o amigas, así que lo mejor es conservar tu autoridad con un ritmo más lento.

Pausas

Cuando haces una pausa para pasar a otro punto y le permites a tu hija absorber una idea, puede que ofrezca sus argumentos opuestos. Esto quiere decir que las pausas pueden ser un arma de doble filo: tú estás haciendo una pausa, ella no. tómate el tiempo para escucharla de verdad, date cuenta de que no le puedes leer la mente, sin importar lo cercanas que sean. Explorar su punto de vista no quiere decir que estés de acuerdo con ella.

Lenguaje corporal

Aunque las hijas están en sintonía con las expresiones faciales y el tono vocal, su consciencia también incluye señales físicas y sutiles como cuando uno de sus padres ladea la cabeza o qué tan fuerte sostiene el volante. Presta atención a tu lenguaje corporal cuando reacciones frente a lo que tu hija elija para jugar o para disfrazarse. Cuando pones los ojos en blanco, suspiras, te volteas, te encoges de hombros, haces muecas, los niños lo interpretan como desprecio. Cuando las niñas pequeñas experimentan con identidades, no todas serán arquitecta, veterinaria o Mujer maravilla. A lo mejor también pasan por una etapa de ser policías autoritarias, estrellas de YouTube y princesas. La desaprobación tácita de un padre puede ser como una cubeta de agua fría en este festival de la expresión personal y hacer que una niña dude de sus instintos e impulsos lúdicos.

PROTÉGETE DE LOS OJOS INQUISITIVOS DE TU HIJA

A veces parece que no hay modo de escapar de la mirada de láser de tu hija pequeña. Un diálogo frecuente:

—Mamá, ¿por qué estás enojada?
—No estoy enojada.
—¿Entonces qué tienes?
—¡NADA!

Es normal que tu hija identifique las emociones de su madre. De lo contrario serías una mamá zombi aterradora. Si hizo algo que te molestó, puedes decir: "no me di cuenta, pero sí estoy enojada y dentro de poco me pondré furiosa, así que mejor hablamos cuando haya tenido tiempo de reflexionar y me sienta más tranquila".

O bien: "Sí, estoy molesta porque teníamos un acuerdo y no lo cumpliste. Quiero que me ayudes a entender qué pasó, porque de lo contrario vamos a tener que hacer esta regla más estricta, y sé que no es lo que quieres".

Desde luego, habrá ocasiones en las que el mal humor o nerviosismo de mamá no tenga nada que ver con su hija, y no quiere explicarse (y tampoco tiene por qué hacerlo). El interrogatorio de la hija la hace sentirse acorralada, así que reacciona malhumorada. Sin embargo, cuando niegas que estás enojada o molesta tu hija se queda confundida y se pregunta si hizo algo malo. Podrías reconocer su observación y no perder tu privacidad. Cuando te pregunte: "Mamá, ¿por qué haces esa cara?", puedes responder:

—En la oficina tuvimos diferencia de opiniones, a veces sucede. No tiene nada que ver contigo, cariño.

—Hubo un malentendido con mi horario y el de papá. Lo resolveremos. Siempre lo hacemos.

—Me acabo de dar cuenta de que acepté hacer demasiadas cosas.

Verifica lo que percibe y ofrece una explicación con la que te sientas cómoda. Tu hija podrá presentir que hay algo que no le estás contando, pero a menos que el problema sea muy serio o se trate de una enfermedad en la familia, a los niños entre los tres y los once años no les interesan mucho tus problemas, siempre y cuando ellos no los hayan ocasionado. No porque no se preocupen por ti, sino porque tienen una idea muy remota de las presiones de la vida adulta. Tu hija (o hijo) no necesita todos los detalles, sólo necesita saber que no se está imaginando cosas y que las dos comparten la misma realidad.

RECONOCER Y NOMBRAR LOS SENTIMIENTOS IMPORTANTES

A la salida de la escuela, Ada, de siete años, sale corriendo por el patio. ¿Estará sonriente y recibirá a sus papás con un enorme abrazo? ¿O estará con el ceño fruncido y se pasará de largo? En cualquier caso, los padres se preparan para un arrebato exagerado de lo PEOR (o lo MEJOR) que le ha pasado hasta entonces, algo que se debe arreglar AHORA MISMO, una decisión que será fundamental para su FUTURO. A lo mejor se suscita el llanto, explicaciones frenéticas, súplicas y gritos. El drama es agotador y se podría perdonar a cualquier padre que pensara: ¿Puedo inyectarme una porción de esa fuerza vital mientras tú te vas a preparar un martini y te tranquilizas?

Las niñas pequeñas pueden ser tan intensas que es aterrador, los padres terminan sacando conclusiones del tipo: *¿está deprimida?, ¿es bipolar?* Si la hija les cuenta efusivamente sobre un juego que será EL MEJOR QUE ESTA ESCUELA HA TENIDO, los padres se inquietan, ¿se decepcionará cuando termine?, ¿estará triste? Tienen ganas de adelantarse, anticipar las reacciones de su hija para protegerla de estos sentimientos. Lo que necesita es que la ayuden a entender y nombrar esos sentimientos.

A partir de los cuatro años, los niños pasan más tiempo en la escuela y con grupos numerosos. Esos entornos despiertan emociones que no han sentido en un ámbito público, como vergüenza, nostalgia, traición y celos. Consolar a una niña confundida o consternada la confortará temporalmente, pero no le ayudará a comprender mejor sus emociones. La labor más difícil y gratificante es mantener la calma y enseñarle a desarrollar su vocabulario emocional.

Por ejemplo, una niña de primer año puede tenerle envidia a su compañera de clase, Carla, la que tiene el pelo más bonito, se puede subir a la resbaladilla muy rápido y tiene la letra más limpia ("¡No es justo!"). Como es incapaz de reconocer que estos sentimientos se llaman envidia ni comprender que es una reacción común y normal, declarará que "odia la escuela" o dirá que ella es "estúpida" o bien, que "odia a Fernanda", porque es "grosera y estúpida". O tal vez tu hija (o hijo) asegure tener dolores ("me duele la garganta") cuando en realidad lo que está experimentando entra en la categoría de sentimientos "desagradables". Mis entrevistas con enfermeras escolares confirman que ahora el *dolor* ha sustituido al *odio*. Incluso los niños más pequeños ya descubrieron que si se sienten "heridos", su carácter no se ve afectado, aunque sí llama la atención y la empatía de los padres.

Existe un camino cuidadoso para examinar las palabras y los sentimientos enrevesados de un niño molesto. Cuando tu hija llegue de la escuela con un relato de dolor, injusticia o ira, en vez de pedir el contexto, comienza a escuchar sin compadecerla ni entrar en pánico. Esto es complicado porque si te preocupas demasiado, aprenderá a hacerse la víctima: "Cuando lloro mucho, mi mami deja de hacer lo que está haciendo y me da cariños". El objetivo es la compasión distante, como si fueras una orientadora escolar y no su madre. De nuevo, compañera, no implicada. Cuando vea que no entras en pánico y que no correspondes su tono y tempo desconsolado, es más probable que te cuente lo ocurrido sin tener que insistirle mucho. "Fernanda está en el equipo plateado y me quería sentar junto a ella, pero no puedo porque la maestra me puso en el equipo azul y ni siquiera le interesa."

Ahora es momento de ser atenta y curiosa. "¿Qué te molesta más?" Anímala a proponer varias hipótesis. Tarde o temprano saldrá a relucir el motivo de su disgusto, como: "creo que a la maestra no le caigo bien porque yo estaba enojada. Y siempre le cae bien Fernanda y el grupo plateado está cerca de su escritorio". Es probable que sienta envidia y la ansiedad que provoca sentirse excluida.

Los padres tienen varias opciones. Si ya han vivido una situación similar, le puedes decir: "Recuerdo que en primer año me sentaba detrás de mi amiga Julia y le trenzaba el pelo. Me daba envidia porque era pelirroja, me hubiera gustado ser pelirroja. Pues la maestra nos separó sólo porque jugaba con la cola de caballo de Julia. Me dio mucha vergüenza porque tuve que mover mi banca frente a todos". La *envidia* y la *vergüenza* ahora tienen definiciones reales para tu hija. Y aún así puedes consolarla: "Al otro día, la maestra me escogió para ser monitora de la semana, así supe que no estaba enojada conmigo. Y ahora que soy adulta, sé que las maestras tienen como cien momentos así todos los días. No creo que debas preocuparte". Así le ayudas a tu hija a asomarse al pasado (tu historia) y pensar en el futuro (lo que la maestra puede hacer mañana, como tu maestra).

Estas anécdotas personales siempre deben ser ciertas, no inventadas para explicar una idea. Si repites historias paralelas con demasiada frecuencia, tu hija se dará cuenta del truco y dejará de confiar en ti. También puedes tomar otra vía: "parece que estás triste por sentarte lejos de tu amiga y que la maestra te asusta un poco. Sientes que no es justo que Fernanda se siente cerca de ella. A lo mejor estás un poco preocupada y celosa o Fernanda te da envidia. Sentimos *celos* o *envidia* cuando alguien tiene algo que te gustaría tener", puedes añadir: "¿Sabes una cosa? Todos tenemos esos sentimientos a veces".

Es un tema delicado. Le estás presentando a tu hija lenguaje emocional más complejo, pero no quieres avergonzarla ni humillarla. El objetivo de una conversación así es ayudarla a dar el siguiente paso para entender los matices de las emociones: del *enojo*, el *dolor* o la *tristeza* a la *envidia*, *vergüenza* o *ansiedad*.

Si necesitas pedirle a tu hija que te aclare el acontecimiento que la molestó, emplea preguntas abiertas, no manipuladoras ni con respuestas monosílabas. No decirle: "¿Estabas furiosa?" sino, "¿Cómo fue?, ¿cómo te sentiste en el momento?, ¿y ahora?". Al hacerlo, es más probable que recibas respuestas honestas, detalladas y reveladoras.

Queremos proteger a nuestros hijos del dolor y las emociones como la envidia, la soledad, la vergüenza y la ansiedad pueden ser dolorosas. Pero si no exponemos, a los niños, no se familiarizarán con el patrón ondulante de las emociones: *Siento esto. Ah, será porque...* o *La última vez que pasó esto me sentí mejor cuando...* La reflexión personal conduce al conocimiento de uno mismo, los cimientos del buen juicio. Es arriesgado no exponer a los niños a los aspectos físicos, sociales, académicos o emocionales de la vida.

CAÍSTE EN LA TRAMPA DE PELEAR (PERO NO SIEMPRE A PROPÓSITO)

Incluso los padres sensatos y compasivos a veces le gritan a sus hijos. Se podría decir que los gritos exponen a los niños a los elementos emocionales, pero es mejor no recurrir a ello tan a menudo, y de hacerlo, hay que disculparse por perder la compostura. Las niñas pequeñas descubren desde muy pronto qué detona la molestia de sus padres, pero muchas veces te provocan sin querer o no lo pueden evitar. En mi consulta, las madres mencionan estos problemas con frecuencia.

La hija insulta a la mamá

"¡Mami eres una estúpida! No te quiero. Quiero a papi. Eres la mami más mala de todas. Eres muy mala."

Es completamente normal que las niñas pequeñas insulten a sus mamás (y es raro que lo hagan con sus papás). A los cuatro años de tu hija, puedes responder como lo harías ante el berrinche de una niña de dos años, reconociendo su frustración sin tomar sus palabras en sentido literal.

Con una niña mayor, es adecuado responder así: "Sé que estás molesta, pero en esta familia no nos insultamos, explicamos por qué nos molestamos". Una advertencia: no digas "En esta familia no..." a menos que sea verdad. Y como siempre en el caso de la conducta de los niños, contextualiza el insulto. Si tu hija se enoja y es grosera con frecuencia y esas actitudes no son constantes en tu familia, contempla una de dos opciones: está molesta por otra cosa y se desquita con mamá o estás tan preocupada por complacerla que ya adquirió el hábito de tratarte de forma degradante. No quieres enseñarle que es el trato que cualquier mujer debe permitir.

La hija insiste en tener la última palabra

Es tentador, si no tuviste la última palabra como niña y no la tienes con tu pareja, madre o colegas, tenerla con tu hija. Como estrategia es más sensato permitirle que la tenga y, de ser necesario, retomar la discusión. Permítele conservar su dignidad. Tiene poco poder o independencia y la obtendrá de forma mezquina gritando: "¡Lo voy a hacer!". No te enganches y a ver si cumple sus amenazas. De ser así, ya lidiarás con ello. Normalmente, busca conservar su dignidad. Si la proteges ahora, tendrás mayor influencia cuando sea adolescente porque sabrá que la respetas. Es una inversión a largo plazo en el banco de la buena voluntad.

La hija fomenta un plan dudoso

Cuando una hija pide permiso para hacer algo arriesgado o que no se contempla en el calendario familiar, mamá se puede precipitar para intentar razonar con ella o poner las reglas claras. La euforia de la hija es como una llama en el detonador desgastado de su madre:

—¿Adivina qué, mamá? ¡Voy a patinar en hielo con Celia y Nora el sábado en la noche!

—Este fin de semana no puedes. Sabes que vienen tus abuelos.

—¡Pero le dije que sí a la mamá de Nora!

—Es tu familia, ¡fin de la discusión!

—¡NO!, no es justo. ¡SIEMPRE veo a mis abuelos! ¡Mamá!, ¡mamá!, ¡mamá!

Tu nerviosismo logrará que incremente su ataque. Mejor haz una pausa y concluye la conversación:

"Ya hicimos planes con los abuelos, entonces necesito que la mamá de Nora me dé más detalles sobre los horarios."

O: "Tuve un día muy cansado. Necesito pensarlo. Mañana cuando pase por ti a la escuela te comunico mi decisión".

Es un ejemplo maravilloso para que cuando una niña entre a la secundaria, no se sienta presionada por sus amigos para responder de inmediato. Así aprende a reflexionar primero y puede conocer el lenguaje que le dará más tiempo. Siempre cumple tu palabra y respóndele. Para entonces podrás reconsiderar la discusión, ceder o negarte con toda calma. Estarás lista para su frustración, y es menos probable que le des pelea, podrás sugerirle un plan alternativo. También es posible que en el ardor del momento te precipitaras a decir que no.

La hija le pide a su mamá una opinión sincera

Las hijas pequeñas piden la opinión de su mamá con frecuencia —"¡Sé honesta!"— y después de que se las das, te acusan de criticarlas. Digamos que eres mamá de Dafne, de 10 años, quien te pregunta: "¿Crees que tengo los muslos gordos? ¡Di la verdad! Yo creo que sí, que están muy gordos, así que ya no me voy a poner shorts". ¿Qué le puedes responder a Dafne con sinceridad, dado que su cuerpo está cambiando semana a semana y sin importar la respuesta negativa que le des, será dolorosa y la olvidará dentro de poco? A menos que Dafne tenga sobrepeso serio, podrías decirle: "Soy tu mamá, así que puedo ser parcial, pero creo que eres hermosa y que tus muslos están bien".

A lo que ella podría responder:

—¡Mamá, por favor! ¡Es en serio! ¿Tengo gordos los muslos?"

—No creo, Dafne. Son los muslos normales de una niña de diez años. Pero deberías ponerte ropa en la que te sientas cómoda, así que si no quieres ponerte shorts, está bien.

—¡Me vuelves loca!

Tal vez Dafne se desespere y piense: *No puedo confiar en la opinión de mamá, reconoce que me quiere demasiado como para darse cuenta de que tengo los muslos gordos.* ¡Bien! Que alguien más le critique los muslos. Una de las ventajas de ser mamá es que no tienes que hacerla sentir mal, incluso si intenta que lo hagas. Cuando se trata de su apariencia física, puedes recurrir a "la parcialidad de mamá" hoy, dentro de diez años y toda su vida. Si te pide una opinión sincera sobre una prenda o maquillaje poco favorecedor (a diferencia de su cuerpo o cara), puedes responderle: "Ese estilo no me gusta para nadie". Es inusual la hija que quiere críticas honradas de su madre. Lo que busca es aceptación y aprobación.

Negarte a juzgar también es la mejor política cuando tu hija te pide una opinión sincera sobre una nueva amiga. A menos que temas que peligre, deja que ella aprenda sola cómo decidir quién es confiable y generoso, quién busca problemas, quién es voluble. Con la idea de mantener a los enemigos cerca, organiza una cita para jugar. "¿Catalina? No la conozco bien, así que no puedo opinar. ¿Quieres invitarla a la casa?"

NO DIGAS NADA SOBRE SU PESO

La mayoría de los estudios recientes sobre el efecto de los comentarios bien intencionados, en la vena de "puedes mejorar", sobre el peso de una niña, llegan a la misma conclusión: evítalos.[3] Los comentarios críticos de los padres magnifican la tendencia natural de las niñas de dudar de sí mismas mientras dejan la infancia y entran a la adolescencia, la época de las comparaciones y los cambios (¿Con qué cuerpo despertaré esta mañana?).

Cuando los padres hacen comentarios negativos sobre el peso de una niña, es mucho más probable que la niña conserve los sentimientos negativos con respecto a su cuerpo hasta la adultez. Si crees que tu hija está comiendo en exceso, fuera de control, para reconfortarse, busca ayuda profesional. De lo contrario, mantén tu postura de mamá en este tema controvertido. Incúlcale hábitos a tu hija, comenta sus fortalezas en todos los ámbitos de su vida y empieza a educarla en el lenguaje de los medios de comunicación. Visita medialiteracynow.org para una lista completa de recursos para padres, incluido cómo hablar con las niñas en edad preescolar sobre mensajes encubiertos sobre la imagen corporal en los anuncios y en el entretenimiento infantil.

Con los niños mayores, puedes diseñar tu propio plan de estudios: sigan la transmisión simultánea de dos equipos (uno femenino y otro masculino) que jueguen el mismo deporte. Lleven la cuenta de con qué frecuencia los locutores comentan el estado civil y apariencia de las atletas femeninas, a diferencia de los atletas; observen si se refieren a ellas por su nombre, apellido o los dos. Los resultados expondrán a tu hija a imágenes cautivadoras de mujeres con fortaleza física y consumadas al mismo tiempo que le enseñan cómo se representan los cuerpos femeninos en los medios.

LA CURA DE LA CULTURA: HABLAR EN VOZ ALTA SOBRE TI MISMA

Cuando tu hija de seis años está imitando los pasos de baile de la última sensación del pop, rebotando el trasero, cuando las tiendas están llenas de minifaldas y ombligueras, cuando cada paso por la caja del súper invita a tu lectora novata a "Abdomen plano en 5 minutos", "Adelgaza los aductores" y "Cuerpo desnudo de 10", te puedes sentir indefensa contra la oleada que provocará que tu hija odie su cuerpo, tal vez no hoy, ni mañana, pero pronto y para el resto de su vida.

Una madre puede hacer mucho por inmunizar a su hija contra la imagen corporal de fantasía que los medios venden sin tregua. El truco es sencillo, pero requiere un cambio de hábitos abrumador: debes hablar positivamente sobre tu aspecto en la presencia de tu hija. Con regularidad. Evita los comentarios despreciativos sobre tu aspecto, fruncir el ceño frente al espejo y hablar entre dientes ("Ay, Dios, ¿qué demonios pasó? ¡Este vestido me quedaba!"). Puedes albergar esos pensamientos, pero no los digas en voz alta ni hagas muecas frente a tu reflejo cuando tu hija esté presente.

Quizá creas que en la cultura de las selfies, en la que las adolescentes y ciertas mujeres adultas parecen no poder dejar de hacer pucheros frente a las cámaras de sus celulares, los halagos propios no sean adecuados. Pero existe una diferencia entre el pavoneo soso y demostrar las distintas maneras en las que una mujer puede disfrutar de su físico. Mientras te vistes o mires tu reflejo en el espejo, podrías decir:

"¡Qué bien! No me había dado cuenta de que este suéter nuevo combina con mis ojos."

"No estaba segura de cómo me vería con fleco, pero me gusta el cambio. Es divertido."

"¿Quieres ver mis botas nuevas? Cuando me las pongo con mi abrigo me siento como agente secreto."

"Este nuevo labial queda bien en primavera."

"El perfume que traía la tía Juana me recordó a la playa el verano pasado, así que lo compré. ¿Quieres que te ponga un poquito?"

Ten en cuenta que ninguno de estos comentarios menciona el peso corporal ni la figura. Una madre le puede transmitir a su hija la alegría de ser mujer y sentirse atractiva (no de manera expresamente sexual). Lo importante es que tu hija vea que algún aspecto de tu apariencia te brinda placer o satisfacción. Piensa cómo se emocionan los niños cuando tú y tu pareja se arreglan para ir a una fiesta o una cita. Los ven glamurosos. Por este motivo crecer es exótico y atractivo, es algo que esperan, no les aterra. Es pertinente en la cotidianidad: ¿Te gusta cómo te presentas ante los demás? Al menos, ¿eres neutral? ¿O más bien te muestras abatido, siempre te lamentas por tus defectos? Tu hija absorberá esta actitud. Si tienes hijos hombres, a ellos tampoco les gusta ver cómo te criticas. Es inquietante.

Casi toda madre ha tenido la experiencia de verse en un espejo de bolsillo y descubrir el reflejo de su hija pequeña, quien se sienta a su lado y se apoya en su mejilla.

Es un momento conmovedor, ver esa mejilla regordeta contra la tuya. Si pudieras detener el tiempo para conservar su perfección. Después de esto, lo mejor es conservar su espíritu entusiasta mostrándole a una mujer adulta que se respeta y valora.

Tal vez no lo sientas. Tal vez estés llena de dudas y sientas que tus senos desinflados y tus muslos bastos te traicionaron. Pero actúa como si lo hicieras. Y para retomar el tema de las selfies: permite que tus hijos te tomen una foto sin que te quejes: "No, me veo horrible". No es verdad. No para ellos. Te ven a través de unos lentes rosados, a menos que insistas en arruinarles la perspectiva.

ROPA, PELO Y COMIDA: EL CRISOL DEL PODER

Hay una frase que resume mi filosofía respecto a las miles de horas que he dedicado a discutir con mi hija sobre sus elecciones de ropa, peinado y comida: *Déjala en paz*. Si permites que tu hija tome sus propias decisiones sobre la mayoría de estas cosas, tu cuenta en el banco de la buena voluntad se desbordará y todos los otros aspectos de la vida familiar lo sentirán.

Dejarla en paz no es sólo una salida fácil, también el mejor sustento para el espíritu y desarrollo social de una niña. La etapa que los psicólogos denominan latencia, entre los cuatro años y la pubertad, se caracteriza por la exploración exuberante de todos los niños. En el caso de los niños, se trata de la aventura, reunir información y todas las cosas que ya tocamos en el capítulo anterior. Las niñas también necesitan libertad y aventura y florecen durante las incursiones en mundos complejos y fantasiosos. Pero en mayor medida, exploran y se expresan mediante la ropa, los peinados y la comida que eligen. A diferencia de los niños pequeños, ajenos a su pelo o la camiseta que traen puesta, a menos que les moleste, tu hija puede parecer una diva insoportable. De nuevo, procura reconsiderar el hecho de que sea quisquillosa; es un criterio. Está definiendo quién es al decidir quién no es.

Aunque parezca contraproducente, otorgarle a tu hija poder, dentro de lo razonable, sobre su ropa, pelo y comida, te brinda *más* ventajas, no menos, sobre lo que sí importa. Me refiero a ser amable con sus abuelos, ser solidaria con la familia, responsable con las labores que le asignas y receptiva con tus peticiones sin retrasos.

"Dejarla en paz" no se refiere a permitirle que mande, o que debas salir corriendo a comprarle los productos (tops o zapatos obligados) o servicios (el corte de pelo urgente) que desee. No eres su hada madrina. Elige tus batallas y considera los siguiente:

Ropa y pelo

Las discusiones con las niñas pequeñas sobre la ropa y el pelo reflejan los valores y nerviosismo de una madre. Algunas mamás se ofenden con los tacones de plástico "sexistas y superficiales" que su hija quiere ponerse. Algunas corren detrás de sus hijas con un suéter para protegerlas del frío. A otras les asombra el mal gusto de sus hijas. Una madre describió que su hija en edad de primaria quería vestirse como "¡Una mujer mayor sin estilo! Blusitas puritanas abotonadas hasta el cuello, faldas plisadas y *broches*. ¡Tiene ocho años y compra su ropa en las tiendas de segunda mano! Me muero de vergüenza cuando la dejo en la escuela en la mañana. ¿Qué hago para que desista de este hábito tan raro?".

"No te asignes otra tarea. Las otras niñas se harán cargo", le aconsejé. Resultó que a las niñas les hacía gracia el guardarropa ecléctico de su hija, y ella se cansó en un par de meses. Hay muchas cosas por las que es innecesario preocuparte o contra las que no vale la pena proteger. Elógiala por su estilo y disfruta el espectáculo de una niña de ocho años que se viste como bibliotecaria de los años sesenta.

En buena medida, la consternación de las madres por el atuendo de sus hijas tiene que ver con la jerarquía social en la escuela, no con el bien de las niñas (¿La excluirán?), aunque también con la suya (¿Qué van a pensar las otras mamás?). A medida que disminuye la importancia de las instituciones sociales, como los lugares de culto, las organizaciones civiles y los equipos atléticos adultos, en la vida de las personas, la comunidad de la escuela de los niños ha adquirido tremenda importancia. Es frecuente que la vida social de los padres gire en torno de los eventos de recaudación de fondos, eventos de temporada, obras de teatro y excursiones. Esto puede hacer que una madre se sienta expuesta y vulnerable, pero la mayoría de las otras madres están lo suficientemente preocupadas con su reputación como madres como para dedicar poco más de un nanosegundo observando a tu pequeña bibliotecaria.

Una madre "horrorizada" por el disfraz de la princesa Aurora de su hija regresó seis meses después: "Ahora sólo quiere usar verde olivo y negro. Tiene una capa de Batman. Quiere cortarse el pelo muy corto y me temo que sea permanente". Es la infancia, es el mundo efímero que no te querrás perder al manifestar tu alarma o exigir explicaciones ("¿Por qué te quieres cortar el pelo? Lo tienes hermoso"). Tanto para las niñas como los niños, el pelo puede ser una expresión de personalidad individual o identidad de género. En cualquier caso, el pelo crece. Y es su pelo, no el tuyo.

Tal vez la mamá que lamenta el corte de pelo "masculino" pasó horas cepillando, trenzando y peinando a su hija. Tal vez sea un ritual que atesoraban, pero el pelo suele ser un campo de batalla. Algunos niños tienen el cuero cabelludo sensible y la rutina de cepillarlos por las noches es una tortura, a pesar de que seas cuidadosa. Si el peinado es una fuente de tensión, dale a tu hija las herramientas y productos para peinarse sola, como un cepillo con cerdas amplias, espray para desenredar y asesórala. Después déjala por su cuenta, no importa que los resultados sean imperfectos.

Mientras escribo esto, los papás que peinan a sus hijas se está volviendo una tendencia. Es una forma agradable de que los papás convivan con sus hijas y que mamá descanse. Hay clases para papás e hijas, comerciales que incluyen a jugadores de la NFL peinando a sus hijas y cientos de videos en YouTube. Entre ellos, uno en el que figura un truco que solo un papá inventaría: utilizar una aspiradora para hacer la cola de caballo perfecta.

La comida, la frustrante comida

La comida es más complicada que el pelo y la ropa porque despierta mayor ansiedad en los padres. Por fortuna, se puede reducir la angustia con una actitud a largo plazo y practicando el control en la tienda. Tus hijos sólo pueden comer lo que compres, y si en su mayoría es saludable, puedes eliminar 90 por ciento de las peleas al respecto.

Éste es un ejemplo de un intercambio exasperante durante la comida:

—¿Qué hay de comer?

—Salmón.

—Odio el salmón.

—Eso es nuevo. La semana pasada te encantó. ¿Te acuerdas? Lo hice empanizado con salsa de ajo.

—No, qué asco. Lo odio.

Contempla la posibilidad de que no se trata del salmón, tampoco de *tu* salmón. Ni siquiera es una lucha de poder, a menos que la conviertas en eso. Se trata de su desarrollo. El sentido del gusto de los niños es mucho más agudo que el de los adultos (sobre todo para la amargura, y es más en el caso de las niñas). Experimentan mayor placer y repulsión. Esto explica por qué les fascinan los Cheetos y, como en el caso de muchos cambios en los gustos de tu hija, su rechazo honesto de un platillo que apenas la semana pasada era aceptable.

¿Cómo sortear el rechazo? En tono amigable, pero desinteresado, puedes decirle: "Preparamos salmón, papas al horno, brócoli y ensalada de manzana. Puedes comer lo que te parezca más atractivo del menú. Y si quieres, el fin de semana me das sugerencias para comidas que creas que a todos nos gusten".

Hoy en día, los padres se enorgullecen de los niños con paladares sofisticados y tienen toda la disposición de complacerlos ("¿Quieres que te haga tortitas de salmón?"). Pero también se muestran furiosos ("Bruno, la semana pasada te encantó"), preocupados ("¡Necesita comer proteína!") y desanimados ("Si ni siquiera soy capaz de convencerla de que coma pescado, ¿cómo la voy a convencer de que no consuma drogas?"). En el fondo de estas objeciones puede haber una aflicción mayor: *soy incapaz de controlar una sola cosa en mi vida, ni siquiera la maldita cena de este niño.*

Un motivo por el cual a los padres les estresa tanto la comida es porque en nuestra cultura ha adquirido una dimensión moral exacerbada, ha sustituido a la religión como árbitro del bien y el mal. Los alimentos saludables equivalen a la rectitud moral. Las donas, al fracaso. Cuando las mujeres aseguran que se han portado "muy bien" en la semana o "muy mal", todos entienden que se refieren a la comida, no a trabajo de voluntariado. Como nos vemos reflejadas en nuestras hijas, ponemos en práctica el mismo código moral culinario en lo que a ellas respecta.

Se ha acuñado un término para describir esta obsesión: ortorexia nerviosa, "una obsesión por comer sano". Aún no se incluye en el diagnóstico de trastornos mentales, sin embargo, describe con exactitud un padecimiento tan generalizado que una enfermera escolar me contó que las maestras de tercer año dejaron de decorar las tradicionales galletas de jengibre durante la Navidad, ahora decoran bolsas de papel con brillantina.

En cuanto al efecto real de la alimentación en una niña peque-ña, pregunto a los padres consternados: ¿El pediatra está preocupado? ¿Está creciendo? ¿Tiene mucha energía para hacer las actividades que disfruta? ¿Ha faltado mucho a la escuela por enfermedad? Si ninguna de estas preguntas suscita respuestas alarmantes, recuerda que los gustos limitados son una instantánea breve en la vida de tu hija. Tal vez ahora sólo quiere comer pasta con queso y crema, pero podría cambiar de opi-nión la próxima semana siempre y cuando no le des tanta importancia y lo vuelvas una prueba de poder. Como los adorables trastornos del ha-bla que desaparecen en el curso del año en preescolar, el hecho de que sea quisquillosa desaparecerá a medida que madure su paladar.

Lo que prediques sobre la comida tiene mucha menos influencia en tus hijos que los productos que tienes en casa y tu actitud con respecto a la comida. La hora de la comida, no importa si se comparte en la mesa del comedor o en la barra de la cocina, es una oportunidad diaria para enriquecer el diálogo familiar si eres capaz de eliminar la angustia y los juegos de poder. Desde luego, existe la probabilidad de que la niña que se niegue a comer intente escabullirse a la cocina más tarde para co-merse un tazón de cereales. O que se queje de estar hambrienta. En un tono sincero y neutro (no herido, moralizador ni sarcástico), le puedes responder: "respeté tu decisión de saltarte la comida, y tienes que res-petar las reglas de la casa y no comer cereal a estas horas. Puedes co-mer fruta si tienes hambre".

¡YA DEJA DE HABLAR! CUANDO LAS NIÑAS INTERRUMPEN O SE ABURREN

¿Recuerdas que cuando tenías diez años el verano duraba para siempre, así como un viaje familiar en el coche? Compara esos recuerdos con la actualidad, cuando una Navidad parece seguir a la otra en cuestión de días. A medida que envejecemos, nuestra percepción del tiempo se ace-lera. Para tu hija, es un paseo sin prisa en una alfombra voladora, para ti: NASCAR. La diferencia de percepciones se manifiesta de esta manera:

Hija: Lo que tengo que decir es completamente nuevo, impor-tante y lleno de detalles. Siéntate para que te lo cuente todo.

> **Mamá:** Lo que tengo que contarte es común y corriente, sin no-
> vedades y esencial. Camina junto a mí mientras te lo cuento
> en sesenta segundos.

Aunque los padres con poco tiempo dediquen a sus hijas muy poca atención, también es cierto que muchas niñas locuaces no se dan cuenta de
que son repetitivas, aburridas o acaparan la atención. Los padres pueden ayudar mucho a sus hijas si les dan algunos consejos prácticos sobre cuándo hablar y cómo escuchar. Un buen momento para inculcar
estos modales de la conversación es cuando estés a solas con ella o entre familia.

Para indicar que una anécdota se está extendiendo demasiado
El lenguaje corporal puede ser la primera alerta: quédate quieta y mírala fijamente sin reaccionar mucho a sus palabras. Tal vez entienda la indirecta. De lo contrario, dile con suavidad:

> "Entiendo."
> "Sí, ya lo dijiste y te entendí."
> "De acuerdo, continúa: ¿Qué pasó después?"
> "Entonces sugieres que... [resume la anécdota y pídele más infor-
> mación o cambia de tema]."

Este empujoncito para continuar con la conversación debe suscitarse de
manera regular para que la niña desarrolle sus aptitudes narrativas y el
intercambio de ideas. ¿Qué tanto es mucho? ¿Cómo saber si la otra persona se está aburriendo? ¿Estás repitiendo lo mismo?

Una mujer me contó que era la menor de seis hermanos y de niña
tenía el problema de hablar demasiado. Su papá siempre la sentaba a su
lado en la mesa del comedor y cuando empezaba a explayarse, la pelliz-
caba con suavidad. Si no se detenía, la pateaba bajo la mesa. Nadie veía.
Es un ejemplo de crianza que parece inculto o humillante, sin embargo,
no resultó nocivo: me contó esto con orgullo, como ejemplo de lo mucho que su padre quería a sus hijos.

Los maestros de primaria tienen una técnica creativa para silenciar a los alumnos que espetan las respuestas o no saben cuándo dejar

de hablar. La maestra le da al alumno una señal secreta, como tocarse la oreja o la nariz. Los papás pueden hacer lo mismo.

Cómo frenar las interrupciones

Esto exige un enfoque dual. La primera parte es explicar reglas sencillas que la niña pueda recordar: si alguien más está hablando, espera a que haga una pausa para empezar a contar tu historia. Si son adultos y no hacen pausas, después de un ratito puedes levantar la mano como en la escuela y moverla un poco (pero con el codo doblado, no con el brazo estirado). No digas: "¡Oigan!, ¡oigan!", di: "¿Puedo interrumpir un minuto?"

La segunda parte consiste en tu reacción cuando un niño te interrumpe. Si estás hablando por teléfono o conversando, puedes responder de manera no verbal mirando al niño a los ojos con cariño, llévate el dedo índice a los labios para hacer el gesto de "shh", y después levántalo para hacer la señal de "un momento". Esto reconocerá su deseo de hablar y tu intención de terminar tu conversación. De ser posible, indica con los dedos los minutos que tiene que esperar (por ejemplo, dos, cinco, diez). Después ponle atención a la hora que le indicaste. Este gesto de cumplir lo prometido es un depósito saludable en el banco de la buena voluntad. Eres una persona que cumple sus promesas.

Si no estás hablando con alguien, pero estás concentrada en una tarea, especifica qué estás haciendo, dije por qué ahora no es buen momento para dejar de hacerlo, y después dile cuándo puedes hacer una pausa para escucharla. Por ejemplo: "Estoy escribiendo un correo a mi jefe y no quiero olvidar nada ni cometer un error, entonces necesito concentrarme. Debería terminar en diez minutos y entonces quiero escuchar tu historia".

No: "Dame un minuto... le estoy mandando un mensaje a Susana... dije un minuto".

Cuando termines, cumple tu palabra y busca a tu hija si salió de la habitación.

Cómo enseñarle a escuchar

Los niños que interrumpen o a quienes se les dificulta conservar a sus amigos o hacer amigos nuevos debido a sus monólogos interminables, pueden jugar un juego de escuchar con sus papás. El juego es creación de Cindy

121

Post Senning, autora del maravilloso libro *The Gift of Good Manners*, y permite practicar una aptitud que para algunos niños no es natural:

> Di una frase o plantea una pregunta en una variedad de tonos, resalta distintas palabras en la oración y pregunta al niño qué significa cada versión de la frase.[4] Identifica la diferencia entre: "*Hoy* vamos al súper" (énfasis en el tiempo), "hoy vamos al *súper*" (énfasis en la actividad) y "hoy *vamos* al súper" (énfasis en los participantes). La misma frase puede ser un hecho, una pregunta o una orden, según el tono de voz.
>
> Añade gestos y expresiones faciales al ejercicio. Si dices: "hoy vamos al súper" con una sonrisa, transmites una actitud positiva; el ceño fruncido, lo contrario. Algunos niños son muy perceptivos al tono y al énfasis del discurso, pero la mayoría necesita explicaciones, ejemplos y mucha práctica para entender las complejidades de las conversaciones cotidianas.

La crianza generosa y la práctica implica recordar que tu hija es nueva en este mundo, esta cultura, nuestros hábitos. Con orientación de sus padres, seguramente aprenderá todo lo que necesita para comunicarse con sensibilidad y gracia.

PADRES E HIJAS

> **Niña de diez años:** Papá, ¿sabías que las hormigas nunca duermen?
> **Papá:** ¿En serio? ¿En dónde lo aprendiste?
> **Niña:** ¡No me acuerdo! Pero es verdad.
> *El papá se ríe, chocan las manos.*

Los padres enseñan un conjunto de aptitudes comunicativas diferentes que las madres. Las mamás enseñan a escuchar para percibir los matices emocionales, brindan consuelo y guía; los papás enseñan a las niñas a ser fuertes, a aguantar un chiste y les hablan de cosas que no entran en el aspecto personal y social que las mujeres y las niñas tienen tan asimilados.

A medida que los niños crecen, el valor de las aportaciones de papá continúa. Los papás emplean un vocabulario menos familiar que las mamás, pero como emplean las palabras en contexto y los niños valoran que papá conviva con ellos, les motiva descubrir qué quiere decir y seguirle el paso en la conversación. Cuando los papás y las hijas hablan del trabajo de papá, los deportes o qué pasa del otro lado de la ventanilla del coche, las niñas aprenden el significado de conceptos como "cuello de botella" (¿en dónde está la botella?) y colega (¡como bodega!), la definición de "encestar"; las palabras necesarias para narrar una excursión en carretera ("parada técnica", "escape", *cumulonimbus*"). Es evidente que las mamás también tienen un conocimiento vasto y fascinante, tienen colegas y también ven deportes. Pero como las conversaciones entre padre e hija se ven menos interrumpidas con el pragmatismo de las actividades y los horarios de la niña, los temas de conversación suelen cubrir distintos ámbitos.

La exposición a un vocabulario más amplio es una parte pequeña de la contribución de un padre a la capacidad de su hija a relacionarse con otras personas. Acostumbrarse a este ritmo y estilo de conversación y aprender a descifrar sus señales no verbales y bromas juguetonas es su fundamento. Hablar o jugar con papá o estar en silencio a su lado, le permite a la niña practicar para lo que viene: crear armonía con o hacerle frente a los hombres en equipos, el trabajo, la amistad, las relaciones sentimentales y con sus propios hijos.

Mamá protege la vulnerabilidad de su hija, pero papá identifica sus fortalezas y busca dotarla de más. Los padres reafirman la persistencia y orgullo de una niña desafiándola y exigiéndole lo mejor. Papá le enseña a gestionar riesgos mayores, incluidos los riesgos físicos. En general los papás animan a sus hijas a correr más riesgos en el campo de juego o aventarse al río frío y caer en sus brazos. Las hijas necesitan esa resistencia para estar listas para un mundo competitivo.

Los papás también le enseñan a sus hijas cómo saber si vale la pena trasgredir una regla o no. En general, las mamás prefieren que sus hijos, sobre todo las niñas, sean más conservadoras. Esto se remonta a la neuroquímica y la arquitectura cerebral. Las niñas siguen las reglas y son complacientes, en general, les cuesta más que a los niños salirse de las líneas. Los padres pueden ayudar a las niñas a decir lo que piensan, cuestionar una idea o negarse a hacer algo que vaya en contra de su naturaleza o sus valores. Una niña puede portarse mal con papá y él se enojará, tal vez le gritará o la castigará, y sobrevivirá. A las mamás les asustan los gritos y quieren defender a sus hijas del coco. Pero el coco que la niña conoce y adora es quien le puede enseñar a hacerle frente a los personajes amenazantes o dominantes que se encuentre en la vida.

Hoy en día los padres son ambiciosos respecto a sus hijas. Tal vez no puedan nombrar a la mejor maestra de tercer año, pero quieren criar a mujeres que sean independientes y que compitan y por instinto, saben que desarrollar el valor y la resiliencia es crucial para la supervivencia de sus niñas.

PERLAS PARA LOS PADRES

Cuando era niña, mi papá siempre saludaba a mis amigas, incluso si alguna había ido a mi casa el día anterior, lo hacía con esta frase: "¿Es la mismísima Susana Castro? ¿Te di permiso para entrar?". Susana siempre respondía entre risas: "¡Vine a jugar con Wendy!". A mi papá se le dan los niños, y cuando hoy analizo los elementos de su bienvenida, queda claro por qué hacía sentir cómodas a las visitas.

Primero, se sabía el nombre completo de Susana, y el de todos mis amigos. Era una señal de respeto. Segundo, nos recordaba alegremente que era rey de su castillo y lo vigilaría. Eso nos hacía sentir seguras. Por último, su tono fingido de tipo rudo demostraba que sabía que podíamos bromear. Al día de hoy, cuando le llamo a mi papá, pregunta en tono de incredulidad y alegría: "¿Acaso es la mismísima doctora Wendy Mogel?". Nunca me canso de este juego. Tampoco de su carácter juguetón ni de lo orgulloso que se siente de mí. (Una vez me confundió con mi hermana y pude escuchar una versión distinta: "¿acaso es la mismísima Dulce, Dulce Jane?" Dejaremos esta dinámica familiar para otro libro.)

A partir de mi trabajo con padres e hijos, he reunido algunas técnicas como ésta, que los padres pueden aprovechar para fortalecer su vínculo con sus hijas.

Recuerda los nombres completos de sus amigos cercanos, también algunos rasgos físicos

Obtendrás puntos extra si memorizas las iniciales de los nombres más frecuentes: "¿Es Elia Gómez o López?".

Menos promesas y más asistencia

A menos que estés seguro de que asistirás a un evento, no digas que lo harás. Tampoco digas que "lo intentarás" si no hay manera de que lo hagas. Mejor di que no podrás asistir y explícale por qué, después, de ser posible, asiste. A tu hija le encantará.

Llévala a viajes y mandados padre-hija

Los viajes breves al súper o la ferretería son oportunidades idóneas para los papás y las hijas de platicar y hacer pendientes al mismo tiempo, pues tal vez no tienen tantas actividades en común como los papás con los niños. El patrón de oro es un viaje por carretera. Nada es tan valioso como un viaje en carretera, ni siquiera el resort de cuatro estrellas más lujoso. Papá e hija paseando en la carretera, compitiendo por el control de la música, comiendo en cafés dudosos, ensimismados en el paisaje, teniendo conversaciones absurdas o muy sentidas. No se admiten los tapones para los oídos. Es un lujo tener tanto tiempo que una parte se puede convivir en silencio. Los destinos pueden ser monumentos históricos o la colonia y lugares favoritos de tu infancia. Otra idea: el escenario de un libro que haya leído en la escuela. Cuando mi hija leyó *Huckleberry Finn*, mi esposo la llevó a un viaje a lo largo del río Mississippi.

Elogia su fortaleza, valor, entusiasmo, curiosidad, características que no sean parte de su aspecto físico

La mirada no crítica de un padre es una bendición para su hija, sobre todo porque las niñas están muy en sintonía con el arreglo personal de sus hijas. Cuanto menos un padre comente la apariencia de la hija, más relajada estará en su presencia. Así podrá percatarse de sus otros atributos valiosos y celebrarlos. Desde luego, si está estrenando un vestido, es un día especial, se disfrazó o se puso un atuendo creativo, si muestras entusiasmo, acentuará el espíritu de la ocasión. "¿Qué belleza tan singular tenemos aquí?" De lo contrario, lo mejor es que los papás limiten los comentarios sobre el aspecto de sus hijas al mínimo indispensable.

UNA RECOMENDACIÓN PARA LOS PAPÁS

Cuidado con el poder de los mensajes indirectos.

Digamos que ya superaste tu decepción de no haber tenido un varón (¡o que te sientes profundamente aliviado!) y nunca criticas su aspecto físico porque sabes que la cultura popular transmite mensajes destructivos que fomentan que las mujeres crean que su valor radica en su apariencia. Y es fácil no criticar a tu hija porque para ti, siempre es hermosa. Y estás convencido de que su potencial no tiene límites. Mantente alerta: lo que tu hija escucha sin querer es igual de potente de lo que le dices directamente.

Un padre puede socavar el programa inteligente de empoderamiento femenino si tiene el hábito de ser crítico con la madre de la niña, hablar mal de ella, comentar el aspecto de los familiares femeninos o las mujeres en la esfera pública, y la niña lo escucha. Incluso mientras escribo esto, quiero detenerme, hablar en nombre de los papás y decir: "¡Por favor! Uno que otro chiste sarcástico sobre una política local desaliñada no condenará la relación futura de mi hija con los hombres". Sin embargo, no voy a recular porque cuidar lo que pueda escuchar tu hija es otro nivel de adquirir conciencia, un aspecto que se suele pasar por alto del poder que tienen las palabras de los padres.

LA BUENA VOLUNTAD EN EL MUNDO DE LAS NIÑAS

Cuando no estás discutiendo con tu hija, la puerta al encanto se abre de par en par y mira. La infancia de una niña en toda su gloria caótica. Para las hijas, la buena voluntad tiene mucho que ver con la aceptación: acompañarla y transmitirle tu amor y *aprobación*. Las niñas pequeñas son muy devotas a objetos y personas que para los adultos son comunes y corrientes o desconcertantes. Cada vez, a menor edad comienzan sus oraciones diciendo: "Ay-dios-mío". Una mamá me contó que a su hija Rose, de nueve años, le dejaron un proyecto importante de ciencias:

Un día llegué del trabajo y me encontré con la agradable sorpresa de ver muchos libros abiertos en la mesa del comedor, mapas pegados en la pared y listas interminables escritas a mano. Le dije a Rose: "Guau, ¡qué tal! Has avanzado mucho en tu proyecto del volcán".

Me contestó: "No es para mi proyecto. Es el itinerario para nuestra luna de miel". Rose está obsesionada con el vocalista de una banda de chicos. "¿Ves este mapa, mamá? Primero vamos a volar a Maui. Y en esta lista están nuestros planes. Cuando lleguemos al hotel, vamos a desempacar, después directo al bar para tomar champaña y ver el atardecer."

¡Volcanes... Hawái... luna de miel! Tiene sentido. Acumula buena voluntad soñando despierta con sus vacaciones un poco antes de recordarle de su proyecto de ciencias.

Con los niños, eres una antropóloga que visita un país extraño y aprende sobre sus rituales y hechos esotéricos. Con las niñas eres socióloga. Para llenar las arcas de la buena voluntad sólo hace falta escucharla describir su mundo. Las niñas pequeñas son expertas analizando las estructuras sociales. Muéstrate fascinado y paciente, tolerante, incluso para los chismes, las bobadas y los más mínimos detalles de su universo especial.

Las niñas albergan toda clase de estereotipos y suposiciones infundadas, pero no te precipites a corregirla. Valora el dramatismo de sus narrativas. El punto no es mejorar ni arreglar nada, sino observar y de vez en cuando pide que te aclare cosas que te resultan sutiles o te confunden desde tu perspectiva de adulto.

Si eres el público entusiasta de tu hija y le permites tener control sobre su pelo, prendas y comida, la cuenta de la buena voluntad siempre tendrá fondos. También puedes valorarla de estas formas.

Permítele explorar a solas

Las niñas necesitan jugar libremente al igual que los niños y por los mismos motivos, uno de ellos es exclusivo de su género: así aprenden los límites entre el riesgo y el peligro, lo que a los padres les cuesta mucho contemplar en relación con sus hijas.

Soy defensora reacia de enviar a los niños a un viaje de un par de semanas en el verano, ya sea a casa de un pariente o a un campamento. Tendrás que evaluar si tu hija está lista a partir de su disposición para quedarse a dormir en casa de una amiga, qué tan bien le va en las excursiones escolares y su entusiasmo general en miras de una aventura sin sus padres. Prueba inscribiéndola en un programa que todos los días contemple secciones sin estructura. Los campamentos "de aprendizaje" cercanos a su escuela o a las vacaciones familiares estructuradas no le brindarán el tiempo independiente y ocioso que necesita para orientarse.

La buena noticia es que algunos campamentos se están volviendo más flexibles, al punto que les permiten a los niños participar cualquier día sin tener que estar inscritos a un programa específico. Ofrecen espacio a los niños para hacer actividades creativas, desordenadas y sin estructura. Te puede dar la impresión de que con esta clase de libertad la privas de las oportunidades necesarias para desarrollar otras aptitudes o que estás siendo negligente. De ser el caso, busca a otros padres que compartan tus valores y eso te tranquilizará.

Permítele que te enseñe de tecnología (sobre todo los papás)

Los vínculos gracias a la tecnología pueden ser positivos para padres e hijas. Sí, es más tiempo frente a una pantalla, y se deben fijar límites. Pero si a las niñas y los papás se les dificulta encontrar actividades que los dos disfruten, podrían ver una película o una serie, jugar videojuegos o experimentar con la robótica. Si a tu hija no le interesa construir vehículos o robots, hay juegos para construir casas de muñecas, conejitos, creaciones de Lego de todo tipo, relojes y mucho más, todo con piezas programables.

Camina o haz senderismo con ella

Deja tu teléfono en casa o en el coche y dile que lo dejarás. Caminar en la naturaleza, sobre todo en parques y otras zonas boscosas, abre las compuertas de la conversación y fomenta el respeto, sólo la convivencia sin interrupciones lo logra. Le transmite a la niña: "Mereces mi atención completa".

Estar al aire libre tiene otras ventajas. Cuanto más sentidos se empleen y mayor movimiento físico se realice en una experiencia, más probable quedará grabada en el recuerdo de tu hija: el aroma de la tierra mojada, la textura del musgo, las flores pequeñitas, los hongos, cuando el viento casi te vuela la chamarra. Hacer senderismo juntas le brindará aventuras que podrá describir y sumará al almacén de recuerdos familiares felices. Cuando estés en un camino para hacer senderismo en la naturaleza, deja que tu hija elija qué camino seguir. Incluso cuando caminen en la colonia, puedes preguntarle: "¿Y ahora por dónde? Guíanos".

Cultiven un jardín

Sólo necesitan pocos metros cuadrados para tener un huerto de verduras o un jardín de flores. A simple vista, los bulbos florales parecen sosos, como tubérculos, pero plántalos, riégalos y espera: verás nacer un tulipán o ranúnculo. Deléitense en la singularidad del vocabulario: ranúnculo, una palabra que suena a ridículo. Tener un jardín podría ser la primera experiencia de tu hija de la gratificación tardía. ¡Y qué recompensa tan maravillosa! Mira la cara de tu hija cuando le enseñe sus flores a algún amigo o le dé a probar los primeros jitomates cherry que ella misma cosechó.

Horneen juntas

Se trata de una moneda valiosa tanto para los niños como las niñas, pero es más probable que las niñas pequeñas tengan mejores habilidades motoras y lectoras para seguir una receta. (Como menciono en el último capítulo, a los niños con la edad para usar cuchillos y la estufa, con responsabilidad, les encanta cocinar.)

Se aprenden muchas cosas horneando: el léxico único del arte: *cernir*, *engrasar*, *dorar*, *amasar*. La agudeza visual requerida para discernir si se le puede dar la vuelta a un *hot cake* o si las galletas ya están doradas. ¡Sin mencionar el glaseado y decorado del producto final!

DE LA MANO MIENTRAS PUEDAS

Es un domingo caluroso en una calle atiborrada. Me llama la atención una niña pequeña por la seguridad de su caminar. Lleva botas negras, falda verde lima y sudadera negra. Presiento que su mamá no discutió con ella sobre su atuendo. ("Va a hacer calor. La ropa negra... las botas...") Queda claro que a la niña le encantan sus botas, se las pone todos los días y su mamá decide dejarla hacer lo que quiera. En vez de ir de la mano, cada una sostiene el extremo de un lápiz, sin duda una idea de la niña.

La niña dice: "Nuca, nuca, nuca quiero ir ahí. Nuca." No se está quejando, simplemente manifiesta una preferencia igual de segura que su andar. *No me gusta ese lugar.*

La mamá responde (en voz serena, objetiva, amigable): "no te gusta el mercado. Pero sólo necesitamos unas cosas. Y después nos vamos."

No es difícil entender por qué no le gusta. Tiene que maniobrar entre un bosque de rodillas de un montón de adultos, está muy cerca del piso como para ver los puestos de los vendedores y seguro ella y su mamá tendrán que cambiar su unión juguetona con el lápiz y tomarse de las manos, lo tradicional. Pero sobre todo me asombró la reacción de la madre. Reconoció el punto de vista de su hija sin intentar convencerla de lo contrario, vendiéndole los atributos presentes o futuros de la labor. ("¡En la tarde podremos hacer pays de durazno!") O sobornarla. O decirle que no es para tanto.

A muchas madres se les da el arte de la conversación con sus hijas de forma natural. Muchas más están a unos puntos de distancia, a unos grados de bajarle a la ansiedad y subirle a la tolerancia y la curiosidad. Recuerdo mucho a una niña pequeña que llevaba un tutú rosa, estaba en una ruta de senderismo polvorienta. Estaba en cuclillas en su tutú recogiendo piedras mientras su mamá estaba parada a su lado, sin comentar nada, escuchando y asintiendo mientras la niña exclamaba: "¡Todas estas tienen rayas!". Esa madre merecía una estrellita.

Fue un momento común y corriente, que quizá ninguna de las dos recordaría. Pero yo sí, porque sé lo rápido que las niñas avanzan por el sendero. Ahora dale la mano, baja un poco el ritmo y aprende a hablar con ella mientras es una niña, y tendrás su confianza y amistad en los días venideros.

CAPÍTULO 5

Temas difíciles

Cómo hablar con los niños pequeños sobre el sexo,
la muerte y el dinero

Mamá, ¿qué hace este pez aquí? Este pez tiene DOS rayas negras y un círculo alrededor de un ojo. ¿En dónde está Goldi? Mamá, ¿se murió? ¡Se murió! ¡Y me estás mintiendo! Y siempre dices que no debemos mentir.

¿Pero POR QUÉ se llaman privadas? ¿Por qué una escuela es privada?

¿Somos ricos? ¿La familia de César es rica? ¿Quiénes son más ricos? Tenemos dos perros, pero ellos tienen una resbaladilla en el patio.

En una época que ahora parece igual de lejana que el teléfono alámbrico con disco, las preguntas serias de los niños sobre el sexo, la muerte y el dinero se ignoraban o se sorteaban con respuestas tradicionales y peculiares. La cigüeña entregaba a los bebés. Era arriesgado brindar información honesta o con matices sobre los sentimientos y la actividad sexuales: el conocimiento fomentaría la acción y la acción ocasionaría problemas. Si un pariente moría, a los niños se les contaba que el familiar había emprendido un viaje largo o que Dios quería a otro ángel. El dinero entraba en una categoría especial. Hablar de él era tabú por motivos que nunca se aclaraban más allá de que "no es de buen gusto".

Estas zonas prohibidas privaban a los niños de conocimiento esencial y a los padres de la oportunidad de transmitir sus valores y participar en la conversación sobre los temas más ricos y emocionantes de la vida. Hoy en día, los padres son menos aprensivos, aunque no necesariamente más comunicativos. Si bien las generaciones antiguas tenían una actitud evasiva y de no intervención con respecto al sexo, la muerte y el dinero, los padres de hoy están paralizados. Reconocen que darle la vuelta es tanto privativo como peligroso, sin embargo, su temor a decir algo equivocado y que su hijo lo repita, y que esto fomente indignación en la escuela o entre los padres, los bloquea.

Los padres también temen que si permiten que sus hijos expresen la profundidad de sus sentimientos o conozcan ideas provocadoras, intensas o tristes, los niños se asusten. Sin embargo, es lo contrario. Cuando los niños hablan de estos misterios con sus padres, ya no se sienten solos, "con los monstruos bajo la cama".

A los niños siempre les ha deleitado lo sensual (*¡Ah, barro cálido y blando entre mis dedos! Me gusta jalarme el pene, es como un juguete que nunca tengo que buscar*). Les fascinan los sistemas corporales (*Cuando el bebé crece en la panza de mamá, ¿cómo come? ¿Hace popó ahí dentro?*). Les cautiva el ciclo de la vida y la muerte (*¿Goldi? ¿El abuelo? ¿LA MAMÁ DE MILO?*). Son resueltos y curiosos, por lo que si los padres no abordan estos temas con disposición y aplomo, dejarán a los niños con sus recursos menos escrupulosos.

Tarde o temprano, verán el sexo a través del lente severo de la pornografía en línea o de las clases frías de educación sexual, cuyo fin es asustarlos. La muerte se les revelará a través de las películas de superhéroes o los videojuegos, los cuales enseñan que matar a los adversarios es divertido y genial. Aprenderán a desear bienes y servicios de nuestra cultura de consumo, pero seguirán sin entender cómo funciona el dinero. Todo esto además de la desinformación normal que intercambian entre sus colegas desde el inicio de los tiempos.

El repertorio conversacional de todo padre debe incluir una estrategia para hablar cómodamente sobre los temas incómodos. Existen libros excelentes en los que te puedes apoyar, pero en última instancia, tu hijo acudirá a ti para obtener respuestas filosóficas y prácticas. En todas las conversaciones sobre temas con carga emocional, un toque ligero te llevará a las profundidades. Mantente abierto, escucha con atención y déjate guiar por las preguntas de tu hijo.

¿QUÉ TANTO ENTIENDEN LOS NIÑOS?

En cuanto los niños empiezan a hablar, te agarran desprevenido con preguntas que dejan buscando respuestas que sean ciertas, mas no alarmantes. A medida que crecen, te vas familiarizando con su forma de procesar información y el mejor enfoque que puedes adoptar. Entre los cuatro y los once años, el desarrollo cognitivo de los niños es excepcional y tus respuestas evolucionarán con ellos. Pero —y este punto es crucial— las respuestas no tienen que ser perfectas.

Parte de la ansiedad de los padres tan generalizadas hoy en día tiene que ver con lo que denomino "crianza AP", la noción de que cada decisión tiene que ser la indicada a la primera; que bajo ningún concepto podemos decirle a un niño: "¿Sabes qué? Estuve pensando en lo que te dije ayer y tengo una respuesta mejor" o "Ya lo pensé mejor y no es exactamente lo que pienso".

Este enfoque flexible es un modelo maravilloso que los niños pueden emplear con sus amigos: puedes cambiar de opinión. Es el único enfoque realista con un individuo cuyas percepciones y comprensión cambian casi cada semana.

Incluso si un padre es consciente de los acontecimientos importantes generales en el desarrollo cognitivo de un niño, nunca es segura la capacidad de un niño de entender información. Contempla las variables. Por una parte, la edad y el género del niño, la profundidad de su interés en el aspecto científico de las cosas o el aspecto sangriento, artístico, espiritual, racional; su periodo de concentración, qué suscitó la pregunta en primer lugar y si la pregunta que está planteando es lo que en el fondo quiere saber. A veces los niños conciben preguntas enrevesadas que tienen poco que ver con lo que tienen en mente. Si reaccionas con serenidad y curiosidad ante las preguntas, tarde o temprano el niño expresará el motivo de su inquietud, por ejemplo, "si lo podrían arrestar por robarse una bolsa de papas de la lonchera de alguien más".

ETAPAS DEL DESARROLLO COGNITIVO DE LOS NIÑOS

Muchos padres están familiarizados con los principios básicos del desarrollo cognitivo de los bebés, por ejemplo, el concepto de la permanencia del objeto. Un recién nacido te mira inexpresivamente cuando juegas a esconderte. Meses después, le asombra y le deleita. Entre los ocho y los doce meses, la emoción desaparece, pues ya entiende que los objetos siguen existiendo incluso si no puede verlos.

Otros acontecimientos importantes no son tan evidentes. Deborah Roffman es educadora de la salud y autora de sabiduría poco común.[1] Describe poéticamente un logro cognitivo que marca el paso de los primeros meses de vida a la infancia temprana: "No soy uno mismo con el universo, ni con mis padres. Los humanos son objetos con un principio y un fin; existimos en el espacio como seres autónomos". Como es natural, este reconocimiento implica protesta. ¡Guaaa! ¡No quiero que me dejes en este cuarto sola con la niñera! Aunque también es liberador. *Si me escondo en el clóset y no me muevo o en el centro de un exhibidor de ropa en el centro comercial, nadie me puede ver. ¡Guau!*

Para los cinco años, la mayoría de los niños entienden que el tiempo inicia y termina. Entienden el pasado porque ya han tenido cierta experiencia con él. El futuro sigue siendo una abstracción: *muy pronto, pronto, mañana, dentro de mucho*: es más lento consolar a un niño a quien le entusiasma o le preocupa lo que se avecina con estas palabras. Para los seis años, los niños ya tienen la capacidad de entender la distancia con mayor profundidad. A algunos les fascina el concepto del movimiento en el tiempo, con la locomoción y la transportación.

Es bueno tener en mente estos acontecimientos relacionados con el espacio, el tiempo y la distancia cuando midas las reacciones de tu hijo, sobre todo en el caso de acontecimientos inusuales o traumáticos. Sin importar la medida en la que tu hijo entienda estos conceptos, son distintos de los tuyos y por ese motivo no puedes asumir que lo que escucha un niño es exactamente lo que quisiste transmitir. Es otro motivo por el cual es útil decir: "Estuve pensando en esto y tengo algunas ideas sobre tu conversación del otro día. Vamos a hablar un poco más".

NO ES UNA CONVERSACIÓN, SON MUCHAS

Cuando los padres se animan a hablar de un tema difícil, a veces procuran explicar todo, incluidos todos los detalles precisos, en una sesión intensa. ¡Fiu! Ya lo resolvimos. Esto no funciona porque los periodos de concentración de los niños son breves y su capacidad para digerir nuevos conceptos y lenguaje son limitados. No pueden absorber tanta información de una sentada. Sin importar la edad del niño, no recordará la información si se la das de golpe. Incluso el alumno más brillante olvidará los detalles de un tema confuso, vergonzoso o "asqueroso". Esto es un punto fundamental cuando se trata de temas complicados. No existe una única conversación, sino una primera y muchas más posteriores.

Un mejor enfoque es responder las preguntas de tu hijo con paciencia a medida que van surgiendo. A veces estarás ocupado en otra actividad o inquieto porque se trata de territorio desconocido (nunca le hubieras preguntado eso a tus padres o a ningún adulto). Tal vez temes equivocarte, no estás seguro de cuál sea la mejor respuesta. Siempre es adecuado responder así: "¡Qué buena pregunta! [A los niños les gustan las declaraciones enfáticas.] Necesito un poco de tiempo para pensar en la mejor respuesta y hablamos". Después hazlo, a menos que tu hijo concluya que algunos temas están prohibidos. Pedirle tiempo para pensar también te rescata de tener que responder de forma impulsiva, con un chiste, con sarcasmo o nerviosismo, y te permite aceptar y sentirte cómodo con tu propia incomodidad.

Cuando hablen de temas delicados, juntos recorrerán el camino. Las conversaciones serán más efectivas si no son formales, extensas ni moralizantes. Tu hija te considerará una fuente confiable si recibes sus preguntas con cordialidad y respondes de forma breve y específica. Y siempre le puedes preguntar:

"¿Qué dudas tienes?"
"Cuéntame lo que ya sabes para decidir por dónde empezar."
[Aquí puedes corregir ideas equivocadas. "No me sorprende, muchos lo creen pero..."]
"Interesante. Mmm... ¿cómo te enteraste?
"¿Hay algo más que te dé curiosidad?"
"¿Tiene sentido mi respuesta?"

ES TU PLAN DE ESTUDIOS
En lo referente a la educación sexual y a otros temas provocadores, no asumas que la escuela va más allá de las explicaciones elementales. La mayoría de los programas se centra en las enfermedades y en la prevención del embarazo. El plan de estudios suele enseñar que: "dos formas de protección es el número mágico: uno para evitar las enfermedades, otro

para evitar el embarazo" o bien: "la abstinencia es el único método seguro". Los maestros no quieren explorar muchos temas que pueden ser controvertidos por temor a que hacerlo alarme a un grupo de padres y meta en problemas a la administración. Temas interesantes que se ignoran en la mayoría de los salones de clases son el amor y la intimidad, la naturaleza valiosa y finita de todas las formas de vida, la relación entre el dinero, la movilidad social y el éxito.

En un sentido, esto es bueno, pues te da la oportunidad de instruir a tu hija en algunos temas fascinantes, transmitir tus valores, mantenerte al día con los tiempos cambiantes. Pero como todos los padres que educan en casa, tendrás que prepararte. Esto quiere decir hacer un inventario personal. ¿Qué experiencias dolorosas de tu infancia te podrían motivar a ser sobreprotector o paranoico frente a las acciones y las preguntas normales de tu hija? ¿O sus creencias inocentes propias de su edad? ¿Qué necesitas hacer para aprender a criar a un niño inteligente en un mundo en constante cambio?

Si bien responder las preguntas de tu hijo es un buen barómetro para medir qué comprende y qué no, no tienes que esperar a que te pregunte para hablar con él. Los temas para reflexionar están en todas partes. Manejando en el coche o a bordo del autobús, los espectaculares le transmiten mensajes a tu hijo sobre la imagen corporal, la sexualidad, beber, la enfermedad y la indigencia. Si ves a tu hijo viendo uno de estos anuncios puedes preguntarle en qué piensa.

Los anuncios en la televisión, las películas o los videos te dan la oportunidad de enseñarle el lenguaje de los medios de comunicación: reconocer que muchos anunciantes le dan más importancia a las ganancias que al bienestar de la gente. Si tu hijo obtiene información de internet, puedes explicarle que el objetivo de los creadores de contenido web es llamar la atención del espectador, incluso si el mensaje no es justo, amable ni cierto.

Una caminata por la mayoría de las ciudades te retará a hablar sobre la diversidad de personas que ven, incluidas las personas mayores, en silla de ruedas, las familias que pelean en público. Tal vez no puedas responder las preguntas más difíciles de tu hija sobre estas personas, pero al menos puedes iniciar el diálogo.

Otra aptitud que podrás impartir estando en la calle es los modales en público. Todos los niños alguna vez han gritado alguna versión de:

"¿Por qué esa señora está gorda?" o "¿Por qué tienes la piel morena y tu mamá es blanca?". Sin hacer sentir mal a tu hija, le puedes explicar que existe una diferencia entre las cosas que hablamos en casa y las que decimos en público. Cuando los niños son muy pequeños, les puedes ayudar a entender en qué momento no comentar estableciendo límites claros: "No es educado decir algo sobre el aspecto de los demás, a menos que digas algo positivo".

Cuando crezcan, les puedes dar mayor contexto: "no queremos avergonzar a las personas, ponerlos en evidencia o herir sus sentimientos. Por ejemplo, a lo mejor el tío Sam siempre dice que quiere bajar de peso, de todas formas no es educado recordarle que ya se comió dos *hot dogs*".

Prepárate para las metidas de pata accidentales de tu hija, establezcan un código, como jalarte el lóbulo de la oreja para expresar: *deja de hablar en este instante. Te explico después.* No quieres avergonzarla, pero sí que sea consciente. El objetivo de los buenos modales es proteger la dignidad de los demás y éste es un concepto abstracto. Inculcarlo requiere tiempo.

COMPRA EL LIBRO: LA PRIMERA PARADA PARA LOS TEMAS DIFÍCILES

¿Qué clase de temas complicados te presentará tu hijo? Aquí algunos ejemplos:

"Noé me contó que se acostó con Valeria."

"¿Por qué Leonor se puede quedar a dormir aquí, pero nunca me dejas quedarme en su casa? No es justo. Su casa es muy divertida. Sus papás me caen bien. Y los amigos de su hermano son muy listos porque ya están en la secundaria."

"Adrián dijo que a lo mejor meten a la cárcel al papá de Juan. Dijo que el papá ya quiso suicidarse."

"La mamá de Lucía ya no tiene pelo en la cabeza. Ni cejas ni pestañas. Traía una mascada, pero se le veía."

"El abuelo va a salir del hospital para mi clase abierta, ¿verdad? Tiene que ver mi pintura. Parece que el barco está muy lejos en el mar. El abuelo me enseñó a dibujar una línea del horizonte."

Respuestas sencillas como: "Es mejor que las pijamadas sean entre niños de la misma edad" o "No sabemos cuándo dan de alta al abuelo" abren un poco la puerta, pero la curiosidad hará que tu hijo siga insistiendo hasta que le des más información. Aunque este capítulo brinda orientación sobre temas comunes y una técnica fundacional para abordar preguntas complejas, puedes aprovechar los numerosos y excelentes libros para niños que tratan casi todos los temas inusuales o delicados. Los libros están dirigidos a todas las edades y cubren un espectro amplio de perspectivas políticas y culturales.

Compra los libros en una librería, no los consultes en la biblioteca. Vas a querer tenerlos a la mano pues no sabes cuándo ni con qué frecuencia se presente la conversación. No compres en línea porque no podrás evaluar los atributos físicos del libro: *¡Muy extenso! Parece álbum ilustrado para bebés. La letra es minúscula.* O: *Sí, interesante. Quiero abrirlo y leerlo.*

Además del contenido, examina el diseño, las ilustraciones y el espíritu general de los libros. ¿A tu hija le gustan los cuestionarios? Elige un cuaderno de ejercicios. ¿Para tu hijo, el humor hace los temas vergonzosos más atractivos y agradables? Encuentra un libro con ilustraciones ingeniosas o con una prosa despreocupada. Reconocerás qué tipo de lecturas le intrigarán y cuáles rechazará en virtud de su monotonía, por moralizantes o por falta de imaginación.

¿QUÉ ES EL SEXO? ¿QUÉ ES SEXY? ¿DE DÓNDE VIENEN LOS BEBÉS?

Los niños empezarán a preguntarte sobre el sexo en estos momentos:

- Mucho antes de lo que tú le preguntaste a tus padres, si lo llegaste a hacer, porque los niños están expuestos a más medios de comunicación y publicidad relacionados con el sexo, espectaculares con imágenes seductoras y espectaculares con advertencias serias, aunque misteriosas, sobre temas de salud.
- Cuando mamá esté embarazada, les dará curiosidad la causa de su estado, cuándo terminará y si podrá brincar y jugar como antes, cuándo y cómo saldrá su nuevo hermanito o hermanita de su cuerpo.

- Cuando quieran saber toda la verdad de la información sospechosa que Zeke les contó en la escuela ("¿Mamá, es cierto?").
- Hasta cuarto o quinto año, cuando estudien la reproducción de las plantas y los animales y se hagan preguntas sobre la versión humana.

Un motivo por el cual el sexo resulta tan desconcertante para los niños es que la palabra tiene diversos significados, y a menos que vivan en un entorno recluido, la escucharán con frecuencia y desde temprana edad. En el libro *Sex Is a Funny Word*, de Cory Silverberg y Fiona Smyth, los autores explican que "algunas palabras siempre tienen el mismo significado (como *sol* o *crayolas*). Otras palabras tienen muchos significados (como *tocar*)... *Sexo* es una de esas palabras".[2] Los autores dan tres definiciones de sexo, que se pueden resumir así:

1. *Sexo* es una palabra que utilizamos para describir nuestro cuerpo, como masculino o femenino.
2. *Sexo* es algo que hacen las personas que se siente bien en su cuerpo. También los hace sentirse cercanos a la otra persona. Los adultos le dicen "tener *sexo*".
3. Los adultos hacen bebés cuando "tienen *sexo*". Otra palabra es *reproducción*.

A veces los niños preguntan: "¿Qué es sexy?". Una primera reacción puede ser dar un tutorial de lo que no es: "¡Pues no significa ponerse mucho maquillaje!". Otra alternativa es ampliar la perspectiva del niño. Podrías decir: "Depende de cada quien. *Sexy* es una de esas palabras como *maravilloso* y *divertido*, casi todos tienen una definición distinta. *Sexy* puede significar que una persona cree que alguien más es emocionante o especial o que los hace sentirse bien con respecto a su cuerpo. A lo mejor alguien más le parece sexy por su pelo o sus ojos, o porque comparte su sentido del humor".

Es más difícil responder con sutileza las preguntas reproductivas esenciales. Incluso si tus padres usaron nombres de bebé para las partes del cuerpo, cuando hables con tu hija de sexo, querrás utilizar las palabras reales. Entonces estará preparada si en la escuela o con otros niños surgen conversaciones sobre tocamientos aceptables e inaceptables. Si te cuesta trabajo decir vagina o pene en voz alta, practica a solas, como practicarías una frase en un idioma extranjero antes de un viaje.

Estás entrando en territorio que, de cierta forma, en otros tiempos había sido prohibido, salvo porque los padres y los maestros hablan mucho sobre mantener ciertas partes del cuerpo súper limpias y privadas. "¡Cierra la puerta! ¡Jálale al baño! ¡Lávate las manos! No hables de esas cosas en público." Dotar a las mismas partes del cuerpo de un papel protagónico en la mágica y gloriosa "historia del abrazo especial" es un giro radical y sorprendente para los niños. Cuando surjan las preguntas, adopta las siguientes explicaciones según la edad y nivel de comprensión de tus hijos.

¿De dónde vienen los bebés?

Nuestro cuerpo es como fábrica asombrosa que produce células. Cuando te cortas el dedo, el cuerpo utiliza las células para hacer una costra y a partir de esas células se forma piel nueva. Todas tienen una función importante. Cuando los niños se empiezan a convertir en hombres, su cuerpo produce miles de células espermatozoides. Estas células diminutas tienen colas como renacuajos para nadar rápido. Las niñas nacen con cerca de un millón de células llamadas óvulos. Cuando las niñas empiezan a convertirse en mujeres estas células u óvulos empiezan a crecer, en su cuerpo una a la vez, cada mes.

Cuando un hombre y una mujer se apapachan, besan y abrazan fuerte, el pene del hombre entra en la vagina de la mujer y de su pene salen muchas células que nadan hacia el óvulo. Cuando un espermatozoide llega al óvulo, los dos se unen y comienzan a producir TODOS los tipos de células que le darán forma al bebé.[3]

¿Cómo sale el bebé de la mamá? ¿Cómo cabe?

Al principio, el nuevo paquete de células tiene el tamaño de una semilla de amapola. Pero crecerá hasta ser como una sandía en una parte del cuerpo de la mamá llamada útero, a la que también se le llama matriz. En la matriz, el bebé flota en una bolsa especial llena de agua para protegerlo de golpes o de sonidos fuertes.

Cuando el bebé crece, el útero se estira como un globo. Al bebé le toma nueve meses, casi un ciclo escolar, crecer para respirar y tomar leche solo. Cuando el bebé está listo para nacer, viaja para salir del útero, a través de un tubo llamado canal del parto hasta llegar al cérvix. Músculos especiales que se pueden estirar como un globo, todo lo que haga falta, para que la gran cabeza del bebé pueda salir por la vagina de la mamá.

¿Cómo come el bebé? ¿Hace popó ahí dentro?

El bebé y la mamá están unidos mediante un cordón dentro de la bolsa que se llama cordón umbilical. Para alimentar al bebé mientras crece, el aire que la mamá respira y la comida que come viaja por el cordón. Si la mamá come pizza, el bebé también. Lo que el bebé no necesita después de digerir la comida —los residuos, como la pipí y la popó— salen por el cordón. Cuando el bebé nace, también sale el cordón. El doctor, la partera o el papá corta el cordón que une al bebé y la mamá y la herida sana. ¡El ombligo marca donde cortaron el cordón umbilical!

PREGUNTAS POSTERIORES Y CÓMO CONSERVAR TU PRIVACIDAD

Cuando llegues a la parte del pene y la vagina, casi todos los niños reaccionan con descreimiento: "¡Ay, guácala. ¿¡Papá y tú hicieron eso?! ¡Qué asco, qué asco y qué asco!" Después de una o dos semanas... "¿Papá y tú hicieron eso más de dos veces?" Aunque todos los niños son diferentes. Al principio a muchos les da asco, a otros les fascina, aburre o emociona. Lo común es que transcurran meses o años antes de que quieran tener una conversación más a fondo.

Existen dos respuestas particularmente útiles en lo que respecta a las preguntas sobre el sexo. Una de ellas es: "Le he dado varias vueltas y me gustaría añadir algo más". Por ejemplo, con un niño mayor, tal vez te gustaría ampliar una respuesta para incluir a parejas del mismo sexo, padres solteros o cómo aquellos que no pueden concebir pueden tener un bebé.

La otra respuesta útil es: "no acostumbro compartir eso con los demás" o "me gustaría mantener esa información privada". Es una forma de marcar límites a los niños de cualquier edad (y ponerles el ejemplo), incluyendo a las preadolescentes precoces que te puedan preguntar por "tu *primera* relación sexual", seguida de detalles como la edad, la relación con tu pareja, las circunstancias o si te arrepentiste o no. Cuando los padres sinceros me preguntan si deben ser por completo transparentes con esta clase de preguntas personales, les pregunto si se sentirían obligados a contestar a su hija si ésta les preguntara cuándo fue la última vez que tuvieron relaciones sexuales. Los niños no tienen derecho a tener información sobre tu vida sexual si no quieres compartirla

LA PUBERTAD Y MÁS ALLÁ

Para los diez u once años la mayoría de los niños busca detalles más detallados sobre el sexo. Ahora es normal que los niños entren a la pubertad mucho más jóvenes que en generaciones previas, así que necesitan tener conocimiento de los cambios que se suscitarán en su cuerpo, emociones y sensaciones físicas. Hay información directa: cuando las niñas empiezan a desarrollar los senos y aparecen los primeros vellos púbicos, deben empezar a cargar con toallas sanitarias para estar listas. Para una niña, esta noticia puede ser abrumadora, y es ideal si la madre (u otra mujer mayor) puede explicarle en persona con una caja de toallas a la mano para enseñarle a usarlas.

A medida que pasan la pubertad, los adolescentes querrán saber información práctica sobre la sexualidad en toda su variedad y esplendor. Pocos adolescentes quieren que mamá o papá les expliquen estas maravillas. Incluso si consigues sentarlos cinco minutos mientras describes cómo ponerse un condón, su incomodidad puede evitar que presten atención. Lo mejor es regalarles un libro sensato y actualizado sobre el sexo y decirles: "este libro explica los cambios corporales, cómo es el sexo y para qué sirve. Debería aclarar tus preguntas, pero si te sigue provocando curiosidad, me puedes preguntar o si te da pena, anótalo en un papel y te lo respondo". Ahora tu hijo o hija tiene una referencia confiable para estudiar cuando tenga necesidad y un padre dispuesto a aclarar o detallar ciertas ideas.

EL AMOR TRIUNFA SOBRE LA PORNOGRAFÍA

¿Hay manera de proteger por completo a tus hijos de la pornografía? No. Ni siquiera si vives aislado o te mudas a Corea del Norte. Es una pena, pero es cierto. Incluso los niños pequeños quienes tienen compañeros de juego cuidadosamente aprobados por los padres pueden entrar en contacto con estas imágenes gracias al hermano o la hermana mayor de algún amigo con internet y una pantalla por una tarea que revela que whitehouse.com no es lo mismo que whitehouse.gov, y terminan en una página con videos sexuales explícitos.

La exposición accidental o intencional no implica que tu hijo esté condenado a esperar que el sexo sea como se representa en el universo alterno de la pornografía: ¡Mujeres! No tienen pelo más que en la cabeza y puedes hacer lo que quieras con ellas, no importa si eres hombre, mujer o bestia. Cuando quieras. Y les gusta. ¡Mucho! Quiere decir que además de darle libros inteligentes sobre sexo y dejar la puerta abierta para resolver sus preguntas, querrás guiarlo sobre el autoestima, el cariño y el amor, haciendo énfasis en los aspectos positivos. Incluso los libros sobre la identidad de género y cómo aceptar la orientación sexual propia no suelen detallar aspectos como el placer, la intimidad y la conexión, por qué los adultos *quieren* tener relaciones sexuales más de las dos veces requeridas para procrear dos hijos.

Una forma de transmitir valores como el respeto y la lealtad con el ejemplo: tratar a tus hijos y familiares con amor, compromiso, calidez, compasión, paciencia, alegría y empatía. Estás sentando las bases para el contacto físico y las palabras cariñosas sin intención sexual: cuando tu hijo crezca, estas emociones le parecerán normales y naturales en una relación amorosa.

Otra forma de compartir estos valores es mediante relatos de tu historia familiar. Cuéntale cuando conociste a su papá o mamá (si sigues con esa persona y quieres contar esa historia). ¿Cómo supieron que estaban enamorados? ¿A dónde fueron a su primera cita? ¿Cómo supiste que era recíproco? Si te parece demasiado, entonces cuéntale cómo se conocieron y enamoraron sus abuelos o algunos parientes ya fallecidos. ¿Emigraron juntos? ¿Cómo fue ese viaje? ¿Se conocieron al llegar al país o ciudad que habitan? ¿Quién los presentó? Tal vez fue un matrimonio arreglado, pero muy feliz, lo cual abre otra vía interesante de discusión.

También puedes iniciar una conversación a partir de una canción, poema, pintura, película o libro. Pueden escuchar o leer relatos de amor y desamor, decisiones sensatas y desatinadas, la nostalgia, el placer, cómo el amor romántico puede enriquecer la vida de una persona. En la mayoría de los cuentos de hadas animados contemporáneos, así como en algunos tradicionales, hay muchas oportunidades para explorar qué hace que una persona sea adorable, además de la belleza física. La valentía, la lealtad, la bondad, un espíritu alegre, cierta clase de sacrificio y la compasión siempre forman parten de la trama.

Los obituarios son una fuente sorprendente de historias de amor inspiradoras y además tienen la ventaja de ser ciertas, algo que será más importante a medida que el niño crezca. En los tributos en honor a los fallecidos, encontrarás recuerdos sobre su papel en la vida de su ser amado. Los maestros en la escuela de tu hija también pueden contribuir con historias de amor verdaderas. Los estantes de las biografías en la sección para niños de las bibliotecas también son otra fuente, pregúntale al bibliotecario por libros o películas sobre parejas que hicieron aventuras juntos, hicieron descubrimientos importantes, crearon obras de arte o trabajaron en favor de la justicia social. El punto es enseñarle a tu hija el lenguaje de tu amor en sus distintos estados y fases: no únicamente el primer sonrojo de la atracción, también el romance del compañerismo, las pasiones compartidas y el respeto mutuo.

CUANDO ALGUIEN EN TU FAMILIA ENFERMA

Están los temas incómodos, pero también las conversaciones desgarradoras. Explicar a tu hijo que uno de sus padres, hermanos o familiar querido está enfermo es uno de los mayores desafíos a los que te puedes enfrentar. Como todos los temas difíciles, requerirá no solamente de una plática, sino varias. Lo primero que le digas para darle la noticia será particularmente difícil.

No queda duda de que más temprano que tarde deberás contarle a tus hijos qué está pasando. Perciben tu cambio de ánimo, escuchan las llamadas telefónicas de los médicos, las conversaciones entre susurros, las puertas que se cierran con discreción. Si no eres honesto con ellos, empezarán a sacar sus conclusiones con escenarios que podrían ser más aterradores que la realidad e incluso podrían culparse: *Mamá siempre dice que la vuelvo loca y ahora está enferma de verdad.*

Los niños experimentan todo, incluida la enfermedad de un ser querido, desde la perspectiva de cómo les afectará personalmente. Todo lo filtran con la pregunta: ¿Qué me va a pasar? Así que cuando les expliques una enfermedad por primera vez (y en conversaciones subsecuentes), asegúrate de concluir describiendo cómo afectará la situación en la rutina diaria del niño. ¿Qué cambiará? ¿Qué seguirá siendo igual? Asegúrale a los niños que la mayoría de los aspectos de su vida seguirán siendo iguales.

Betsy Brown Braun, escritora y especialista en desarrollo infantil, sugiere que los papás planeen con anticipación la historia que le contarán a los niños, que sea simple y ajusten el vocabulario a un nivel que el niño entienda.[4] Debido a que las circunstancias cambian rápidamente, no tiene sentido darle demasiados detalles. Para que los niños pequeños entiendan, hay que utilizar palabras sencillas. Por ejemplo:

A mamá se le está dificultando respirar y los doctores van a tomar fotos de sus pulmones con una cámara especial para ver por qué. Se quedará unos días en el hospital. Cuando sepamos qué se puede hacer para ayudarla, te contaremos. Mientras tanto, esta semana la mamá de Carmen va a pasar por ti a la escuela. Vas a seguir yendo a tu clase de baile los martes y en la tarde nos vemos en la casa para comer y platicarnos nuestro día.

Algunas enfermedades exigen una operación y periodo de recuperación sencillo, otras serán parte constante de la vida familiar. El cáncer es impredecible. Es frecuente que los pacientes se sometan a rondas de tratamiento que deben explicarle a la niña sin prometerle nada sobre el resultado. En todos los casos las preocupaciones de los padres serán evidentes. Una forma de lidiar con el temor es reconocerlo: "Es inquietante, pero también somos optimistas. Las dos cosas al mismo tiempo".

Procura conservar las rutinas habituales de tu hijo en la medida de lo posible durante la enfermedad de su papá o mamá. Gestos simples pueden ser un contrapeso en un hogar que atraviesa una crisis de salud. Una mamá cuyo esposo se recuperaba de una cirugía de corazón acomodaba el oso de peluche de su hija en su almohada con un juguete distinto en las patas todos los días. Sin importar lo desequilibrada que estuviera la vida familiar de la niña, su cama siempre estaba tendida y el oso la esperaba después de la escuela todos los días. Era como un mensaje silente de su mamá: *puedes contar conmigo. Te tengo en mente cuando estás en la escuela.*

No asumas que tu hija es insensible si no está reaccionando a la crisis como lo haría un adulto: si no está llorando ni parece triste, parece olvidarlo o quiere salir a jugar. Estas respuestas son normales, al igual que la mala conducta.

Cuando alguien enferma, la principal causa de ansiedad y depresión para los pacientes y su familia es perder el control, y sucede lo mismo con los niños. Los padres pueden animar a los niños con estrategias para que sientan que tienen el control, por ejemplo, ayudar a cuidar al papá o la mamá enferma, ayudar con labores domésticas en casa o asumir más responsabilidades sobre su cuidado personal. Es fácil compadecer a los niños. Sentir la necesidad de duplicar los esfuerzos por consentirlos y ver por ellos. Sin embargo, esto agota tus propios recursos e impide que la niña tenga la oportunidad de sentir que es parte esencial del esfuerzo familiar. Contempla permitirle ayudar a organizar los suministros médicos, leer al padre o la madre enferma o adoptar nuevas tareas. Podrías decirle:

> Tengo que tomar muchas decisiones en estos días. Debo estar listo para hablar con la doctora en cuanto llame y estar en el hospital. Me puedes ayudar cuidando a Bluebell, sacarla a caminar, darle de comer y avisarme cuando se vaya terminando su comida.

También pide ayuda a otros adultos. En ocasiones en nuestra cultura estar enfermo y "débil" supone vergüenza. Los cuidadores con experiencia conocen el sinsentido de este punto de vista. Cuando enseñas a los niños que durante una crisis es natural pedir el apoyo de los amigos y la familia, les enseñas a adoptar una actitud saludable.

UNA MUERTE EN LA FAMILIA

La pérdida de un ser querido de la familia extendida, como una tía o un abuelo, tiene un efecto profundo y perdurable en un niño, y perder a un padre o hermano es una tragedia que, sin lugar a dudas, afectará el desarrollo emocional y la perspectiva de un niño. También es cierto que los niños son más resilientes de lo que los padres creen. Sobreviven pérdidas y los cambios que viven pueden no ser para mal. Con frecuencia, la madurez, la compasión, la paciencia y otros rasgos valiosos son las consecuencias de los sucesos tristes. No es exactamente algo positivo y no se lo desearías a ningún niño, pero experimentar una muerte puede resultar en una vida mucho más profunda.

Anteriormente se empleaban eufemismos para intentar proteger a los niños, pero hoy somos conscientes de que los niños se asustan y se confunden cuando les dicen cosas como: "Dios se llevó a tu hermana para tenerla a su lado porque la quería mucho" (el niño piensa: *Dios es cruel*). Funcionan mejor las explicaciones honestas, específicas y directas. Puedes intentar emplear la palabra "muy" para subrayar la naturaleza extrema e inusual de lo que ha ocurrido: "Sucedió algo muy triste. La tía Laura murió. Estaba muy, pero muy enferma y ya no la podremos ver. Pero recordaremos todos los motivos por los que la amamos tanto. Vamos a extrañarla mucho".

El uso de "muy" ayuda a distinguir las enfermedades comunes y los accidentes de este caso tan particular que suscitó la muerte. Hacer esta distinción alivia el miedo de los niños de enfrentar otra muerte y pérdida. Asegúrale que él o ella está sana, al igual que otros miembros de la familia. "Hace poco me hice estudios médicos y estoy muy sana. Igual papá y tu hermano. Los abuelos también están sanos."

Permitir a los niños asistir al funeral les puede ayudar a entender y aceptar lo que ha ocurrido. Los niños a partir de los seis años son suficientemente maduros como para no interrumpir la ceremonia, así que llévalos si quieren ir (quizá cambien de opinión varias veces y si deciden no asistir, respeta su decisión). Con frecuencia, la imaginación es mucho más aterradora que la realidad y muchas de sus preguntas se aclararán a partir de lo que vean y escuchen. Como es el caso de la mayoría, gracias a las elegías también tendrán la oportunidad de aprender cosas interesantes, asombrosas o emotivas que no sabían sobre su pariente difunto.

CÓMO PROCESAN EL DOLOR LOS NIÑOS

John Bowlby, desarrolló el modelo psicológico de la teoría del apego, y describió tres fases del dolor que experimentan los niños. Primero, el niño se niega a creer en la muerte y espera ver, encontrar o recuperar a la persona ausente; después el niño experimenta dolor emocional, desesperación y una sensación de desorganización, en la tercera y última fase el niño puede organizar su vida sin la persona ausente. Estas fases se experimentan de forma distinta según la edad, el nivel cognitivo y el temperamento del niño.

En general, de los tres a los cinco años, los niños no comprenden que la muerte es final, creen que se trata de un estado reversible. Tal vez busquen a la persona que murió en todas las habitaciones de la casa, en multitudes o en coches que van pasando.

Entre los cinco y los nueve años, los niños saben que la muerte es "para siempre". Pese a ello, tal vez se aferren a esperanzas idealistas sobre el regreso del ser querido y se nieguen a aceptar que en su familia hubo una muerte. Las fantasías mórbidas y las preguntas son normales. Los niños a esta edad pueden experimentar tristeza, temor, nostalgia, confusión y culpa. Para protegerse de que estos sentimientos los agobien, pueden ignorar, negar o enterrarlos muy en el fondo. Al mismo tiempo que tomar conciencia sobre la realidad de la muerte, surge la preocupación de que si alguien cercano a ellos puede morir, ellos también pueden hacerlo, y esto los puede asustar mucho.

Es normal que los niños se pregunten si son responsables de la muerte de un ser querido y que se preocupen de su propia mortalidad. También es normal que un niño que está de luto parezca que no le afecta la muerte en la familia. Reacciones en apariencia despreocupadas, como jugar futbol con un amigo justo después del funeral, no necesariamente sugiere que el niño esté negando la muerte. Los niños viven en el presente, de modo que con una pelota, un día soleado y un amigo pueden olvidar, aunque sea unos minutos alegres, que papá ha muerto. A los adultos les parece desconcertante, pero para los niños no es inusual.

¿ES APROPIADO COMPARTIR TU AFLICCIÓN CON TU HIJO?

La sabiduría popular sobre la aflicción sugiere no ocultar los sentimientos a los niños. Si eres franco sobre tu pesar, le demostrarás a tu hija que no tiene que aparentar que está bien. Es cierto que los niños no deberían sentir que tienen que ocultar sus emociones a sus padres para protegerlos, ni por ningún otro motivo. Su tristeza puede incluir ira por sentirse abandonados, culpa por la muerte, idealización del difunto y síntomas físicos ("¡No puedo respirar!" "¡Me duelen los huesos como le dolían al abuelo!"). Tal vez pueden sentir vergüenza. (*No quiero ser diferente de mis amigos todavía tienen a sus papás.*) Es muy probable que los adultos en su entorno estén viviendo una montaña rusa de emociones, sobre todo en el periodo inmediatamente posterior a la muerte del ser querido. En esos primeros días, lo mejor que pueden hacer los padres que están de luto es brindar una atmósfera de amor y tolerancia para las muestras de emoción inusuales de niños y adultos por igual.

Sin embargo, a medida que transcurre el tiempo, se corre el riesgo de que la decisión de no ocultar los sentimientos se malinterprete y se entienda que nunca hay que ocultar los sentimientos. ¿Qué pasa si, como suele suceder, los sentimientos de los padres sobre el fallecido son mucho más complejos, si no se trata de una pena sin ambigüedades? ¿Qué pasa si él o ella están enojados, se sienten culpables, desorientados o abandonados? ¿Qué tanto debería atestiguar un niño mientras su padre o madre vive su duelo? Puede ser extremadamente angustiante para los niños ver a su papá o mamá llorando constantemente en virtud de frustraciones o decepciones diarias menores, en un estado letárgico o si no puede con las labores domésticas.

Tener niños te regula como adulto. Cuando la familia vive una tragedia como la muerte, no te puedes quedar en pijama todo el día o permitir que la casa se venga abajo. Si eres incapaz de funcionar para gestionar tu casa, debes acudir con un terapeuta por tu bien y el de tus hijos. En momentos así, los grupos familiares para sortear la tristeza son muy útiles, el equipo puede canalizar al padre consternado con un psiquiatra si es necesario. Más allá de eso, el tiempo sanará poco a poco, pero invariablemente, a medida que encuentres maneras compasivas y reflexivas para no compartir de más tus sentimientos con tu hija.

Hay maneras para procesar la tristeza junto con tus hijos. Una de ellas es mantener viva la memoria del pariente fallecido mediante actos que reflejen lo que la persona trajo al mundo. Podrías decir: "Vamos hoy a la playa en honor a la tía Laura. Nos encantaba hacer picnics con ella en la arena". O "Vamos a mantener el jardín de papá. Vamos al vivero a comprar nuevas plantas de jitomate y también vamos a comprar fertilizante para alimentar las flores que tanto quería".

Otra forma de que tu familia exprese lo mucho que amaba y extrañaba a la persona que murió es alentar a tu hijo a ayudarte a hacer un altar, por ejemplo, arreglar un librero o una repisa con algunas fotos, un florero o un objeto de su pariente que se lo recuerde.

Exprésale a tu hija que cuando quiera compartir sus sentimientos, la escucharás. Podrías decirle: "podemos hablar cuando quieras, pero te anticipo que hay días en los que estoy más triste que otros —seguro lo percibes en mi voz— y nunca puedo anticipar cuándo será. A lo mejor te sientes igual. No puedo predecir cuándo me sentiré triste, pero eso no significa que no podamos hablar".

Mientras tú y tu hija se aclimatan a su nueva situación:

- Ten disposición para escuchar. No tienes que estar preparado con respuestas.
- Debes estar preparado para que el niño repita las mismas afirmaciones y preguntas una y otra y otra vez.
- Asegúrale que estará bien, y que el resto de la familia está fuerte y saludable.
- Identifica reacciones extremas, pero ten en mente que la regresión, la apatía y la ira son normales.
- Si otros niños están tratando al niño que perdió a su ser querido como "el especialista en la muerte", recuérdale que no tiene por qué responder todas sus preguntas.

Por último, y lo más importante, dale permiso al niño afligido de que sea feliz de nuevo. Muchos adultos temen que los niños son desleales con la persona que murió cuando vuelven a reír o retoman su cotidianidad. Te podrá dar la impresión de que con ello estás olvidando a tu ser querido, y que lo pierdes una vez más. Se trata de una fase predecible del duelo. Asegúrale a tu hija (y a ti mismo) que la persona que falleció querría que fueran felices.

Pon el ejemplo y participa con entusiasmo en la vida como lo hacías antes de que tu familia pasara por este trago amargo.

CUANDO MUERE UNA MASCOTA

Es muy probable que la primera experiencia de tu hijo con la pérdida no implique a una persona sino a un pez, un perro o un gato. El dolor que sienten los niños por la muerte de una mascota es profundo, al igual que la angustia que ocasiona en los padres.

> **Mamá de Lily, de cinco años:** Goldie, el pez de Lily murió esta mañana. ¡Sólo nos duró cinco días! Sabía que Lily estaría muy, muy triste, así que fui a la tienda de mascotas para comprar otro antes de que llegara de la escuela.
>
> **Yo:** ¿Para engañarla? Lily es muy lista y piensa en el ejemplo que le estarás poniendo si descubre tu ardid. Y pierdes la oportunidad de hablar con ella de la muerte.
>
> **Mamá:** Pero me preocupa que se sienta responsable. Goldie vivía en su tocador y sólo Lily podía darle de comer.
>
> **Yo:** Cuando Lily llegue a casa hoy, le puedes explicar que algunos animales tienen un periodo de vida corto, pero feliz. Dile: "Fuiste una muy buena mamá para Goldie. Te compré un pez nuevo y tal vez a este también le puedas dar un hogar feliz".

La decisión de concluir la vida de una mascota enferma se ha vuelto más difícil a medida que los procedimientos médicos intensivos para los animales han surgido en el mercado. La quimioterapia, los trasplantes de médula y otras medidas extremas pueden ser sumamente dolorosas para las mascotas y muchos veterinarios tienen grandes dudas sobre la ética de dichos tratamientos. Cada familia tiene sus propios límites en términos de lo mucho que están dispuestas a pagar por estos procedimientos y cómo definen la calidad de vida de un animal. Los niños no deben participar en estas decisiones adultas, tampoco acompañarte al veterinario si surge la oportunidad de que el médico te oriente sobre tus alternativas: dormir al animal, comenzar con tratamiento que no puedes costear o si no estás convencido de que mejorará la calidad de vida de la mascota.

Los libros ilustrados son conductos perfectos para el duelo de una mascota y fomentar la conversación con tu hija. Es agradable mas no necesario si el libro incluye a un niño del mismo género que el tuyo. Para las niñas, una buena lectura es *Saying Goodbye to Lulu*, de Corinne Demas.

Para los niños, *A Dog Like Jack*, de DyAnne DiSalvo-Ryan y el clásico de Judith Viorst, *The Tenth Good Thing About Barney*, sobre un niño y su gato. *Jasper's Day*, de Marjorie Blain Parker, describe con tacto la decisión de la eutanasia para una mascota.

Tras la muerte de la mascota, puedes darle la oportunidad a tu hija de hacer un álbum de recortes o un pequeño memorial con los juguetes favoritos del animal y una foto enmarcada. Si cremaron al animal, pueden colocar en un altar la urna con las cenizas siempre y cuando se sientan cómodos con esa decisión.

Cuando nuestra hija tenía cuatro años, un amigo de la familia la llevó a una exposición de insectos. Volvió a casa con una tarántula marrón mexicana. La primera vez que "Taranti" mudó de piel, salió de su caparazón y dejó el anterior intacto, nos alarmamos y confundimos. ¿Se había clonado? Cuando murió dieciséis años después, guardamos su cuerpo junto con la colección de ocho versiones previas de Taranti en una caja que ocupa un espacio prominente en nuestra sala. Fue en parte un monumento cariñoso, elemento de película de Guillermo del Toro, a una larga vida.

LOS NIÑOS Y EL DINERO

Como especie, los humanos tenemos un instinto de cazar y recolectar. Somos cuervos a los que nos atraen los objetos relucientes que podemos llevar a nuestro nido. Así que es natural que los niños rueguen, lloren o exploten cuando exigen cosas y no las obtienen. Los publicistas aprovechan su deseo de coleccionar, son brillantes para atraer los deseos de los niños y las debilidades de los adultos. "¡Lo quiero!" es un tema constante en la niñez, al igual que un conflicto interno de los padres sobre si acceder o no.

No tener suficiente dinero, sobre todo si nos comparamos con nuestros pares, es una fuente común de temor y vergüenza entre los padres. Les preocupa su capacidad para proteger a sus hijos, no sólo de forma tangible, como vivir en una colonia segura y tenerlos en buenas escuelas, también en el complicado ámbito social de opciones para el futuro, la apariencia aceptable y la inclusión en grupos deseables. Todos estos aspectos parecen depender del dinero e interfieren en la estructura de la vida familiar, lo cual se ve reflejado en la exigencia de los niños de ciertos juguetes, ropa, zapatos, salidas, campamentos, equipo para practicar deporte, videojuegos, aparatos, etcétera.

Es difícil hablar con los niños sobre el dinero, a cualquier edad. Es difícil decirle que no a nuestros hijos. Cuando parece que buena parte de su bienestar depende de tu capacidad de brindarles bienes y servicios, es difícil ser honesto contigo sobre qué puedes costear. También es difícil ser honesto con los niños al respecto. Es difícil si te comparas con tus amigos, vecinos, parientes y los otros papás en la escuela de los niños. Si eres adinerado, es difícil saber cómo crear un marco de gastos que logre que los niños tengan los pies en la tierra y sean agradecidos. Dada esta maraña de emociones la mayoría de los padres transmiten mensajes confusos a sus hijos sobre el dinero.

Sin duda las colonias seguras, el acceso a servicios médicos de calidad, escuelas con recursos abundantes, tutores para necesidades especiales y entrenadores dedicados benefician a los niños. Constituyen un escudo para protegerlos de la incertidumbre del futuro. Sin embargo, para garantizar que tus hijos tengan una vida significativa, con prudencia y alegría, necesitarán desarrollar conciencia social y madurez emocional: la capacidad para poner límites, una definición amplia de qué supone un tesoro y reconocer que ayudar a los demás es tanto una responsabilidad como una recompensa. ¿En dónde comenzar para cultivar estos rasgos? ¡Con conversaciones sobre dinero! ¿El primer paso? Enseñarle a los niños la diferencia entre lo que quieren y lo que necesitan, y recordarte lo que debes darle a tu hijo y lo que constituye un privilegio.

EL PRESUPUESTO: DÍAS MALOS, DÍAS BUENOS Y LA SOLIDARIDAD

El concepto de un presupuesto familiar es la base para todas tus conversaciones sobre dinero. (Funciona incluso si no tienes un presupuesto familiar.) Éste es vocabulario para los niños pequeños.

Presupuesto. Cuando las personas trabajan, les pagan con dinero. Un presupuesto significa cómo dividimos ese dinero para distintas cosas, como comida, calefacción y agua en casa, ropa y juguetes.

Los dólares son dinero. Una tarjeta de crédito también es una especie de dinero.

Días malos. Ahorramos parte del dinero que ganamos para tenerlo en caso de emergencias. Podría ser que el coche se descompone y necesitamos arreglarlo, que te duele un diente y necesitamos llevarte al dentista.

Días buenos. También ahorramos para los días buenos, cosas divertidas como vacaciones, fiestas de cumpleaños, celebraciones de días festivos y regalos sorpresa, por ejemplo, si vemos algo que sabemos le gustaría a una persona querida y especial.

Beneficencia. Donamos parte del dinero que ganamos a cocinas comunitarias o refugios: en donde sirven comida para quienes no tienen dinero suficiente para comprar comida o no tienen casa con cocina para cocinar. A veces esto pasa porque perdieron su casa en una inundación, otras porque no encuentran trabajo. También donamos dinero a organizaciones que apoyan ideas en las que creemos, por ejemplo, que todos debemos recibir el mismo trato.

Estos conceptos desmitifican el mundo de los bienes materiales a los que los niños están expuestos constantemente. En vez de decir: "No nos *alcanza*" (¿qué es *alcanza*?), le das contexto. Tal vez los niños se cansen de escucharte responder: "No está en el presupuesto", pero por lo menos saben que tienes un plan maestro y les puedes recordar que ese plan incluye vacaciones, regalos y celebraciones.

El superpoder que alimenta la cruzada de los niños para pedir cosas es su energía. Los adultos preocupados y cansados se niegan tres veces, pero después sucumben y acceden. En la psicología conductual a esto se le denomina refuerzo intermitente y es un incentivo poderoso para que un niño intente cansarte de nuevo. Es el mismo motivante psicológico que mantiene a los jugadores pegados a las máquinas tragamonedas. En la medida de lo posible, intenta no ceder cuando ya te hayas negado. Si te sientes culpable, recuerda que a tu hijo nunca le cuesta decirte que no.

La mayoría de los padres disfruta sorprender a sus hijos con detalles en el transcurso del año y es un gesto hermoso. Mi consejo es que estas sorpresas sean pequeñas, más bien emotivas, no costosas. Evita negarle repetidamente algo a tu hija y después sorprenderla con ello, para que los regalos no sean refuerzos intermitentes.

UN CONCEPTO MÁS AMPLIO DEL PRESUPUESTO FAMILIAR

A medida que los niños crecen se esmeran más para convencerte de que necesitan cosas específicas. Recurrirán a argumentos hábiles, aunque en ocasiones transparentes e infundados, como:

> "No entiendes lo infeliz que me siento casi siempre. Con este videojuego (o tatuaje o perforación) voy a ser más popular."
> "En la escuela soy muy tímida, pero si llevara esta mochila, sentiría que puedo hablarle a quien sea."
> "Estos tenis son una inversión excelente. Son una edición limitada, de colección. Van a valer mucho dinero."
> "Todos los tienen y seré la única que no los tiene."

Es sorprendente que el cuento de antaño de "todos lo tienen" sigue siendo efectivo. A veces es un argumento legítimo: todos tienen cierto objeto y tu hijo se sentirá como paria si no lo tiene. Así que tienes dos alternativas: comprarle un par de tenis de 70 dólares que en tres meses ya no le van a quedar o pagar diez veces más por sesiones de terapia (para ti y para ella). A veces tiene sentido comprarle los tenis.

Esta situación tiene un aspecto positivo. Un niño en edad de decir: "lo necesito porque todos los tienen", tiene la edad para comprender una definición más compleja del presupuesto. Le puedes explicar en qué consiste llevar una casa y cómo puede contribuir. No con el sentido de "ganar" el costo de unos tenis. Se trata de contribuciones cotidianas como ciudadano de la familia.

En sentido más amplio, un presupuesto consiste en entradas y gastos de esfuerzo, tiempo y dinero. Los niños no pueden pagar la hipoteca de la casa ni conducir, pero pueden contribuir haciendo cosas que acostumbras a resolver. Se suele pensar en las labores domésticas de forma anticuada, y ya no es pertinente hoy en día. Ya no existen los repartidores de periódicos y pocos podan el pasto del vecino. Hay docenas de labores que los padres hacen por sus niños y adolescentes porque es fácil,

155

porque aquéllos están cansados y quieren regresar a sus aparatos electrónicos o prefieren que termine un proyecto escolar —incluso si el niño ha procrastinado— y no que limpie la mesa. Sin embargo, tareas sencillas de cuidado personal y mantenimiento de la casa son cruciales para enseñar a los niños la relación entre el tiempo, la energía y los fondos.

A medida que van creciendo, los niños seguirán pidiendo más bienes y servicios. Pero también se les puede pedir que desempeñen labores familiares más complejas (como llevar el coche al servicio o llevar a sus abuelos a citas médicas) y responsabilizarse más por ellos mismos (como recordar y concluir tareas escolares y presentarse a sus labores de voluntariado). De este modo, no serán siempre los receptores. Serán miembros de la familia capaces de contribuir con el bienestar de la organización y también de cosechar los frutos.

EXPERIENCIAS, NO COSAS

Nunca es muy pronto para enseñarle a los niños la diferencia entre el dinero y el valor. Una forma de hacerlo es decirles: "En nuestra familia preferimos disfrutar las experiencias en vez de las cosas". Puedes explicar que muchos objetos de consumo ofrecen una satisfacción limitada, predefinida, a diferencia de las experiencias, que ofrecen otras cosas y lo hacen en el transcurso del tiempo. Planear y anticipar un evento brinda placer, al igual que experimentarlo, contar historias al respecto y saborear los recuerdos.

> "Fuimos a Yellowstone vimos un oso pardo muy grande, estaba solo en el bosque, ¡pero no nos vio!"
> "Mamá me dejó escoger dos películas de miedo para un maratón de películas de terror. Al otro día nos despertamos hasta la una de la tarde."
> "En la playa había muchos niños con papalotes y organizamos una carrera de papalotes para ver cuál volaba más alto. ¡Un papalote se enredó con otro y chocaron!"

Puedes explicarle este concepto a un niño mayor que estudia la primaria, recordándole de un viaje familiar y preguntándole qué recuerda y si le contó a algún amigo. Puedes compartir tus recuerdos y compararlos. Un consejo práctico sobre el momento adecuado: es mejor no recurrir a esto para negarse a comprar algo. Es mejor explicar que la familia toma decisiones sobre el dinero de cierta forma o por qué decidieron presupuestar un viaje familiar en el verano en vez de comprar un coche nuevo que no les hace falta.

VERDADES MÁS DIFÍCILES: INFORMAR ES PROTEGER

Ya mencioné que no hay tal cosa como tener una sola conversación, se tiene una primera y muchas más. Es un hecho. Pero al hablar sobre los temas difíciles no puedo dejar de mencionar las pláticas que deben sostener los padres para proteger a los niños de las fuerzas sociales desagradables, persistentes y reales. Deben explicarles cómo estar atentos frente a los adultos, incluso entre los familiares, que pueden parecer amigables, pero pueden hacerles daño. Por ejemplo, los padres afroamericanos deben enseñarles a sus niños cómo comportarse ante las autoridades para minimizar la posibilidad de conflicto y de que los estereotipen de delincuentes. Los padres de los jóvenes gay o transgénero deben prepararlos para la posibilidad de ser objeto de burlas o ser victimizados. Los padres que son migrantes indocumentados deben explicar su situación precaria y lo que supone para la familia.

Estas pláticas difieren de otras sobre seguridad, por ejemplo: alertar a los niños sobre los desconocidos. Pero decirles que es sumamente improbable que los secuestre un desconocido. U otros temas como el racismo y el sexismo, o la brutalidad en las personas. La injusticia de estas condiciones resulta confusa e indignante para los niños y señalarla marca el inicio del fin de su inocencia. Los padres acostumbran censurar los comentarios de los niños sobre el color de la piel, por ejemplo, pero así los avergüenzan y confunden. Debes tomar sus comentarios como entrada para hablar mucho más del tema, no menos. Cuando los padres entran en pánico, se suscitan problemas y sin querer le enseñan a los niños que sus preguntas u observaciones son tabú.

Incluso los niños pequeños se dan cuenta de que los seres humanos tienen una conducta curiosa frente a aquellos cuya apariencia o costumbres les resultan extrañas. Es ingenuo creer que los niños no tienen prejuicios raciales. Una de las primeras cosas que los niños identifican es el contraste. Les fascina identificar las diferencias: de piel, color, acentos, pelo. ¿Qué implican estas diferencias exteriores? En lo que se refiere a las personas, muy poco. La fórmula para vacunar a los niños contra el prejuicio empieza por poner el ejemplo para que desarrollen intereses y relaciones multiculturales y con las conversaciones francas.

EL CONCEPTO DEL CONSENTIMIENTO

En lo que se refiere a los tocamientos e intromisiones no deseadas de un compañero o adulto, queremos que los niños actúen de inmediato, incluso cuando se considere que hacerlo es grosero o antipático. Es frecuente que los responsables del acoso y las agresiones sexuales no sean desconocidos, sino adultos o pares conocidos; posibles parejas sentimentales, conocidos en apariencia normales, un padre o padrastro. Para enseñarle a los niños a protegerse, comienza a inculcar el concepto de consentimiento desde muy pequeños, enseñándoles límites y practicando con ellos cómo decir no.

Esto inicia con los propios padres. ¿Cómo demuestras que respetas los límites de tu hija o hijo? ¿Le sigues haciendo cosquillas aunque te ruegue que te detengas? ¿Interrumpes sin cuidado cuando está hablando o está ocupado (jugando)? Le lavas la cara, le cepillas los dientes y el pelo sin preguntar aunque quiere hacerlo sola o le gusta que le avises con antelación? Las primeras lecciones sobre el consentimiento radican en estas conductas de los padres a los niños.

Cuando tu hija empieza a caminar, le puedes enseñar que el consentimiento es cosa de dos. Quiere decir que todo el mundo tiene derecho a que no lo toquen ni invadan su privacidad si no lo desea. A medida que los niños van adquiriendo más experiencia y comprensión, las conversaciones que les enseñan la diferencia entre conductas molestas y acoso les brindan técnicas para protegerse y tener control sobre sus propios impulsos. Por ejemplo:

A veces, las personas en quienes confías o con quienes debes ser cortés —papás, maestros, tu entrenadora, un familiar, el amigo de la familia, un nuevo compañero de clase o un desconocido en un lugar público— querrán tocarte cuando tú no quieras. Si te opones, tal vez te digan que tu reacción es absurda. A lo mejor te sientes mal o confundido. A veces en estas situaciones sientes rara la panza o el corazón. Sabes que no te equivocas cuando tu mente está confundida. Eso se llama "instinto". Es bueno escuchar al instinto y practicar decir no: "No, no lo hagas" y contarme a mí o a papá de inmediato.

Cualquier adulto que te pida guardar un secreto de tus papás es engañoso. No confíes en él ni hagas lo que te pide. SIEMPRE nos puedes contar lo que sea.

Junto con tu hija, piensa en frases según su edad, para proteger sus límites y respetar al otro al mismo tiempo:

"Abuela, en vez de darte un beso en la mejilla, hoy te voy a mandar un beso y chocar la mano."

"Papi, ya no me despiertes con cosquillas. Ya sé que te parece chistoso, pero no me gusta."

"No tengo ganas de hablar."

"Por favor no entres a mi cuarto sin tocar."

"No está bien que tomes mis cosas sin permiso. No se vale decir: 'no pensé que te fuera a molestar'."

"Tía Jessica, por favor no me tomes fotos ni videos sin preguntarme primero."

TELÉFONO DESCOMPUESTO

Un día, la escuela o uno de los padres de familia tal vez te llamará para decirte que tu hijo mostró o le mostraron, tocó o lo tocaron o explicó una parte del cuerpo o tema que quien llama considera *prohibido*. Quien te llame empleará la palabra *inapropiado*. Sentirás la adrenalina recorrerte las venas y te preguntarás si te equivocaste.

No es justo pedirle a los niños que guarden secretos, así que debes asumir que tu hija le cuenta a sus amigos las conversaciones que tienes con ella sobre sexo y otros temas complejos, y tendrás que lidiar con los efectos colaterales. Ten en cuenta que lo que llegó a oídos de la maestra o madre de un niño está fuera de contexto y es posible que tu mensaje se haya perdido o diluido. Cuando la mamá de "Eva" te arrincone con: "Eva dice que le hablaste a Cristina de métodos anticonceptivos", tu respuesta podría ser: "Así es. Veíamos una serie y uno de los personajes mencionó las pastillas anticonceptivas. Tengo una política, cuando Cristina me pregunta algo, procuro darle una respuesta elemental y honesta". Tal vez la madre de Eva no esté de acuerdo, pero no es tu responsabilidad. Tu prioridad es ser franca con tu hija y permitirle que te pregunte lo que quiera.

LAS MEJORES HISTORIAS

Los niños pequeños son periodistas naturales. Todo les produce curiosidad y les apasionan muchos temas. A los niños mayores les interesa la identidad, la justicia y la comunidad. Tu tarea consiste en escuchar, aclarar sus dudas, determinar tus propias creencias, investigar nueva información y traducir tu respuesta de forma que tu hija de cuatro, siete u once años te entienda. Las conversaciones sobre estos temas refuerzan el carácter y la confianza de los niños. No importa si el intercambio dura unos minutos o si se trata de una conversación incómoda más larga, toda conversación difícil facilita la siguiente. Conoces a tus hijos con mayor profundidad oración por oración, y a medida que lo haces, construyes confianza y compenetración. Necesitarás ambas cosas a medida que entren en la adolescencia.

CAPÍTULO 6

Espíritus guía disfrazados

Una introducción a los adolescentes

Él baila, tiene el brillo de la juventud, escribe versos, habla alegremente y tiene olor de abril y mayo.

WILLIAM SHAKESPEARE,
Las alegres comadres de Windsor[1]

Más pronto de lo que la mayoría de los padres anticipan, mucho antes de lo que les gustaría, desaparece la niña y aparece la preadolescente. Con frecuencia no sonríe. Sobre todo contigo. Y mientras procuras compartir un plan sensato para resolver el drama de su propia creación, sale disparada a su cuarto y azota la puerta. ¿Cómo puedes tocar sin provocar una respuesta furiosa: "¿¡Quéee?!"

Después está tu hijo adolescente. Ya está en su cuarto. En sentido estricto, es accesible, pero también titubeas. ¿Qué pasa aquí? ¿Acaso tu labor es averiguarlo? Con trabajos lo ves, a menos que se trate de comida y transporte. Cuando entra a la cocina para comer algo, tal vez te salude asintiendo con la cabeza o te sonría compasivo. O no te salude y punto.

¿A partir de ahora es lo máximo que puedes esperar?

En este capítulo ofreceré consuelo y consejos para sortear los caprichos a la hora de hablar con adolescentes y en los dos capítulos siguientes me centraré en los chicos y las chicas respectivamente. Para los padres de cualquiera de los dos sexos es pertinente un tema. Tu labor en el próximo par de años (que parecerán muy largos) es resistirte a juzgar y aceptar (incluso ser compasivo) las emociones sensibles de tu adolescente: ira, preocupación, tristeza y proyecciones enormes. "¡Todo es tu culpa!"

Los retos serán muchos. El primero: batallar con la sensación de impotencia, pánico y nostalgia por aquellos días dulces de la primaria. Necesitarás animar a los niños sin intentar gestionar ni aprovechar sus éxitos. Reconocer sus victorias sin presionarlos para lograr más. *No compartir estos temas con todos tus amigos.* Tolerar sentir que no les caes bien ni te quieren. Ganar tu capital social, incluso en estos tiempos, para que tu hija te pueda admirar. Y mantener una atmósfera templada para que los dos puedan hablar y ser escuchados.

No existe otra etapa en la vida en la que la conversación entre padres e hijos sea más difícil. Incluso los bebés escuchan mejor lo que los padres intentan comunicar y transmiten mejor sus mensajes. Hablar con los adolescentes no se parece nada a lo que los adultos considerarían una conversación. Los éxitos menores son un triunfo. Incluso si respetas todos y cada uno de los consejos que ofrezco en estos capítulos, aún así te espera un viaje tormentoso, y es normal. Si todo marcha muy bien, entonces algo anda mal.

CARAY, LAS COSAS QUE HARÁS...

Todos los padres de adolescentes que acuden a mi consulta buscan un mapa para recuperar los días más felices y una desviación para bordear la mezcla de sufrimiento y terror que son naturales en esta etapa. Sufren la pérdida desgarradora de un ser amado (*¡Mi bebé!, ¡Mi amigo!, ¡Mi pequeña!*) y del control (¿Quieres quedarte a dormir en casa de Molly? ¿Quién es Molly? Lo siento, pero no conocemos a sus papás). Pasan noches de angustia por las visiones de riesgos imaginarios (*¡Sexting!, ¡sexo!, ¡muerte por usar el teléfono mientras maneja!*). Y esta intranquilidad es seguida de mayores pérdidas: incluso si puedes imaginar una calcomanía en tu coche que anuncie los logros de la familia (*Chloe y Yale: ¡sí se puede!*) esta chica seguirá su camino. Ahora es horrible contigo y va a abandonarte.

El elfo o duende que criaste desde que nació ya no es hermoso ni se deja apapachar, sin embargo, los adolescentes tienen otros regalos que ofrecer. Su devoción apasionada a ciertas bandas, estilos, comidas y causas; su sentido del humor sublime aunque escalofriante; su creatividad; su amor por sus mejores amigos y compañeros de equipo: todo esto puede inspirar y atraer a los adultos que los crían.

A veces le digo a los padres: "tu adolescente es un espíritu guía disfrazado". Si responden dudosos, les explico que en algunas culturas, los espíritus guías ayudan a los humanos a evolucionar de un nivel de conciencia al siguiente. Nos permiten desarrollar un potencial que de otro modo no lograríamos. Tu adolescente es el único ser con la capacidad de casi matarte y al mismo tiempo obligarte a ser humilde, más consciente de ti mismo y tener mayor sabiduría auténtica. No recibirás reconocimiento formal por este rito de iniciación peligroso que constituye la adolescencia de tu hijo o hija, pero con suerte, algún día obtendrás la recompensa de la compañía de un joven o una joven amoroso y razonable.

Conversar con los adolescentes depende de los principios y estrategias que has cultivado hasta ahora, pero el nuevo dúo exige el dominio de pasos desconocidos. Dejarte seducir por el encanto de tu hijo evoluciona y se convierte en el aprecio del mundo intenso y caleidoscópico de tu adolescente. Aprender a respetar los límites y la individualidad de tu hijo se convierte en la capacidad de separarte de tu adolescente con menos temor y más serenidad. Como siempre, tendrás que recordar: *hoy es una instantánea, no la película épica de la vida de mi hijo*. Nada de lo que diga un adolescente es personal, permanente y ni predecible, así que relájate y disfruta el espectáculo. Durará poco y hay pocos asientos disponibles.

PRESIONES MODERNAS EN UNA TRANSICIÓN ATEMPORAL

El proceso psicológico de la separación siempre ha sido difícil para los adolescentes y sus padres, pero las mamás y los papás de hoy lo sortean con mucho más estrés. Entre los padres con quienes trabajo, estas tensiones incluyen el miedo a la tecnología y el efecto de las redes sociales en sus hijos y el temor al futuro de sus hijos, sobre todo por su capacidad de ganarse la vida y tejer una red de apoyo amorosa y estable. Estas presiones provocan que algunos padres se aferren más a sus adolescentes. Una madre dijo sentir que tenía un miembro fantasma, que le causaba un dolor considerable, cuando su hija se fue a la universidad.

Las ansiedades de los padres han encontrado una salida en el proceso en el que los hijos se preparan para asistir a la universidad y dejar la casa familiar. El esfuerzo para mejorar el currículo académico de los hijos oprime los intercambios de los padres con sus hijos a partir de primero de preparatoria hasta el final de esos años. Es menos evidente que la carrera para el ingreso a la universidad también cubre la resistencia de los padres (muchas veces inconsciente) de separarse de ellos.

Detallemos brevemente cada uno de estos elementos. Si eres consciente de las fuerzas que pueden influir tus conversaciones con tu adolescente, es como instalar un botón de pausa automático. Tendrás unos segundos para tomar una decisión antes de hablar.

Separación adolescente normal

En todas las épocas, una parte fundamental del desarrollo de un adolescente ha consistido en separarse de sus padres, probar diferentes identidades y formar parte de una tribu. Casi cada cultura tiene rituales en torno de esta iniciación. En general suceden en la pubertad, cuando separan al niño de las mujeres del grupo y este adopta su lugar entre los hombres y la niña se prepara para el matrimonio y la maternidad. En el pasado, la madurez física, emocional y cognitiva de los adolescentes les proporcionaba recursos que correspondían con las exigencias de su vida. Los niños desarrollaban la fuerza física y el valor necesarios para cazar y proteger; las niñas desarrollaban el equilibrio adecuado de hormonas y la capacidad hormonal para establecer vínculos con una pareja, procrear y cuidar a sus hijos. La tribu o la comunidad se beneficiaba de los nuevos atributos de los jóvenes maduros.

La separación como etapa normal del desarrollo no corresponde con nuestra versión prolongada de la adolescencia. En la cultura occidental, los rituales asociados con el paso a la adultez —el bar y bat mitzvá, los quince años, la confirmación, los dulces dieciséis— son acontecimientos religiosos o sociales que no necesariamente implican un cambio de responsabilidades o expectativas para el niño o la niña. Sucesos como obtener la licencia de conducir, conseguir trabajo, graduarse de la preparatoria, ingresar a la universidad o al ejército constituyen la separación real. Incluso la edad a la que muchos adolescentes obtienen la licencia ha aumentado, de los dieciséis a los dieciocho, gracias a los padres que prefieren ser choferes de sus hijos o pagarles un Uber que verlos detrás del volante.

Sin importar los deseos de los padres o las exigencias culturales, la separación normal en términos del desarrollo sucede entre los nueve y los once años. El primer indicador es el cambio de las alianzas del prea-dolescente, en este sentido deja a sus padres para unirse a un grupo de amigos. Un grupo cercano de amigos es el puente entre la dependencia en mamá y papá y una identidad individual más madura. La pubertad a menor edad pone a los niños y las niñas en modalidad de apareamiento, lo cual añade más tensión a la transición.

Otra señal de la separación es la disposición del adolescente para correr riesgos. No es que los adolescentes sean inconscientes, les en-canta el riesgo y buscan constantemente oportunidades para ir un paso más allá. Investigadores especulan que la atracción al riesgo ayuda a los adolescentes a separarse.[2] De hecho, esto beneficia a las familias mo-dernas: si los niños corren riesgos mientras siguen bajo la protección de sus padres, cuando salgan de casa tendrán un poco de experiencia vital y (con suerte) daños menores en su reputación y bienestar.

Las quejas estereotípicas, aunque legítimas, sobre los adolescentes cuando se separan consisten en que los niños se aíslan y las niñas se li-beran peleando con sus madres. Todo esto es normal.

Los aspectos digitales que complican la separación para los padres

Las bendiciones y maldiciones de la tecnología cambian drásticamente a medida que los niños entran a la adolescencia. En los últimos años de la preadolescencia muchos tienen la libertad de explorar el ciberespacio por su cuenta. Esto los expone a las redes sociales, la pornografía y diversión dudosa, aunque también brinda oportunidades infinitas para la creativi-dad y el aprendizaje. Cuando los calendarios de los adolescentes están llenos de actividades escolares y extracurriculares, el internet puede ser el único lugar en el que son libres de deambular sin supervisión de sus padres. A los padres temerosos les gusta que sus adolescentes estén se-guros en sus habitaciones, en donde sólo pueden correr riesgos virtua-les, no en el mundo real. Pero esto les impide ser espabilados, cometer errores, enfrentarse a las consecuencias y recalibrar sus acciones. El au-tocontrol protegerá a tu recién ingresado a la universidad de la batalla campal de la vida en el campus.

Tal vez los padres insistan en que los errores virtuales son "educa-tivos", pero la mayoría de estos errores (¡*Le mandó una foto de sus senos al novio!*) tienen menos repercusiones a largo plazo de lo que los padres creen. Las aventuras en línea no sustituyen las experiencias que se viven cuando se interactúa con seres humanos, las calles de la ciudad, los parques, el clima, el transporte público y otros elementos del mundo tridimensional.

El celular es otro obstáculo en la separación normal de los adolescentes. Los teléfonos permiten a los padres rastrear los movimientos de sus hijos, espiarlos y enredarse en su vida. Y el acecho es mutuo: un papá de tres hijos se quejó de que la app Friend Finder que obligó a sus hijas a instalar resultó contraproducente cuando la utilizaron para monitorearlo. "Saben si estoy en la tienda o en el trabajo o si voy camino a casa. Me rastrean, me mandan mensajes y me hacen preguntas. No hay manera de escapar."

El componente universitario

Si los padres tienen un pase que les permite el acceso completo a la vida de sus adolescentes mediante sus celulares, ¿por qué los chicos no se rebelan, fieles a la tradición? Lo hacen, pero no abiertamente. Les da miedo rebelarse, los criaron para creer en el mito de que a menos que ingresen a una buena universidad, están condenados. Un adolescente de Carolina del Norte no bromeaba cuando dijo: "mis papás creen que tengo de dos, la Universidad de Carolina del Norte, campus Chapel Hill, o ser indigente". El proceso de ingreso a la universidad es demasiado complejo y tenso como para lidiar solos con ello, eso les han contado, y en muchos casos es cierto.

La preparación para la universidad y la tormenta de solicitudes alivia muchas tensiones propias de la separación de los padres. El padre o la madre comparten una meta noble: triunfar en los retos académicos, sociales y atléticos del adolescente e ingresar a una escuela de excelencia. Ambos se centran en las páginas web, las solicitudes, se reúnen con tutores y expertos, visitan campus universitarios. El padre o la madre disfruta de cuatro o seis años de implicación cercana, pero cuando el trabajo en equipo es forzado, impide o distorsiona el proceso de separación normal para el adolescente.

Debido a que la separación de los padres es el objetivo principal de la adolescencia, deben tenerse en mente estos obstáculos de la modernidad al preguntarse: *¿cuál es la mejor manera de acercarme a mi adolescente? ¿Por qué estamos peleando? ¿De qué deberíamos hablar?*

El ABC de hablar con los adolescentes

En el transcurso de la adolescencia, tu objetivo no es ser amigo de tu hijo. No vas a ser genial porque ellos no te pueden considerar genial mientras al mismo tiempo se separan de ti. En tu papel de figura de autoridad "alegremente fuera de onda" puedes fomentar conversaciones si mantienes la mente abierta y una curiosidad entusiasta, mas no efusiva. Invitar a tu adolescente suspicaz a conversar no radica en ser cautivador, sino en dejarte cautivar. Finge que tu hijo es un estudiante de intercambio de Kazajistán o que tu hija es una sobrina que te visita de un estado lejano. Aprende sobre las costumbres fascinantes de sus culturas lejanas. Escucha para comprender, no asumas, juzgues ni intentes arreglar nada.

El ingrediente crucial es el control. Tu tono sereno, incluso cadencia, y expresión facial relajada transmiten confianza, lo cual conduce a la franqueza y la expresividad. Aprende a escuchar tu propia voz, una frecuencia elevada es mucho más común que gritar y sin importar el cuidado con el que seleccionaste tus palabras, un habla tensa, airada, con un nudo en la garganta expresa al adolescente que careces de convicción. Esto abre la puerta al instante a la pelea y el desafío.

Los adolescentes no perciben su entorno igual que los adultos. Su cerebro está evolucionando. Estudios que emplean resonancia magnética funcional muestran que los adolescentes responden con mayor intensidad que los niños o los adultos a situaciones e imágenes de carga emocional.[3] Son especialmente sensibles a expresiones faciales de ira y repulsión.[4] Su sistema hormonal está cambiando y esto ha mostrado tener un efecto en su respuesta al estrés.[5] Por ello, tu adolescente puede interpretar que un tono ligeramente irritado son gritos, burlas o exigencias. Cuando pones los ojos en blanco o te encoges de hombros les puede parecer arrogancia o ira. Esto tiene todo que ver con el cerebro y el cuerpo en desarrollo del adolescente y seguro no refleja tus intenciones. Pero los niños no siempre se equivocan: los adolescentes son expertos en percibir el subtexto emocional. Cuando tu expresión facial, postura o tono no corresponde con lo que dices, se fían más de las expresiones no verbales que de las palabras.

La mejor manera de mantener la paz es controlar tus mensajes. Recurre a los maestros de la comunicación no verbal: los bartenders, peluqueros y porteros de un hotel. Este reto actoral puede ser difícil cuando la emoción que te guía es la ansiedad, pero es una aptitud necesaria. Si quieres que los adolescentes hablen contigo con franqueza, debes ser el puerto seguro y plácido en su vida tormentosa.

El cambio en tu comunicación debe iniciar en cuanto tu hijo entre a la pubertad. Los preadolescentes son un paquete: narcisistas desvergonzados, sumamente autocríticos y avergonzados de su propia existencia. Tienen una fachada de frescura para cubrir su pasión, vergüenza y humillación. A una niña dulce de trece años le gustaba ir de la mano con su mamá por la calle, pero al ver a otro adolescente —incluso si no lo conocía—, susurraba: "¡sepárate!". Fue la primera lección de su madre de ese componente crítico de la comunicación entre padres y adolescentes: no es personal.

Ten en mente estos principios básicos:

- Reconoce la ira, preocupación o dolor de tu adolescente y no intentes solucionarlo. Responde: "suena difícil", o "te decepcionaste", o "¿qué quieres hacer?", no "¡voy a llamar al entrenador en este instante!".
- Ignora el llamado urgente de tus aparatos. Cuando hables con tu adolescente, deja que suene o vibre el teléfono. Reconoce que a los dos les gustaría que los rescataran de conversaciones confusas o vergonzosas.
- Ten pocas reglas, pero sé firme.
- Ten en cuenta las sugerencias de tu adolescente.
- Si concluyen una conversación de mal humor o arremeten en tu contra y se van, no los sigas.
- Permíteles tener la última palabra incluso si tu papá te hubiera castigado por la misma conducta.
- Cuando estallas, le enseñas a tu adolescente que la frustración es intolerable.

¿QUÉ QUEREMOS? ¡LIBERTAD! ¿CUÁNDO LA QUEREMOS? ¡AHORA!

El motor que impulsa la mayoría de las conversaciones con adolescentes son sus ganas de ser libres y el instinto opuesto de los padres de protegerlos. El viaje se aligerará con sentido del humor y buena mano. Adopta un tono amistoso y consistente respecto a las reglas y las obligaciones: "Sí, son las reglas. Ya sé que tus amigos no tienen que seguir reglas". Si eres consistente, no tendrán que ponerte a prueba. Esto quiere decir cumplir tu palabra y ser predecible siempre (aunque ellos no lo sean) en lo que respecta a rutinas como dejarlos y recogerlos a tiempo.

No intentes ganar discusiones mediante la lógica, la evidencia y el convencimiento. Incluso si entienden tu argumento, no vale la pena perder el poder, por lo que deben resistirse: "Es superinjusto. Me estás arruinando la vida. ¡Los papás de mis amigos no [llena el espacio]!". Y no des explicaciones de más. Los adolescentes tienen periodos de concentración limitados y las chicas se molestarán si usas de pretexto las explicaciones para discutir. Mejor habla de manera objetiva y sincera sobre cómo obtener más libertad a partir de la responsabilidad:

> "Demuéstranos que llegas a casa a tiempo este semestre y contemplaremos disminuir el toque de queda en las vacaciones de primavera."
>
> "Hagamos esto. En un mes revisamos tus calificaciones. Si los maestros no mencionan falta de preparación o trabajos no entregados o atrasados, te dejo de molestar con las fechas límites y las tareas. Ni siquiera voy a mencionar la tarea a menos que tú lo hagas. De todas formas, si quieres trazar una estrategia, aquí estoy. ¿De acuerdo?"

Como muchos adolescentes se oponen a las reglas para quedar bien con los amigos, puedes ponerte como pretexto: "Tu mamá y yo no tenemos problema con ser los malos. Dile a tus amigos: 'Mi mamá me mata si huelo a tabaco' o 'Mi papá me castigaría seis meses'."

Ten la confianza de sugerir otras alternativas para justificar una conducta responsable. Incluso si parece que los adolescentes no escuchan, sí lo hacen. Si los obligaras a llevar un micrófono, escucharías tus palabras. Por ejemplo: le podrían decir a sus amigos: "Esta temporada voy a jugar basquetbol, por eso no puedo tomar". Los deportes son un motivo práctico para zafarse de cualquier situación sospechosa y es un ensayo para actividades en grupo como el teatro, formar parte de una banda o un equipo de debate, así como para compromisos de trabajo como cuidar niños. Con los adolescentes más jóvenes, conviene asignar roles al tener estas conversaciones. Y siempre puedes responder con un mensaje de texto cifrado —por ejemplo, con la letra q—, por ejemplo: *no es una emergencia, pero te necesito en casa ahora. Cuando llegues te explico.*

EVITA ESTAS TRAMPAS

Ciertas estrategias de los padres molestan a los adolescentes o resultan contraproducentes y generan más conflicto. Evítalas en la medida de lo posible.

No los regañes frente a sus amigos.
Cuando sea preciso comunicar tu disgusto de inmediato (por ejemplo, si han sido groseros contigo frente a otras personas), diles: "hablamos después". Si siguen provocándote: "fin de la discusión".

No trates de recuperar su cercanía compartiendo detalles íntimos de tu vida o chismeando sobre sus amigos o los suyos.
Sortear sus emociones y vida social ya es de por sí difícil.

No los compares con sus hermanos cuando tenían la misma edad ni con su amigo o amiga educada.
Evita decirle cosas como: "Ramona me busca antes de irse para agradecerme por recibirla. Y tú ni siquiera levantas la mirada cuando entro a la casa".

No critiques a sus amigos o intereses amorosos
Lo que antes funcionaba con los amigos sospechosos de tus hijos cuando eran pequeños es aún más efectivo en la adolescencia: mantén a los enemigos cerca. En vez de señalar los aspectos alarmantes sobre el novio de tu hija, invítalo a cenar. La recompensa es que adquirirá mayor

perspectiva por sí misma, que pueda darse cuenta de que efectivamente es muy presumido.

No ofrezcas bienes o servicios y después te quejes
Ya sea que le laves la ropa, seas su chofer de noche o pidas pizza, hazlo con gusto o no lo hagas. Evita ser un mártir. Aprende a negarte sin sentirte culpable por ello.

No prometas guardarle un secreto frente a su papá o mamá
Si un adolescente dice: "mamá, te voy a contar algo. Es superimportante. Pero prométeme no contarle a papá", puedes responderle: "no te puedo prometer eso, pero espero que confíes en mi discreción". La alianza entre padres (sin importar si siguen siendo pareja o no) es crucial para la tranquilidad de un adolescente. Seguramente el adolescente terminará confiando en ti bajo tus términos.

No los regañes si llegan diez minutos más tarde de lo acordado.
Los adolescentes tienen pocas formas de afirmar su autonomía. Si llegan un poco tarde, recíbelos con cariño, evita el trasfondo iracundo o levantar las cejas.

EL ARTE DE ESCUCHAR A LOS ADOLESCENTES
Escuchar a cualquiera requiere una práctica atroz: permanecer en silencio y poner atención cuando en el fondo tienes muchísimas ganas de hablar. Las agendas frenéticas de la mayoría de las familias complican aún más escuchar a los adolescentes. No importa si estás esperando un torrente de chisme o si quieres sacarle un par de oraciones informativas, te tomará tiempo, así que tenlo en cuenta. Después escucha sin intentar defenderte, corregir ideas equivocadas o disculparte. Escucha para entender la perspectiva de tu hijo o hija, no para decidir si es o no acertada. Recuerda que escuchar no implica estar de acuerdo.

Tus hijos y tú no tienen la misma ambición, experiencia ni astucia. Tu objetivo es estar cerca de ellos, el suyo, alejarse. Mientras los escuches, ten en cuenta que los adolescentes recurren a las mentiras y la manipulación para separarse, con torpeza. Refrena cualquier impulso por exponer sus pretextos obvios o disculpas superficiales y automáticas (o humillarlos). Es fácil ponerte a la defensiva cuando pretenden verte la cara, pero recuerda que eres la mamá y déjalos que digan lo que quieran ("Mamá, papá, si hubiera sabido que se iban a enojar, *nunca* hubiera..."). Por mucho que quieran darlos por tontos, saben que no lo son. Su tarea es intentar salirse con la suya, abogar por su caso y defenderse. No les creas todo, pero tampoco tomes represalias atacándolos.

Reafirma tu reputación como persona que sabe escuchar con evidencia. Recuerda el nombre de sus amigos o rivales y subraya situaciones específicas que te contaron ("Esto me recuerda a aquella vez cuando Sebastián y tú hablaron mientras cruzaban todo el Bosque de Chapultepec"). Si la conversación se presta, menciona creencias que han compartido contigo, por ejemplo, sobre la injusticia y el karma. No las utilices para destacar la doble moral del adolescente o tu intelecto superior, sino como prueba de que has escuchado antes, que le has dado importancia a lo que te ha contado en ocasiones previas y lo has recordado, y que una vez más lo escuchas con atención.

No tienes que escuchar y responder en la misma conversación. Puedes ofrecer tu opinión después. Esto es difícil porque los adolescentes son muy insistentes y su vida social es muy fluida. Quieren la respuesta ¡AHORA! Si haces una pausa en la conversación puedes disgustar a tu hijo y quizás a una horda de zombis adolescentes enojados, así como a sus padres más indulgentes. No importa. Si necesitas tiempo para sopesar tus opciones, tómatelo. Puedes animarte recordándote que eres un modelo a seguir bastante bueno. Cuando a tu hija la presionen sus amigos: "apúrate, pruébalo...hazlo...tómalo", quizá recuerde tu respuesta retardada y conteste: "necesito tiempo para pensarlo".

Por último, por importante que sea escuchar, no siempre es adecuado. A veces puedes decir no. "Nadie va a Lollapalooza. Nadie. Ni hoy ni mañana."

CASCARRABIAS (ÉSE ERES TÚ)

Me descubro convenciendo más a los padres de no sentir vergüenza ni culpa que a los adolescentes. ¿La causa? Le gritaron a sus hijos. Acostumbro a contestar más o menos así: "Cuéntame algo nuevo. Eres el tercer padre que se sienta en este sillón y me hace la misma confesión". ¿Por qué los padres se enojan con sus adolescentes por hacerlo enojar? ¿Y después les guardan rencor, dejan de darles el beneficio de la duda y la próxima vez se enojan todavía más? ¿Por qué aunque se sienten muy mal no pueden evitarlo? Los padres pierden la paciencia con los adolescentes con mayor frecuencia que con los niños porque les temen y temen por ellos.

Cuando la confianza y conexión parecen estar al límite, es difícil obligarte a tensar las cosas aún más, enfrentar a tu adolescente en virtud de alguna ofensa, castigarle sus fondos o su libertad o decirle cualquier cosa que lo haga molestarse contigo. Las mamás no quieren ser esa mamá, la gritona fuera de control. Los papás no quieren ser ese papá, el hombre que no respeta a las mujeres o intimida a un chico. Pero como eres padre y no psicólogo infantil ni terapeuta durante crisis, será inevitable perder el control.

Y el horror: ¡tal vez se sienta muy bien! Estar enojado es mucho más estimulante que sentirse triste, desesperado o impotente. Todo ese pesar (porque tu hijo está creciendo y tú estás envejeciendo) es menos doloroso cuando lo eclipsa la ira justificada. Cuando esto suceda, procura disculparte antes de que termine el día. Sin defenderte, podrías decir: "Lamento haberte hablado así. Dije cosas que no siento porque me preocupas mucho y quiero [protegerte, sacarte de tu espiral negativa o cualquiera que sea el problema]. Tras reflexionarlo, dije cosas que no son acertadas ni justas".

Perder la paciencia de vez en cuando no es motivo para eludir disciplinar a tu adolescente. Aconsejo a los padres: "Es tu labor. Tus hijos son muy listos, pero un poco atontados, hacen cosas dudosas y peligrosas, tu labor es corregirlos y guiarlos. Nadie en la familia en la que creciste era maestro de la diplomacia, es natural aprender sobre la marcha". Tal vez algunos fueron criados por padres elocuentes, de voz suave, justos y francos, pero nunca he conocido a nadie así. Así que prosigue, con calma o sin ella.

MENSAJES: ¿TRAMPA O TESORO?

Mediante los mensajes los adolescentes pueden saludar, compartir sus sentimientos, hacer preguntas vergonzosas o reconocer sus errores de forma segura. La distancia permite más sinceridad y alegría que las conversaciones frente a frente. También permite dar buenas noticias.

>¡La familia de Mateo me volvió a invitar a Utah en el verano!
>¿A quién seleccionaron para ser embajador de la feria del pueblo?
>¿Quién ganó una beca de 1,000 dólares para la universidad? ¡Yo!
>¡Katie y yo! ¡Seee! ¡Lo logramos, mamá!

¿La mejor respuesta a este tipo de textos alegres? Emoticones de pulgares, confeti o estrellas fugaces sin la carga de preguntas directas como "en dónde" o "cuándo". Estas pueden esperar hasta que haya tiempo de una conversación amplia frente a frente que también incluya abrazos, hurras y detalles.

Sin embargo, para los padres, todo texto es una posible alerta roja, y lo veo cada vez con más frecuencia en el espacio alguna vez santificado de mi consultorio. Deben revisarlo, por si acaso. Los padres se convierten en una mezcla de operador del 911 y Rappi. Una mínima porción de los mensajes de los adolescentes son emergencias genuinas, pero decidir qué fracción lo es un reto, pues (incluso con los emoticones) no puedes escuchar el tono de voz de tu hija. No puedes ver su expresión facial. No puedes decidir si se están aguantando el llanto o si quieren desahogarse para seguir con su día. Así que a menos que el contenido de sus mensajes sea shakesperiano, siempre le faltará contexto.

La mejor forma de que un adolescente se vuelva un comunicador elocuente y seguro es hablar, sobre todo con los adultos. Cuando le escriben a sus padres eluden este tipo de interacción. Un adolescente que recién empezaba a manejar, hijo de una consultante, llegó a una gasolinera y se dio cuenta de que no sabía cómo abrir el tapón del tanque de gasolina. En vez de preguntar a alguien que tuviera cerca, le mandó un mensaje a su mamá, que estaba en sesión conmigo. Evidentemente, ella revisó su teléfono y le explicó qué hacer.

Los adolescentes y adultos más productivos y seguros que conozco apagan o ignoran las alertas de sus celulares cuando manejan, están en una reunión o están trabajando en algo que exige concentración. Si consideras la independencia cada vez mayor de tu adolescente un proyecto a largo plazo, te aliento a experimentar y esperar unos minutos o media hora antes de responder un mensaje que transmita preocupación o duda, incluso si estás disponible. Esta pausa le dará la oportunidad a tu adolescente de recuperarse de un momento de ansiedad o lo motivará a buscar ayuda o información. (Además, a ellos no les cuesta trabajo esperar quince minutos o una eternidad para responder *tus* mensajes.)

Para muchos padres, una modificación difícil en su conducta es limitar sus propios mensajes. Aconsejo a los padres detenerse antes de mensajear a su hijo para preguntarse: *¿Esto puede esperar? ¿Qué efecto tendrá en mi hija —en su independencia, privacidad, vida social y académica— que su mami o su papi la importunen?* Sí, es eficiente. Necesitas un poco de información y sabes que a esa hora come. Pero no sabes qué está haciendo en este momento. ¿Está coqueteando? ¿Está consolando a un amigo cuyos padres se divorciaron? ¿Está hablando con un profesor? ¿Está reflexionando a solas, tomando decisiones o soñando despierta?

En vez de ofrecer a los padres una serie de reglas incuestionables sobre los mensajes, sugiero que lo contemplen en términos de civismo familiar. Cuando los niños te envían un mensaje, tal vez te interrumpan. Cuando tú les envías un mensaje, tal vez los interrumpas. La familia puede hablar sobre situaciones apropiadas para mandar mensajes durante el día. El criterio básico es: "¿Puede esperar hasta que estemos frente a frente?". Si no puede, entonces que el mensaje sea breve y conciso. ¿Cuándo necesitas que pase por ti? Cuanta menos emoción, mejor.

Estos lineamientos no son pertinentes para los mensajes que los adolescentes envían para comunicar cosas demasiado sentidas como para hacerlo en persona. En esos casos, los padres pueden responder de inmediato, con sensibilidad, y mantener la brevedad de sus mensajes (en parte porque no podemos confiar en la privacidad de la comunicación digital). El mensaje puede incluir el valor del mensaje del niño y un plan para continuar la conversación en persona: *Gracias por contarme. ¿Hablamos hoy en la noche? XOXO.* Esto evita un patrón que identifico a menudo, un intercambio frenético, el adolescente implora o adula, el padre cansado cede.

Lo último sobre los mensajes: no te sientas acorralado. Los mensajes son un buen ejemplo del principio de "sólo porque puedes, no significa que debas". Los mensajes frenéticos se prestan para respuestas impulsivas, no para reflexionar (sobre lo que te genera la petición, el regaño o la información) ni investigar (hechos que confirmen o refuten tus corazonadas).

CONVERSACIONES PERDIDAS: EFECTOS SECUNDARIOS DE LA BÚSQUEDA DE UNIVERSIDADES

Una chica de quince años me dijo: "Todas las conversaciones con mi mamá parecen la entrevista a alguna celebridad o un interrogatorio de la policía". Los adolescentes necesitan espacio físico y emocional. Necesitan tiempo libre de adultos, sin estructura, para aprender a navegar su original mundo interior, así como el mundo exterior. Hoy en día los adolescentes también necesitan aprender a expresar lo que tienen en mente. A partir de las investigaciones formales y de los comentarios casuales de los patrones, queda claro que esta generación se comunica mejor por mensaje o en línea que en persona. Aprender a hablar con soltura y seguridad es una aptitud que sin lugar a dudas supondrá una ventaja en el futuro para tus hijos. Pero si de lo único de lo que hablan es de la escuela, las conversaciones serán tensas y breves. La adolescente se guardará lo que realmente le importa, y así cerrará la oportunidad de indagar en ideas y sentimientos complejos con un adulto dispuesto a escucharlo.

Entre las familias con las que me reúno durante sesiones y las que conozco en mis visitas a escuelas públicas y privadas, he identificado ciertos patrones que se relacionan de forma directa con la obsesión de los padres con el rendimiento académico y el ingreso a la universidad. Prepararse para los exámenes, las calificaciones, a qué escuelas solicitar, a cuántas: esta búsqueda implacable crea fricción y secuestra las oportunidades para tener un diálogo profundo, sincero y que ambos disfruten. Degrada las conversaciones drásticamente entre los padres y sus hijos.

Mis pacientes adolescentes han reaccionado a esta presión convirtiéndose en pequeños psicoanalistas, capaces de analizar toda expresión de sus padres. Pero cuando se les pregunta sobre ellos, adoptan la modalidad de entrevista de trabajo, cortés, formal y cautelosa. Como jugadores de póquer no se atreven a revelar sus pasiones indefinidas o intereses pasajeros por temor a que sus padres identifiquen material para su currículum y se abalancen sobre ellos ("¡Deberías hacer algo con eso!").

Recuerdo a un chico de quince años cuya madre lo había dejado en mi consultorio para una sesión. Ya no estaba en el edificio, mucho menos en el consultorio. De todas formas, se acercó para susurrarme: "¿Adivina qué? Escribí una obra de teatro".

Muchos adolescentes se pierden para ellos mismos porque sus padres exigen mucho cuidado emocional. Algunos (sobre todo los chicos) convocan a huelga, se niegan a estudiar o a entregar tareas. Los sindicatos lo denominan "conformidad maliciosa": asisten, pero no trabajan. Otros, siempre atentos y cautivos de la necesidad de sus padres por tener cierto estatus y seguridad, trabajan de más gustosos e incluso juegan de más (en deportes competitivos o al tener una vida social frenética, o ambas cosas) hasta que su cuerpo y espíritu colapsan. Desearía que se tratara de casos excepcionales, pero son tendencias que en mi práctica se van normalizando.

Por la prisa de ingresar a una universidad, los padres sacrifican la oportunidad de ver a sus hijos crecer. Tal vez creen conocer a su hijo o hija porque se han sentado con ellos para hacer lluvia de ideas sobre clases avanzadas y puntos por servicio comunitario, pero subestiman a su espíritu guía. Oculto del radar de sus padres, los adolescentes están organizando conciertos en el jardín, haciendo sesiones fotográficas, creando episodios web, fabricando cerveza de los lúpulos que plantaron en casa. Pueden aprender cualquier cosa en internet, así que están desarrollando sus intereses, habilidades y comunidades sofisticadas. Los padres que tienen la suficiente seguridad pueden ver este desfile sin juzgar ni entrometerse, reconocer que la expresión de uno mismo no es una pérdida de tiempo. La distancia compasiva es una manera excelente de alentar a los adolescentes a explorar su identidad.

"Los padres intentan solucionar demasiados errores antes de que ocurran. ¡Déjenos disfrutar el fracaso para mejorar! Déjenme fallar una vez", se lamentó un chico de doce años muy elocuente. Otro dijo: "Estoy probando para descubrir de qué soy capaz". Una chica de catorce años coincidió en esta frustración de tantos cuando me contó este intercambio: "Le conté a mi mamá: 'Me choca que mis amigos se quejen de sacar ochos. Creen que la vida se acaba', y me respondió: '¿Y por qué no te sientes igual?'".

CÓMO CONTROLAR EL TEMA DE LA UNIVERSIDAD

Las familias atrapadas en la carrera por ingresar a la universidad no se dan cuenta del temor y la vergüenza que ésta les infunde a sus hijos (si no entran a la escuela "adecuada"), así como el resentimiento por todo el tiempo dedicado a prepararse para los exámenes, esto además le da valor a los trucos y la memorización por encima de la profundidad intelectual. Para reducir la angustia innecesaria y proteger a los estudiantes de perder sus años de la preparatoria en pos de su futuro, los padres pueden mantener la campaña universitaria sensata y realista.

Es muy probable que tu grupo social esté infectado con el virus, así que busca perspectiva e infórmate sobre el precio financiero, espiritual y moral de entrar a una carrera frenética. Empieza con el manifiesto del profesor de Yale, William Deresiewicz, *Excellent Sheep: The Miseducation of the American Elite and the Way to a Meaningful Life*, y luego *Where You Go Is Not Who You'll Be: An Antidote to the College Admissions Mania*, de Frank Bruni.

Para prepararte para hablar sobre la selección de universidades, contempla realmente a tu hijo o hija. Reflexiona sobre las siguientes preguntas, son diferentes de las que te planteará el orientador universitario en el formato tradicional:

- ¿Qué le gustaba hacer a tu hija a los cinco, seis o siete años?
- ¿En qué entornos parece relajado y vigorizado?
- ¿Acaso tu hijo insiste en quedar en una escuela en particular para competir con o distinguirse de alguno de sus hermanos? ¿Para darte gusto? ¿Para darte un disgusto?
- ¿Ha expresado interés en algún campo de estudio en el que no ha tenido experiencia? ¿Le atrae una parte del país o del mundo?

Después de haber reflexionado sobre estos temas o de haberlos hablado con tu hijo, regálale un libro que le ayude a investigar sus intereses o apetitos. No tiene que ser sobre universidades, podría ser un libro sobre un estado o una ciudad, o un área de estudio. Hay tanta información sobre universidades en internet que un libro impreso puede ser una forma original de centrarse en un aspecto placentero de la búsqueda. También indica que apoyas más sus pasiones individuales que el prestigio de las universidades. Si termina añadiendo opciones excéntricas a su lista, déjalo que las explore (si no hay restricciones financieras), pero exígele que pague la cuota de solicitud.

Cuando visiten escuelas, siempre espera la respuesta de tu hija antes de dar la tuya. Préstale atención a su instinto en el campus. Mi hija menor tuvo una experiencia muy clara: describió que los alumnos de una de las escuelas que visitamos estaban "demasiado contentos" y en otra, "demasiado tristes". Media hora de haber llegado a su futura alma mater, me dijo: "mamá, me siento como en casa".

Recuérdale a tu adolescente que toda aceptación implica un grado de suerte o privilegio (por ejemplo, estatus, influencia o riqueza de los padres). Las estadísticas sobre las tasas de cambios pueden apaciguar la preocupación o decepción de un adolescente: un tercio de los universitarios se cambian de escuela antes de graduarse. A tu hijo puede o no gustarle la universidad que elige, pero si no le gusta, siempre se puede cambiar.

Para los alumnos, el proceso de decidir a qué universidad solicitar, esperar los resultados y ser aceptados o rechazados es como salir a una cita desnudo y que te rompan el corazón en público. Es particularmente difícil porque parece que su decisión tiene muchas repercusiones, aunque son muy jóvenes como para conocerse bien. Tu perspectiva y sensatez adultas son su ancla en este huracán.

Lo último, pero no por ello crucial: que la mesa del comedor sea una zona libre del tema universitario. Ya tienen una regla familiar de no usar el teléfono en la comida, agrégale no hablar sobre la universidad y comprueba que las conversaciones se expanden hacia territorios más variados e interesantes. Esto también limita la aprensión colateral que experimentarán los hermanos menores a medida que se preparen para sus propios maratones universitarios.

EL SUEÑO PODRÍA SER EL ESLABÓN PERDIDO

Además de la locura de la admisión a la universidad, la falta de sueño tiene el efecto más nocivo, y desconocido, en las relaciones entre padres y adolescentes. No es infrecuente que los padres confundan la falta de sueño de sus adolescentes con un trastorno del estado del ánimo, trastorno de déficit de atención o de la memoria. Los padres aterrados llegan a mi consultorio cuando se derrumba la disposición o productividad de un adolescente o cuando todas las conversaciones terminan en peleas. Una de las primeras preguntas que les planteo es sobre el sueño. En promedio, los adolescentes requieren dormir entre nueve y diez horas cada noche.[6] Estudios recientes realizados a niños y adolescentes vinculan los malos hábitos de sueño con mayor riesgo de ansiedad, depresión, conducta impulsiva y disminución del rendimiento académico.[7]

Arreglárselas con un par de horas de sueño se ha convertido en una táctica de administración de tiempo y una medalla de honor entre los adolescentes. Cuando entrevisté a alumnos para averiguar cuánto estaban durmiendo, recordé a los SEALS de la marina o a los *rangers* del ejército. Uno de ellos afirmó con sobriedad: "Duermo diez horas", pero el resto reportó: "Seis", "Yo cuatro", "¡Nunca duermo!".

En el caso de los adultos, el sueño previene el aumento excesivo de peso pues le permite al cuerpo procesar los carbohidratos de manera eficiente, fortalece los sistemas inmunológicos y cardiovasculares y protege contra la depresión y la irritabilidad. Todos son aspectos positivos, todos ellos valen la pena. Pero para los adolescentes, quienes se están desarrollando físicamente y sentando redes neuronales para toda la vida, los beneficios del sueño son extremos. Un ejemplo: durante el sueño, las señales eléctricas en el hipocampo (el centro de la memoria del cerebro) revierten su dirección, van en sentido contrario para "editar" la información innecesaria de la entrada de ese día y restauran las sinapsis para que al día siguiente puedan absorber mejor nueva información.[8] Para los adolescentes esto es fundamental pues están en una etapa de crecimiento y tienen la carga pesada de aprender todos los días. El sueño también incrementa el tiempo de respuesta en el desempeño atlético. De manera literal, refresca la mente, cuerpo y espíritu de un adolescente.

Estudios realizados a adultos demuestran que cuando las personas que habitualmente duermen entre siete y ocho horas duermen cinco o seis, se convencen de que se adaptan a la pérdida. Sin embargo, el investigador de los fenómenos del sueño de la Universidad de Pennsylvania, Philip Gehrman advierte: "Si estudias su desempeño en las pruebas de lucidez y rendimiento, cada vez salen peor. Llega un punto en la carencia de sueño cuando perdemos de vista las disfunciones que padecemos".[9]

Una forma de resolver si los adolescentes no están descansando bien es la frecuencia con la que enferman, porque las personas que duermen mal son más susceptibles a enfermarse. Si tu adolescente está durmiendo poco y enfermando con frecuencia, discutan qué actividades puede limitar. Tal vez se resistirá porque no reconoce lo mucho que le perjudica. Mediante la prueba y el error encuentra el modo de hacer ajustes. Como los adultos, algunos adolescentes son alondras y otros búhos, así que tenlo en mente cuando programes las horas de sueño con tu hija.

CÓMO TRANQUILIZAR A UN ADOLESCENTE AFLIGIDO Y CÓMO SABER SI EL PROBLEMA ES GRAVE

Al adolescente promedio lo abruman las emociones sombrías: vergüenza, ira, desesperanza, impotencia. En estos momentos, tal vez tengas la tentación de minimizar su pesimismo, recordarle la alegría que ha sentido en el pasado y asegurarle que la volverá a sentir. Esto no le ayuda porque su capacidad de razonar está paralizada. Está atascada en un presente insoportable e imaginar un futuro con una felicidad vaga es demasiado abstracto.

En un artículo para *The New York Times* titulado "How to Talk to a Stranger in Despair", Jaime Lowe entrevistó a un especialista en negociación de crisis, la sargento Mary Dunnigan y le preguntó cuáles eran sus técnicas para convencer a los suicidas de bajar de las cornisas.[10] Con algunas modificaciones, estas estrategias son sorprendentemente efectivas para hablar con los adolescentes durante su confusión emocional. La clave es mantener viva la conversación aun cuando tu hija te asuste con amenazas, recurra a suposiciones distorsionadas o ilógicas o sea catastrófica. Prueba con estas tácticas:

- Escucha con atención sin interrumpir.
- No critiques.
- No intentes convencerla recurriendo al sentido común.
- No intentes resolver el problema en ese preciso instante.
- Repite frases sencillas, reconfortantes como: "Te escucho", "Ay", "Suena difícil".

- Dile: "Vamos a hacer una pausa porque quiero asegurarme de que estoy entendiendo bien. Me parece que estás diciendo que tu profesora de historia del arte tiene alumnos favoritos. ¿Hay algo que no me estés contando?"
- Con gentileza y vacilación, ofrece una perspectiva más amplia. "Su clase terminará este trimestre, y nunca tendrás que tomar otra clase con ella, ¿cierto?"
- Procura distraerla y centrarte en un problema o incomodidad pequeña que se pueda resolver en ese momento. ¿Tiene hambre? ¿Se siente sucia? ¿Le caería bien un baño caliente? ("Tienes que lograr que sientan frío y tengan hambre, para que se centren en algo más que en su desesperación interior", asegura Dunnigan.)

De vez en cuando (aunque no con la frecuencia que sugieren los sitios más histéricos de internet), un adolescente padece una desesperación o depresión seria. Es más complicado saber cuándo preocuparse por un adolescente que por un niño pequeño porque los adolescentes son más reservados. En todo caso hay señales que te permitirán saber si es hora de buscar la ayuda de un profesional.

¿Se están ocultando en su habitación con más frecuencia de la normal?

Todos los adolescentes escapan a su habitación, pero si notas un incremento drástico, pon mayor atención a otros aspectos de su vida.

Si pasan mucho tiempo en redes sociales o juegos, ¿se dedican sobre todo a observar?
Investigaciones demuestran que esta conducta indica mayor riesgo de depresión y ansiedad porque los adolescentes recurren a los sitios para hacer comparaciones sociales, no para conectar. Para resolver si es el caso, pregunta con discreción sobre sus hábitos en línea, pues lo más probable es que te tengan bloqueado de los sitios o apps importantes. Escucha cuando te cuenten sus descubrimientos en línea, a quién han conocido, qué están haciendo. ¿Parece el portal activo de una comunidad emocionante que corresponde a sus intereses o un consumo pasivo? Tal vez no sea tan evidente. Por ejemplo, los chicos hacen algo que desconcierta a los padres, ven videos de otras personas jugando videojuegos.

Es una actividad pasiva, pero también divertida y así aprende estrategias nuevas. También puedes preguntar en un tono genuinamente curioso: "Qué te gusta de ver a otros jugar?"

¿Participan en clase?
Algunos alumnos son más extrovertidos y participativos que otros. Para saber si ha cambiado la conducta de tu hija o si parece estar ausente mentalmente, consulta con uno o más maestros.

¿Han bajado sus calificaciones?
Si las calificaciones son considerablemente peores de lo normal, podría ser señal de aflicción emocional, aunque también, que la carga de trabajo es muy pesada. Como a los padres les preocupa tanto que los niños tomen todas las clases avanzadas posibles, es frecuente que los niños terminen en clases para los que no estén listos. Se sienten agobiados, pero les avergüenza y temen haberse dejado convencer y pagar las consecuencias. El estrés, la vergüenza y el temor pueden ocasionar depresión.

¿Se han distanciado de sus amigos?
Es normal que los chicos en la secundaria y preparatoria cambien de grupos de amigos, pero pon atención al aislamiento excesivo.

¿Cómo se comportan con sus hermanos menores, primos o familia lejana?
¿Sale a relucir la dulzura de tu hijo o más bien está distante y es severo?

¿Hay señales de que podría estar lastimándose?
Éste es un problema más frecuente entre las chicas. Si se están cortando, usarán mangas largas, pantalones o faldas largas cuando el clima exige un atuendo más ligero.

¿Están bajando de peso o adoptando dietas extremas?
Verás evidencia de la pérdida de peso, pero el adolescente negará los motivos. Es frecuente que los adolescentes con trastornos alimenticios le digan a sus papás que ya comieron.

¿Qué dicen los abuelos?
Si tu hijo es cercano a los abuelos, consúltales esta lista. Tal vez se han dado cuenta de algo que se te ha escapado o tu hijo les ha contado algo.

Para confirmar si tu adolescente podría requerir terapia psicológica, observa su conducta en los mayores entornos posibles y escucha los comentarios de las personas en su entorno, sin tampoco invadir mucho la vida del niño. Si todas las piezas del rompecabezas forman un patrón inquietante, querrás agendar una cita con un especialista que trabaje con adolescentes. No es necesario llevar a tu hija o hijo a la primera reunión. Cuéntale al terapeuta lo que han notado, pregunta si deben preocuparse y si es pertinente reunirse con él o ella.

LO QUE LOS ADOLESCENTES DESEARÍAN QUE SUS PADRES SUPIERAN

Cuando doy una conferencia, acostumbro pasar parte de la tarde entrevistando a grupos pequeños de alumnos de la secundaria o preparatoria local y les pregunto qué les gustaría que supieran sus padres. Al principio me sorprendió su sensatez, generosidad, sentido del humor y agudeza. Ahora la espero y la disfruto. Antes de abordar las tácticas específicas para hablar con los y las adolescentes, mira lo que alumnos de todo el país le dirían a sus padres si pudieran.

¿De qué se preocupan tus papás sin motivo?

> "Creen que las malas calificaciones borran las buenas. No entienden que cuando nos juzgan, sus juicios se suman a los juicios de nuestros compañeros de clase, maestros, responsables de admisión a la universidad y los propios."
> "Se preocupan, pero ya estoy preocupado. O preguntan si estoy preocupado cuando ya decidí: 'Voy a ver qué tal'."
> "Esperan que sea igual de inteligente que mi hermano."
> "Hacen muchas preguntas: '¿Con quién te sentaste en el lunch? ¿Qué comiste? Cuéntame todo lo que pasó entre las ocho y las tres'."
> "Preguntan: '¿Con quién te mensajeas? ¿De qué te mensajeas?'."

184

¿Qué te gustaría aconsejar a tus padres?

> "Si te pido que me revises la ortografía y sintaxis, no quiere decir que quiero que me reescribas la tarea."
>
> "Existe una diferencia entre presión y motivación."
>
> "Mi cuarto es mi templo."
>
> "No se comporten como si solo hubiera dos posiciones: adelantado o atrasado."
>
> "Que tú te hayas alocado a mi edad no significa que voy a asesinar o embarazar a alguien."
>
> "Por favor escuchen en vez de pensar cómo van a responder."
>
> "Pregúntame por mi vida, no nada más por mis calificaciones. Pregúntame: '¿Cómo estás?'."
>
> "Sigan haciendo lo que hacen, pero tranquilícense."
>
> Una versión en TODAS las escuelas: "¡Relájense!"

¿Qué gestos dulces tienen sus papás que tal vez no se dan cuenta de que ustedes valoran?

> "Cuando de pronto aparece mi helado favorito en el congelador."
>
> "Mi papá ve *The Walking Dead* y *Family Guy* conmigo."
>
> Una niña de sexto de primaria, visiblemente sonrojada: "a lo mejor esto suena patético, pero me encanta cuando mi papá me tapa un poquito cuando estoy dormida y él llega tarde del trabajo. Aunque ya esté tapada".
>
> "Cuando mamá me habla del mundo y no de la universidad."
>
> "Cuando mamá me manda un mensaje antes de un examen: *suerte, te amo*, en vez de: *¿cómo te fue?*"
>
> "Mamá me sorprende con detalles, como un anillo en forma de *hot cake* y con aroma a *hot cakes*."
>
> "Cuando papá le dice a mamá: 'Deja que pruebe'."

CAPÍTULO 7

El alumno de intercambio de Kazajistán

Los chicos adolescentes

Nadie me ama más que mi madre,
Y ella también podría estar mintiendo.

B. B. KING,
"Nobody Loves Me but My Mother"

Deja sus rastros torpes en las series, las películas, los blogs y los cómics. Evita hablar directamente con los adultos, sobre todo sus padres, a partir de los trece años y hasta entrar a la universidad. El tema de cualquier declaración voluntaria está limitado: flips de talones en la patineta, su estrategia completamente original para Clash of Clans, la catarsis y la verdad de las letras del hip-hop. Lograr que responda preguntas de forma directa es casi imposible. Descifrar los mensajes ocultos en los chistes privados que cuenta entre dientes y su lenguaje o *slang* es agotador. ¿El resultado? Seguro otro pretexto o negativa, o la mentira transparente o disimulada que grita desde la puerta cerrada de su cuarto.

El estereotipo podría ser el material de la buena sátira, pero se basa en la ciencia: la neurobiología del desarrollo normal de un niño. A medida que un niño crece, la estima por sus padres disminuye. ¿Cómo es que el mejor papá del mundo se convirtió en un tirano irracional? ¿Y la mamá cariñosa en una lata inoportuna? Él no lo sabe. Pero sí sabe en dónde encontrar un santuario de sus tormentos. Después de asomarse al refrigerador, está seguro tras la puerta cerrada de su cuarto. La libertad de la humillación pública de una erección sorpresa... su adorada cama con el edredón viejo y desgastado de *Star Wars*. ¡Audífonos! ¡El paraíso de los videojuegos! ¡Su guitarra! Privacidad, descompresión. Ahhh...

El silencio de los chicos adolescentes y su hermetismo invitan a los padres a llenar los espacios en blanco con la imaginación. Los noticieros incitan sus miedos, sugieren que todos los chicos adolescentes están a un paso de dispararle a su compañero de clase, enfrentar cargos por abuso sexual o jugar videojuegos en línea hasta quedar con daño cerebral y endeudado. Este mensaje escandaloso del exterior alimenta la desesperación que los padres sufren en silencio. Padecen la pérdida de ese adorable pequeño que les pedía recostarse con él hasta que se quedara dormido, le leyeran un cuento o escucharan el chiste más gracioso del mundo. Ese chico se ha ido, en su lugar, hay un chico cauto y arisco que aparta la mirada y se pone rígido si intentas abrazarlo.

A medida que recorre el camino que lo lleva de la infancia a la juventud generosa y serena, la reticencia de tu hijo es normal. Su embarcadero es más grande, en él cabe su cuadrilla de mejores amigos de la escuela, compañeros de equipo, nuevos adultos que lo inspiran, tal vez novia. Si no interpretas su brusquedad como afrenta hacia tu persona, las pláticas con él pueden ser más divertidas y reveladoras de las que tendrás con cualquiera. Sin embargo, son pertinentes ciertas reglas y condiciones. Cuando se trata de hablar con los chicos adolescentes, hay diferentes dinámicas entre la madre o el padre y el hijo. Revisémoslas primero.

MI MAMÁ, NERVIOSA Y METICHE

Para un adolescente el autocontrol es un recurso limitado y su provisión se le agota antes de la hora de la comida. Todo el día ha cumplido con destreza una serie de reglas complejas que implican cambiar sus códigos: se dirige a sus profesores con respeto; elige la mezcla precisa de fanfarronería, camaradería y diversión que le permiten conservar su membresía en su grupo de amigos, y escucha con cuidado la dirección sutil aunque crucial del director de orquesta, entrenador de natación o tutor. Llega a casa exhausto de las exigencias mentales y físicas de su día. Un momento. ¿Quién merodea fuera de su cuarto? La mujer antes conocida como mami, dispuesta a saberlo TODO: "¡Hola!, ¿cómo crees que te fue en el examen de ciencias sociales? ¿Ya decidiste si vas a la audición para el musical? ¿Ya estás listo para la reunión del sábado?".

El chico sabe que es prudente eludir esta conversación porque sus respuestas honestas ("No sé. Todavía no. No.") decepcionarán y levantarán sospechas, que mamá pasará a papá. Y papá las interpretará como grito de guerra. Así que el chico susurra algo o finge estar dormido o se escuda con las mínimas palabras posibles: "después, mamá, mucha tarea".

Los adolescentes se distancian de mamá en parte porque es mujer. Tiene senos, que él sentirá cuando lo abrace o verá cuando ella se incline para revisar su tarea. Como no puede predecir cómo reaccionará su cuerpo, lo más seguro es distanciarse.

Pero también es una situación más compleja, no sólo hormonal. El instinto protector de mamá —un impulso natural y comprensible— la llevará a identificar el peligro latente en lo que le cuenta el chico, en vez de responder con curiosidad neutral. Los chicos saben que si se muestran emocionados por un viaje nocturno a una reserva natural con su clase de biología, papá, distraído, responderá: "¡Genial!", pero mamá responderá: "Genial", y después le hará una letanía de preguntas sobre el clima, los mosquitos, la ropa adecuada, la comida y el tipo de vehículo que transportará a los alumnos. Como madre, te resultará difícil no adoptar un tono de preocupación, incluso si cuidas tus palabras. Necesitarás desengancharte de esos hábitos si quieres convencer a tu hijo que es seguro hablar contigo.

En el transcurso del desarrollo de un adolescente, anhela asegurar la devoción y afecto de su madre. Esto puede darse de manera natural, o puede exigirle a la madre que lleve el registro de las heridas personales que le han infligido los hombres en su vida: hermanos a quienes se les permitió atormentarla o cuya crueldad se ignoró; el vacío emocional creado por la ausencia de su padre, la falta de un hombre fuerte, generoso en su infancia o en su entorno laboral actual. Este inventario le permite a mamá proteger a su hijo de sus propios prejuicios y proyecciones. También disminuye la posibilidad de que, sin querer, lo trate como chivo expiatorio, un blanco fácil para vengarse.

Cuando hables con tu hijo, evita empezar el encuentro con una avalancha de preguntas o palabras. Calienta. Una expresión facial relajada y mirada amistosa envían un mensaje no verbal: *Me alegra verte*. Ofrecer comida en vez de preguntar si quiere, derriba sus defensas. Para que la conversación fluya, es esencial interpretar señales, indagar y mostrar interés en su entusiasmo y convicciones. Como ejemplo, esta lista de súper que un chico de dieciséis le entregó a su mamá cuando le preguntó qué quería del súper:

- Brócoli y coliflor, orgánicos, de producción local
- Leche de almendra orgánica, sin azúcar
- Crema de nuez de la India, cruda, orgánica
- Carne de res, alimentada con pasto

Cuando la mamá me contó, me dijo: "¿Cómo ves? ¿Desde cuándo es tan sano? Hace dos días se zampó unos tacos en un puesto de la calle. ¡La carne de res alimentada con pasto cuesta el doble que la normal!".

Aunque a la mamá le parezca excéntrica, esta lista es el tipo de objeto que invita a un interrogatorio sincero, siempre y cuando puedas controlar poner los ojos en blanco. ¿Por qué res alimentada con pasto? ¿Por la sustentabilidad? ¿El sabor? ¿La probabilidad de que la res alimentada con pasto reciba un trato más humano que aquella de la industria? Las respuestas del chico te darán indicios de su sensibilidad actual y tus preguntas le asegurarán que valoras su perspectiva.

En casa puedes aprovechar dos vías para conversar. Una es accidental: entra a la cocina mientras estás preparando la cena y le dices: "Necesito ayuda para picar las verduras. ¡Gracias!". Si se olvida que prefieres que rebane las zanahorias en diagonal y del mismo tamaño, no digas nada. O: "Tenemos dos rastrillos y muchas hojas en el jardín, vamos a darle una pasadita". O: "Hay que doblar estas toallas", "Ayúdame a decidir qué revistas tirar y cuáles conservar". Trabajando juntos, empezará a hablar. Escucharás, murmurarás de vez en cuando con interés o le preguntarás algo que tenga que ver directamente con lo que te está contando (y que no se desvíe a un aspecto de su vida que te preocupa).

Cuanto más intencionada sea la versión de estos intercambios es una ramificación de la ciudadanía familiar de la que ningún chico, sin importar lo estudioso o talentoso que sea, debe quedar exento. Tu hijo necesita ser responsable de algunas labores domésticas, y mientras las ejecuta, puedes acompañarlo y ocuparte de las tuyas, no lo interrogues, mejor comenta algo general como algo que no lo incluye, como las noticias o un chisme local. Incluso si lleva sus audífonos, tu presencia puede perturbar las ondas hertzianas como para que se los quite y haga su contribución, por mínima que sea, a tus comentarios.

Advierto a las mamás que no le pidan demasiado apoyo a sus hijos adolescentes con la tecnología. Así como le pregunto a los padres de niños pequeños: "¿Qué porcentaje de sus conversaciones consisten en regañar, castigar o recordar?". Pregunto a los padres de adolescentes qué porcentaje consiste en solicitudes para ayudarlos con aparatos. Si es muy a menudo, los chicos pueden sentirse explotados.

Entonces, para las mamás de chicos, lo principal es buscar maneras de entablar conversaciones sobre temas de interés para el chico y controlar su tendencia natural de preocuparse y pensar demasiado. Un antídoto confiable para la ansiedad: consulta con un amigo de confianza o pariente (no con tu pareja) que conozca bien a tu hijo. Verlo a través de los ojos de un observador que lo quiere te dará otra perspectiva y quizá te tranquilizará.

MI PAPÁ, PECULIAR Y CRÍTICO

Los chicos adolescentes se distancian de sus papás porque, desde su punto de vista *guau, cómo ha cambiado papá*. A los cinco años, los niños ven a papá como un héroe, tan alto, sobre todo cuando los cargan en los hombros. ¡Es un privilegio estar cerca de papá! El esplendor de jugar Monopoly a solas con papá, ir juntos al parque para perros y de regreso comprar donas, o subir las bicis al coche e ir al lago a dar un paseo y después nadar: todo esto hace que un chico se sienta poderoso y protegido.

Después, entre los nueve y los catorce, se disipa la admiración. Los ritmos naturales del niño y el hombre discrepan. Ahora un viaje padre e hijo para pescar puede parecer un secuestro inocente, aunque agobiante: de ritmo lento, incluso solitario. El gusto de papá en música y películas, su orgullo al conseguir asientos en un palco para los *playoffs*... *mmm*, comparado con el amor de su hijo por, en palabras del psicólogo Carl Pickhardt: "El renegado, lo urbano, la percusión". Ahora está cautivado por un DJ de YouTube, por las groserías que dice su entrenador *siempre* y, desde luego, por todo lo relacionado con su primo de diecinueve años, tan genial y perfecto, "superdivertido y me entiende", a diferencia de papá.

No es sólo que el papá y el hijo adolescente tengan menos intereses en común. Convivir con papá implica que lo puede juzgar con negatividad dada la visión anticuada de papá para... ¡todo! A pesar de que el adolescente exalte menos a papá, de todas formas quiere su aprobación y teme sus críticas.

Los padres suelen ser más críticos de sus hijos a medida que éstos crecen. Sus intenciones son buenas: quieren asegurarse de que los chicos se las arreglen solos en el mundo. Pero a veces los papás no son conscientes de lo mucho que ha cambiado la situación para los jóvenes (y lo seguirá haciendo). Si por ley de vida toda generación debe superar a la anterior, ¿cómo harán estos chicos para superar a sus padres? Los papás asumen que su propio camino para llegar al éxito es el más seguro para sus hijos, pero es posible que ese camino ya ni siquiera exista, o por lo menos que haya cambiado. Los padres no entienden la nueva economía y los papás no necesariamente entienden en qué radica el atractivo de un candidato a la universidad. El hijo lo sabe, pero al mismo tiempo se compara con el padre y se pregunta: ¿Cómo consigo que se sienta orgulloso de mí? El dilema es agobiante y la respuesta más sencilla para el chico es abstraerse.

¿Cómo pueden los padres conectar con esta criatura vulnerable, aunque quisquillosa? Haciendo lo que siempre han hecho mejor: convivir y divertirse. Muchos papás a quienes les encantaba hacer el tonto con sus hijos de pequeños no se dan cuenta de que compartir tiempo libre con un adolescente es vital para conservar ese lazo. Comienza con versiones actualizadas de pasatiempos de antaño: tal vez una bici de piñón fijo para su cumpleaños, así podrán dar paseos juntos y él se verá genial mientras domina una nueva habilidad. Si te gusta esquiar y a tu hijo el snowboard, vayan a una montaña en la que puedan descender por la misma pendiente.

En casa pueden ver maratones de su serie favorita, procura ver la emoción y el humor de la serie. Pidan dos pizzas. Relájate. No vas a hacerlo todos los días, pero la experiencia compartida te dará un nuevo conjunto de referencias y chistes, un tema de conversación interesante para tu hijo. Todas estas actividades exigen fe y compromiso porque hacen que papá salga de su modalidad acostumbrada para resolver problemas.

Los papás que temen que nunca recuperarán el respeto y la admiración de sus hijos adolescentes, pueden encontrar consuelo en la famosa observación de Mark Twain: "a los catorce años, mi papá era tan ignorante que no soportaba estar cerca de él. Pero a los 21, me admiraba lo mucho que él había aprendido en siete años".

ESTRATEGIAS PARA CONVERSAR CON CHICOS ADOLESCENTES

Para prepararte para conversar con un adolescente, es útil recitar un breve discurso motivacional: *Voy a fingir que este joven es un alumno de un país extranjero. Parece seguro, pero no lo está. ¡Cuánta energía y entusiasmo! Aunque no hay que confundir su tamaño y CI con madurez.*

La comunicación efectiva con los adolescentes es breve y directa. No toleran los sermones ni las explicaciones interminables. Sé breve, mas no terminante: puedes ser directo y tener tacto. El sentido del humor ayuda, pero siempre y cuando no sea a su costa. Incluso si los dos disfrutaron de hacer bromas cuando era pequeño y su forma de comunicación principal con sus amigos sea criticar, en esta etapa es demasiado sensible para el zarandeo emocional con sus padres. Los comentarios sarcásticos de mamá o papá pueden avergonzarlo o inspirar rencor.

La testosterona maneja el estado de ánimo y el deseo de tu hijo. Los cambios en su cuerpo lo sacan de quicio: dar el estirón de repente, voz aguda, durante meses no pasa *nada* y no crece ni un centímetro. Se mezclan los sentimientos fuertes, pero debe ocultarlos, aguantar las lágrimas. El aspecto positivo, a diferencia de cuando era pequeño y tenías que hablarle en voz alta y frente a frente, en esta nueva fase de la vida posee un oído excelente y es elocuente. Su falta de respuesta a "una pregunta inocente, ¡caray!" no indica que no te haya escuchado o entendido. Quiere decir que lo está pensando o no quiere responder. Por tanto, como dicen los adolescentes, no es necesario gritar.

Esperar sentir envidia. Antes eras su héroe, pero ahora tu hijo encuentra inspiración en otro lado. Su capacidad para atraer a mentores es un sólido indicador de su éxito futuro en el mundo exterior, así que aliéntalo, en vez de sospechar, cuando te cuente los atributos asombrosos de su profesor o entrenador favorito, alumno mayor o novia.

Habla con franqueza sobre tus propios tropiezos o debilidades, pero no con demasiada frecuencia. Comparte estas anécdotas jovialmente, acepta que nadie supera las tonterías, los errores y la vergüenza.

Busca información gratuita. Si empieza a hablar, deja tu aparato o apártate de la pantalla. Déjalo que hable hasta que él concluya la conversación. Si está negativo —se queja de los idiotas de la escuela, las políticas injustas para calificar o el favoritismo—, elógialo. Es bueno que se desahogue. Si su relato es aburrido, muy largo o carece de una narrativa interesante, escucha, escucha y escucha, y después plantea preguntas para demostrar tu entusiasmo y cómo resumir la historia, siempre con sutileza.

> **Papá:** ¿Sugieres que quieres ser DJ?
> **Hijo:** ¡Tengo todo lo que necesito! A Jasper le van a pagar para ser DJ en la fiesta de cumpleaños de Sofía y sólo tiene cinco horas de música.
> **Papá:** ¡Y tienes cuatro días!

No recurras a la razón o a la evidencia para refutar sus ideas ignorantes, exageraciones o percepción distorsionada. No impongas tus intenciones ocultas o un tema similar. Ten en mente que la plática ridícula o extravagante es crucial. Madurará hasta que compartan sentimientos y opiniones con seriedad si demuestras ser de fiar. Esto tomará tiempo y paciencia.

En todas las conversaciones con tu hijo adolescente ten en cuenta lo siguiente.

Tono y frecuencia

Un tono suave tiene la virtud de tranquilizar y transmitir respeto incluso si tu mensaje contiene una reprimenda necesaria. En vez de gritar, procura repetir lo que dijiste más despacio. O contempla la importancia de tu pregunta o comentario. Puedes dejarlo pasar.

Si el tono de tu hijo es despectivo, evita responder igual. A pesar de su jactancia, su orgullo es profundamente delicado. Un tono mordaz alimenta el ridículo al que se enfrenta todos los días por cuenta propia cuando despierta y descubre el peor brote de acné de la historia, cuando se da cuenta de que es el segundo chico más bajo en su salón o se decepciona porque no entró al equipo de beisbol. Un tono cortés transmite respeto y esto a su vez fomenta el respeto por sí mismo.

Si no ha cumplido con un acuerdo o asumido la responsabilidad que le tocaba, procura no sonar indignado ni asqueado. Mejor di:

> "Acordamos que no me metería en tu tarea si tus calificaciones se mantenían estables. Bajaron y ahora voy a tener que monitorear qué haces con tu día."
>
> "Lamento que no te sientas bien, pero tienes que sacar la basura."

Cuando exprese sus sentimientos, recurre a un tono tolerante, curioso, casi tentativo: "parece que Carter te decepcionó, ¿o me equivoco?". Ten cuidado pues tu interpretación puede ser equivocada, pero si tienes razón, puede resultarle incluso más doloroso. Si lo niega, acéptalo: "No estaba, así que no tengo los detalles. Estoy seguro de que tu opinión es más acertada".

Tempo

Despacio o tu hijo sentirá que está participando en un debate, por rápido que reaccione su mente. Haz una pausa entre su pregunta, ataque o petición y tu reacción. Esto te da tiempo para reflexionar, incluso un milisegundo. Cuando tu hijo impaciente exija: "¡Necesito saber *ahora*!", recuérdate que tienes derecho a pensarlo.

Expresión facial

Si bien los niños pequeños suelen estar muy ocupados en sus cosas o muy concentrados en sus juegos como para estudiar la expresión de sus padres, los adolescentes tienen una capacidad asombrosas para leer tus mensajes no verbales. Si tu hijo está cerca para verte hacer una mueca de dolor o sonreír con suficiencia, incluso si lo hace por el rabillo del ojo, se dará cuenta. A veces querrás comunicarte sólo con la mirada. En otras ocasiones, ejerce la misma discreción consciente con tus expresiones que con tus palabras.

Lenguaje corporal

Mamás: quizás una palmadita cariñosa y breve en la espalda, brazo o cabeza (ajustada según lo cómodo que se sienta por el contacto) sea aceptable cuando les hablan. Por lo demás, mantengan una distancia física respetuosa. No se le acerquen mucho ni busquen acurrucarse con él en el sillón.

Papás: a veces pueden abrazarlos con fuerza. Recuerda el lenguaje corporal espontáneo de los futbolistas cuando celebran un triunfo: abrazos de oso, nalgadas y gritos tan exuberantes que estos hombres gráciles pierden el equilibrio y terminan en una pila de alegría y compañerismo en el piso. Si tu hijo y tú comparten un logro personal —"¡Papá!, ¡escalamos en menos de tres horas!"—, puedes soltar, gritar y abrazarlo. Si incluso en momentos de júbilo evita el contacto físico flagrante, celebra con gritos, chiflidos y choca esos cinco con entusiasmo.

Tiempo

Si la conversación es importante y puede dar giros inesperados, elige un momento en el que tu hijo no tenga hambre ni esté cansado. La mayoría no están en su mejor momento a primera hora de la mañana, sobre todo los adolescentes en la semana escolar. El mejor momento para entablar una conversación que tendrá que recordar depende de los hábitos de sueño de tu hijo y de su reloj interno. Identifica en qué momento parece más tranquilo y alerta y agenda tus pláticas en consecuencia.

Contexto

La mayoría de los hombres prefiere hablar si estás sentado a su lado o realizando una actividad física, no cuando tienen contacto visual prolongado. Escucha o presenta ideas mientras manejas, caminas, en las gradas en el estadio, esperando a que empiece una película, cocinando juntos, jugando con el perro o en su habitación con la luz tenue. La luz tenue o la oscuridad pueden brindar un escudo a los niños frente a sus padres, quienes quieren leer todos los matices de su expresión facial: *¿Acaso es una lágrima?*, *¿una mirada de odio?* También es un refugio para el chico que es demasiado cohibido e inseguro en virtud de su falta de proporción, su pelo y acné.

QUÉ *NO* DECIRLE A UN ADOLESCENTE

"¿Qué tanto haces con la puerta cerrada?"

"¿Por qué no dijiste nada?"

¿Cómo les fue a Simón y Jaime en el examen?"

"¿Qué te pasa?"

"¿En qué estabas pensando?"

"¿Cómo es la mamá de Sebastián?" Insistir para obtener información sobre sus amigos o las familias de sus amigos generará sospecha: ¿por qué quieres saber?, ¿no confías en que sabe escoger a sus amigos?

"Piensa cómo puedes aplicarte."

"¡Eres maravilloso! ¡Eres tan talentoso!" La alquimia paradójica para motivar a un chico es que seguro decirle que es talentoso lo va a desalentar, y en virtud de lo mucho que duda de sí mismo, lo invitará a rebelarse.

"¡No puedo creer que te guste esa banda! ¡No tienen talento!" No denigres sus gustos. Es similar a criticar a sus amigos, es como criticarlo a él. Sin embargo, le puedes decir en un tono neutro y sincero: "tengo que reconocer que todavía no le agarro la onda a esta música". La carga es tuya y tu hijo se alegra porque reconoces que lo desconoces, que es muy distinto de ti.

"Tenemos que hablar. Estas palabras lo harán temblar. Cuando tengas que comunicar nuevas reglas o comentarios negativos, es mejor decirlo de la forma más sencilla posible."

QUÉ *SÍ* DECIRLE A UN ADOLESCENTE

Sé formal

Un enfoque franco y profesional funciona mejor a la hora de comunicar responsabilidades, cuestionarlo sobre su tarea o discutir sobre cualquiera de sus labores rutinarias. Evita rogarle, interrogarlo o recordarle lo que prometió hacer. Distánciate. Negocia y dale opciones cuando sea pertinente. Pregúntale con sinceridad: "¿qué piensas hacer?".

Sé directo
Cuando tu hijo no puede confiar en que su cuerpo no lo traicionará (véase el acné, las erecciones, la voz aguda), es natural que se sienta un poco paranoico. Los chicos esperan que los padres tengan motivos ocultos. Al comunicarte en términos simples, directos y honestos, estás teniendo en cuenta su remanso de necedad y sospecha.

Relájate y especifica tus cumplidos
Para minimizar su vergüenza, hazle comentarios positivos de manera informal: "Qué buenas jugadas en el campo". Expresa tu agradecimiento con sinceridad y especificidad: "Limpiaste la casa superbién con tus amigos después de la fiesta".

Sé afable
Encuentra oportunidades para decir:

> "Por supuesto."
> "Sí."
> "Sin duda."
> "¡Claro, escoge el día!"
> "Muchas gracias."
> "Buena idea, no se me había ocurrido."

Ayúdale a ampliar su vocabulario emocional
Así como hiciste cuando era pequeño, cuando hable sobre sus sentimientos, refleja lo que te parece que está experimentando con otras palabras que no sean: triste, enojado y contento. "Parece que te sentiste aliviado… orgulloso… agradecido… confundido… excluido… frustrado." Aunque los adolescentes conocen las definiciones de estas palabras, de todas formas necesitan una guía sutil para relacionarlas con ciertas emociones.

Dile que lo quieres y disfrutas su compañía
Como contrapeso a nuestra cultura que vapulea a los hombres, y porque además es cierto, dile que lo amas. También:

> "Qué suerte me tocó contigo."

"¿Tienes hambre? ¿Qué te preparo?"

"Si quieres, invita a tus amigos a cenar."

Comienza todos los días con un acogedor "buenos días" y una sonrisa
Incluso si está molesto o taciturno. Salúdalo con cariño. O dale una palmadita en el hombro o alborótale el pelo (si es que no se lo ha peinado con meticulosidad).

Compártele en qué piensas durante el día
Dile: "Me acordé de ti hoy cuando..." y cuéntale algo que sabes que valorará. Se trata de una carta de amor para los niños de cualquier sexo y edad.

BUENA VOLUNTAD CON LOS ADOLESCENTES

La divisa más valiosa para un chico es el respeto: por su privacidad, voluntad, opiniones y dificultades. Busca el modo de transmitirle tu respeto y la cuenta bancaria se irá acumulando.

Toca a su puerta, pero no entres hasta que te haya dado permiso
Éste es un bono triple de buena voluntad con todos los adolescentes. También incrementa la probabilidad de que él respete la puerta cerrada de *tu* habitación.

Confía en él
"Me encontré con Luisa y me preguntó si podías pasear y darle de comer a su perro este fin de semana que no está en su casa. Te pagaría. Dejó las indicaciones en la barra de la cocina y la llave está debajo del tapete de entrada trasera. Aquí está su teléfono. Llámale y avísale si estás disponible."

Deja que hable largo y tendido y no lo interrumpas
No eres un periodista que deba verificar los hechos ni la policía de la corrección política. Borra la palabra denigrante *mansplain* de tu vocabulario. Procura diferenciar entre las mentiras blancas inofensivas y afirmaciones cuyo fin es encubrir actos serios. Sólo llámale la atención en el último caso.

Su antipatía pública no es personal
Resiste sentirte rechazado si finge que no te conoce cuando se encuentren en la calle. Está practicando su independencia. Puntos extra si no lo mencionas para nada, incluso cuando los dos regresan a casa.

Compra un perro, pero no le pidas que lo cuide
Para los niños, los perros son lo opuesto a los padres. No hablan. No son metiches. Les puedes rascar la panza y hacerlos felices. Sus orejas son afelpadas. Los puedes tocar todo lo que quieras (ya no le puedes acariciar el pelo a mamá como cuando eras pequeño). Les puedes contar todos tus problemas, te lamerán y no te darán consejos. Puedes pasear a un perro sin sentirte cohibido, como si estuvieras solo y no tuvieras amigos. Puedes ir al parque y a otros lugares en donde los humanos con los que te encuentres se fijarán en tu perro, no te preguntarán en qué año vas o a qué universidad quieres solicitar.

¿Por qué cuidar al perro ya no debe ser una de las labores domésticas de tu hijo como cuando era más pequeño? Porque para los adolescentes, los perros y los gatos pueden ser medicamentos antiestrés y la terapia más divertida y barata disponible. Nada puede tener el mismo fin.

Sé flexible
Exigir que cumpla imposiciones rígidas invita a la rebelión. Acepta aproximaciones a la cortesía y la cooperación. Ten en cuenta que a pesar de que ya es más alto que tú, es un principiante en la mayoría de los detalles rutinarios de la vida adulta. Así que si es la primera vez que no se dio cuenta de que el tanque del coche estaba vacío, no digas nada.

CAPÍTULO 8

La sobrina que te visita de un estado lejano

Las chicas adolescentes

El éxito no es una línea recta, sino un garaba-
to impredecible.

MADELINE LEVINE, *The Price of Privilege*

Si procurar conversar con tu hijo adolescente parece el programa de juegos más frustrante del mundo, por lo menos él no te acorrala. La mayoría de las adolescentes producen un tsunami de verborrea dirigida a los
padres (sobre todo a las madres). Tu hija podrá despotricar en tu contra,
insultarte y tratar tus reglas como violaciones a los derechos humanos,
pero por lo menos habla. Tienes material para trabajar.

A los padres los acomete la soledad y la aflicción cuando su adorable niña llega a la pubertad, al igual que con sus hijos. Pero con las hijas
se mezcla con el temor por los posibles peligros que le esperan: sobre
todo la coerción y la agresión sexual. Las discusiones y las luchas de poder dejan a los padres de chicas adolescentes indignados, dolidos o perplejos. Sin embargo, los padres previsores pueden fomentar el proceso
de separación para que cuando la hija se libere, haya menos fricción.
Con práctica te puedes distanciar del dramatismo, y estar para apoyarla
con sensatez, sentido del humor y expectativas altas, mas no perfectas.

¿MI MADRE? ¿HERMANA? ¿O AMIGA-ENEMIGA?

Cuando una adolescente llega a casa de la escuela, no necesariamente va directo a su cuarto. Con frecuencia se detiene a desahogarse con
su mamá. Frente a frente en la barra de la cocina o a través de un celular, madre e hija se enfrascan en una conversación circular en la que se

expresa preocupación por el aspecto, las calificaciones y la popularidad de la niña. Es más fácil provocar a las adolescentes que a los adolescentes. Los chicos podrán sentirse cohibidos por su aspecto físico o su altura, pero también están seguros de que: *Soy buenísimo en el beisbol* o *mi banda va a ser famosa, ¡lo sé!* Es menos probable que un chico sufra por la diferencia entre un nueve y un ocho o que se sienta asolado porque Elena no lo invitó a su fiesta. En todo caso, un chico no compartiría esa información con sus papás. Es más probable que una chica lo haga (que comparta todo). Y tal como hacía cuando su hija era más pequeña, mamá siente y refleja las emociones de la chica.

Suniya Luthar, psicóloga del desarrollo e investigadora eminente que estudia la vulnerabilidad y la resiliencia adolescente, descubrió que las madres de las chicas de secundaria son las madres felices de todas. "En esencia, las madres responden primero a la aflicción de sus hijos y ahora deben resolver cómo consolar y tranquilizar pues las estrategias de antaño —abrazos, palabras amorosas y cuentos antes de dormir— ya no funcionan", afirma. Consolar a una chica adolescente requiere un nivel de sensibilidad y paciencia que nunca has tenido que reunir. No hay una fórmula segura porque las chicas son muy volátiles. Es cuestión de experimentar. La satisfacción es de quienes resisten. Luthar promete: "Nuestra información demuestra con claridad que las madres más felices son aquellas cuyos hijos ya son adultos".[1] Vaya caso de gratificación retardada.

En el transcurso de los años he visto una tendencia preocupante: madres que han sido devotas e intuitivas pierden estabilidad cuando sus hijas entran a la adolescencia. Es común que una dinámica de hermanas se filtre a la relación entre madre e hija y las niñas se ven en la situación de ser adversarias y amigas de mamá. Algunas madres buscan ser populares con las amigas de su hija esperando atrapar una pizca de la chispa y la belleza de la juventud, escuchar los chistes y los chismes. Son pocas las hijas a quienes les gusta esta versión de mamá como hermana mayor.

La presión académica del presente complica más la independencia de la adolescente. Como las chicas carecen de la capacidad de los chicos para cerrar la puerta de sus cuartos y abstraerse, la colaboración forzada con mamá es más compleja. A medida que madre e hija avanzan juntas con trabajos como bueyes en el yugo, la madre puede recibir las críticas de la hija, la desesperación y los comentarios hostiles —expresiones naturales de su necesidad de separarse— como una traición profunda. Contra un trasfondo así de tórrido, la relación espinosa por tradición entre madre y adolescente se ha vuelto particularmente volátil.

PADRES E HIJAS

El reto para los padres de las adolescentes es doble: resistirse a distanciarse de la hija en cuanto entra a la pubertad y encontrar la forma de mantener el vínculo aunque la madre parece mucho más enterada de su vida. Es habitual que papá se sienta excluido por el vínculo sólido entre madre e hija, incluso si su relación es de amor y odio. Mamá conoce todos los detalles del progreso académico de la chica porque visita la página web de la escuela a diario; papá apenas sabe que existe. Mamá dedica horas a hacer compras con la hija mientras analizan los detalles de su vida social: papá pierde la pista de los grupos de amigos que siempre cambian. (Estas son generalizaciones basadas en miles de familias con las que he hablado en el transcurso de los años. No me estoy centrando en el género, sino en los papeles y las responsabilidades propias de la crianza y domésticos.)

Los padres que ceden todo el territorio a mamá sienten una pérdida profunda. Antes de la pubertad la niña era su amiguita, casi como una niña-niño, aunque se pusiera un tutú y una tiara. Podían convivir, ir a partidos, patinar o ir a Home Depot. Podían deambular por los pasillos de Costco probando todas las muestras. Ella podía sentarse en su regazo, darle la mano y asomarse por encima de su hombro para leer su revista. A medida que va pareciendo más una mujer, adoptando un estilo insolente y forma de hablar rápida y llena de *slang*, o si tiene novio, es fácil que papá se sienta raro o excluido. Pero aunque ella no lo reconozca, una adolescente necesita a su papá.

Para mantenerte cerca, elige entre una diversidad de actividades, sobre todo aquellas a las que mamá no se opone, pero en las que no quiere participar: películas de terror, festivales de música, puestos de comida, heladerías, manifestaciones políticas, *pistas de patinaje*. Los dos pueden tomar clases de banjo o de tenis. El papel tradicional de papá como el rey de la diversión no tiene que parar en seco cuando su hija cumple doce, sólo tiene que investigar para saber cuáles son sus nuevos intereses.

La ignorancia de un padre sobre los detalles de la vida académica y social de su hija adolescente no tiene por que ser una desventaja. De hecho, es una bendición. Su presencia puede ser un refugio y en su compañía su hija se siente libre y sin supervisión. Con él aprende qué se siente disfrutar la compañía de un hombre que la quiere y respeta. Son los cimientos de la autoestima de cualquier mujer. Por eso es vital que las mamás solteras encuentren un hombre de confianza (hermano, tío, abuelo, amigo de la familia) que pueda ocupar este papel en la vida de la adolescente.

Al igual que las madres hacen con los hijos, un padre debe alegrarse cuando su hija llega a casa o se sube al coche al salir de la escuela. Una mirada que refleje su amor y aprobación, una sonrisa y un saludo cálido: "hola, cariño", deben ser la piedra angular de esa relación, aspectos que la adolescente pueda esperar de todos. Con las familias que atiendo he descubierto que a veces los papás se retraen y dejan de hablarle a sus hijas porque les temen. Les falta la disposición de las madres para tocar temas personales ("¿estás teniendo relaciones sexuales con Conrado?"), y prefieren guardar silencio. Resulta paradójico que cuando papá se cierra (está ausente física o emocionalmente) muchas chicas jóvenes tienen actividad sexual precoz, se aferran a lo que denomino "el novio oso de peluche", un cuerpo cálido que llene el espacio que papá dejó.

El papel de mamá en una relación saludable entre padre e hija es dejarlos, no intentar controlar y tampoco criticar si las cosas (sobre todo las comidas) no resultan tal como lo habrían hecho bajo su supervisión. Una madre perceptiva cederá las riendas y aprovechará su tiempo libre. Una madre cariñosa y segura alentará a papá a acompañar a su hija a visitar universidades y confiará en sus opiniones cuando regresen.

LO PEGAJOSO DE LAS REDES SOCIALES

Durante la adolescencia, las chicas reciben influencia de sus padres y de sus teléfonos, casi en la misma medida. El baile social de su día nunca termina y se mide en los "me gusta", los seguidores y las cifras. La parte racional del cerebro de la chica sabe que debería tomar con reserva estos cuantificadores digitales, pero la parte emocional los interpreta de forma literal. Las redes sociales detonan la envidia y la inseguridad, aspectos que corresponden a la perfección con el desarrollo neuronal de la adolescente. Minuto a minuto, está evaluando su valor y prediciendo su futuro. Todas las cosas por las que madre e hija se preocupan en conjunto se amplifican por su huella digital.

Un estudio realizado por el psiquiatra Ramin Mojtabai e investigadoras de la Facultad de Salud Pública Bloomberg de la Universidad Johns Hopkins descubrió que entre los adolescentes la depresión aumentó significativamente entre 2005 y 2014, y en 2011 hubo un incremento enorme. Las chicas padecieron más que los chicos. Los factores generalmente relacionados con la depresión —perfil sociodemográfico, dinámica familiar y abuso de sustancias— no fueron responsables del aumento. Vale la pena señalar que tanto Snapchat como Instagram llegaron a la plataforma iOS (iPhone) en 2011. Los autores del estudio identificaron la correlación, pero al citar investigaciones previas, observaron: "En años recientes las chicas adolescentes pudieron haber estado más expuestas a los factores de riesgo de la depresión...el uso de celulares entre los jóvenes se ha relacionado con la depresión".[2]

La atención amorosa de los padres puede ser un contrapeso para el atractivo de las redes sociales, al menos en cierta medida. Tu ejemplo supone una diferencia abismal, así que silencia tu teléfono cuando hables en persona con tus hijos adolescentes. No necesitas responder cada mensaje al instante ni consultar Google cada que alguien olvida el nombre de algún famoso. Creciste conversando sin necesidad de consultar tu teléfono, ¡enséñale a tus hijos cómo hacerlo! Impresiónalos con tu capacidad para platicar, inventar cosas y hacer chistes recurriendo sólo la mente y la memoria.

Hablarle a los adolescentes del efecto de la tecnología en el cerebro puede ayudarlos a entender por qué les cambia el estado de ánimo drásticamente según los "me gusta" que reciben o no reciben. Cada vez hay más bibliografía sobre este tema. En esencia, sugiere que los "me gusta" estimulan la misma parte del cerebro que ganar dinero o comer chocolate.[3] No es necesario sermonearlos sobre la adicción a la tecnología, sólo mencionarles las investigaciones de manera breve y en una conversación, para que contemplen sus reacciones a las redes sociales en este contexto.

ESTRATEGIAS PARA CONVERSAR CON CHICAS ADOLESCENTES

Conversar con chicas adolescentes empieza con un momento de conversación interna: *Voy a fingir que esta chica animada no es mi hija, sino una sobrina de un estado lejano. ¡Cuánta pasión! Cómo la admiran sus amigos. Qué maravilla de estilo. Qué rápido cambia. Espera al menos un día antes de opinar sobre cualquiera de sus comentarios.* Ahora, adelante, ten en mente los siguientes lineamientos.

Tono y frecuencia

Evita hablar con voz de bebé o quejarte, a las chicas les molesta. No gritas, aunque ella te esté gritando. Al margen de eso, pon en práctica las reglas de siempre, pero ten en cuenta que no puedes ganar. Si tu voz es serena e invariable, responderá: "mamá, ¿por qué siempre hablas con esa voz falsa como de zombi?". Te molestará por cómo te expresas, cómo pronuncias, cómo planteas preguntas. No muerdas el anzuelo y modula el tono de voz, de todas formas caminarás en terreno inestable. Ignora sus provocaciones en la medida de lo posible. Y no te preocupes, no le habla a sus maestros ni a sus amigos así, nada más a ti.

Expresión facial

Procura cultivar un "rostro relajado" neutro, pero ten en cuenta que no importa. La hipersensibilidad de los adolescentes para identificar las expresiones faciales es propia de chicos y chicas, pero las chicas están dispuestas a desafiarte, no se van a retirar: "¿por qué pusiste esa cara? Mamá, te estoy viendo. ¿Qué pasa?".

Tempo

Al igual que las niñas pequeñas, las adolescentes hablan muy rápido y son defensoras apasionadas de su causa. Recuerda continuamente no aumentar la velocidad cuando ella lo haga. Habla a tu ritmo normal. Tal vez te ayude practicar respirar profundo, de manera sutil, mientras te habla para contrarrestar la tensión, una respuesta natural cuando escuchamos el monólogo ansioso de alguien más.

El momento oportuno

No quieres tener una conversación importante con ella cuando esté saliendo con prisa de casa, preocupada, peleando con una amiga o le hayan roto el corazón. Aunque, ¿cuándo no está lidiando con un tema urgente? Tal vez nunca haya descanso porque las chicas se envían mensajes o hablan por FaceTime o se comunican por medios digitales buena parte del día. Busca un momento cuando esté bien descansada y no tenga prisa. Después pídele que silencie su teléfono mientras hablan.

Entorno

Acompáñala en su cuarto mientras esté empacando para un viaje, pero no le sugieras absolutamente nada, a menos que pida tu opinión. Acompáñala mientras se pone sus pestañas postizas individuales (caray, ¿por qué?) o le cambia las agujetas a sus Dr. Martens nuevas. Familiarízate con las microconversaciones a medias mientras caminan una cuadra de una tienda a otra (sigue teniendo buena memoria y es capaz de seguir el hilo). Recita el mantra: *es mi sobrina que me visita de un estado lejano*, y averigua por qué le apasiona lo que sea.

Evita contextos detonantes, por ejemplo, su cuarto; si ella es "casual" y tú eres más bien ordenada por naturaleza. Ver el vestido caro y que sólo se lava en tintorería, que te rogó le compraras, tirado en el piso debajo de una bota sucia, o dos bolsas de papas abiertas en su buró, puede incitar una conversación desagradable. Busca un territorio neutro.

ES UN PAQUETE COMPLEJO

Las conversaciones respetuosas, reveladoras y amorosas con las hijas adolescentes son excepcionales, pero suceden y en tal caso las puedes poner en tu altar. Pero es más frecuente que te enfrentes a "Lisa, buena y mala", como una clienta se refirió a su hija. Un minuto está furiosa contigo, te insulta, te suelta una descarga de argumentos sensatos y absurdos:

> "¡NO ES JUSTO! A mi edad, Alejandro tenía permiso de estar despierto pasadas las doce. No me importa si estaba cuidando niños. Eso decía el reloj."

207

"Inventas todas estas reglas estrictas y raras porque tienes muchos problemas personales. Y todo mundo lo sabe. Y lo comentan siempre."

"¿Estás cansada? ¿Por qué estás tan cansada? ¿Qué hiciste hoy? Fuiste a la oficina e hiciste cosas interesantes. ¡Yo tuve educación física con la entrenadora sádica de volibol!"

"¿Crees que deba comprar estas botas? ¿Estás loca? Sí, lo estás. Eres una mujer con problemas. ¿No ves lo brilloso que está el cierre?"

Cinco minutos después querrá sentarse en tu regazo y cepillarte el pelo. Te preguntará cómo se le ve un atuendo. Te rogará para que hagas palomitas y veas una serie de ciencia ficción con ella. Disfruta estos momentos de compañerismo y considéralos un anticipo de la relación que tendrán cuando te visite en las vacaciones. Pero prepárate para que el péndulo oscile en cualquier momento.

LA SOBRINA QUE TE VISITA DE UN ESTADO LEJANO

Las adolescentes son litigantes ágiles e ingeniosas. He escuchado cientos de historias asombrosas. Ésta es una de mis favoritas. Una mañana, un padre que vive en Chicago tuvo que tomar la cartera de su hija de quince años para tomar la tarjeta de crédito que le había prestado. Se dio cuenta de que tenía una licencia del estado de Texas con la foto de su hija y el nombre de una desconocida. Edad: 21. Fue a buscar a su esposa y juntos despertaron a la chica, le enseñaron la licencia y le exigieron una explicación. Sin titubear, respondió: "Sí, es una identificación falsa. La tengo para entrar a bares con Luis, Carla y Rodrigo. ¡Pero yo nunca tomo! Voy a bares porque sino terminaría yendo a fiestas en casas de amigos en donde hay drogas y no hay adultos para supervisar. ¡Así que deberían estar contentos! En los bares hay supervisión adulta. Mamá, papá, les juro que nunca tomo".

Le devolvieron la licencia.

Años después, cuando el padre me estaba contando esta historia, seguía sin creer que tanto él como su esposa hubieran caído. "Pero fue tan convincente", dijo. La admiración en su voz era clara. Con las hijas es complicado.

INSTAURA REGLAS DE CORTESÍA

"Me sigue por toda la casa gritando."

"Las cosas agresivas que me dice y sus miradas asesinas son horribles. ¿Yo crie a este monstruo?"

"Me siento como bolsa de boxeo. ¡Y me dan ganas de lanzarle un golpe a ELLA!"

Las adolescentes son malvadas con sus mamás porque tienen muchas presiones sociales y académicas y mamá es un lugar seguro. No es distinto de la dinámica con los niños pequeños, pero ahora es más doloroso. Lisa Damour, autora de *Untangled: Guiding Teenage Girls through the Seven Transitions into Adulthood*, tiene un enfoque excelente para este problema. Distingue entre el respeto y la cortesía. Las chicas no necesitan respetar a sus madres y las madres no necesitan exigir sentirse tratadas con respeto por sus hijas. La hija puede sentir lo que quiera. Pero para gozar de tu atención, debe hablarte con cortesía.

Cada familia definirá este concepto a su manera, pero éstas son algunas reglas generales que pueden ponerse en práctica en ambos casos:

- No gritar.
- Prohibidos los insultos generalizados (¿cómo reconocerlos? Oraciones que empiezan con: "siempre" o "nunca").
- No interrumpir al otro en cuanto empiece a hablar.
- Escuchar aunque no se esté de acuerdo.

Puedes comunicarle estas reglas a tu hija y explicarle: "en esta casa, nos hablamos con cortesía". Pero debe ser cierto. Cuando trabajo con familias en las que los padres acostumbran a tratarse mal o criticarse frente a sus hijos, les recuerdo que si bien ellos ya están habituados a los estallidos y las peleas, los niños están aprendiendo qué esperar en las relaciones.

Los comentarios mordaces suelen provenir de mamá, quien critica a papá por cosas que le dice a su hija y que, según mamá, le harán un daño irreparable. Es injusto, pero al igual que cuando los niños eran más pequeños, los papás pueden tener una estrategia mucho más holgada que la de mamá. Aconsejo a las madres decir: "lo siento, pero él puede provocarla sin dejar de ser cariñoso y cercano. Si tú dices lo mismo, la lastimas". Cuando mamá se vuelve más tolerante con los comentarios de papá, suele ser el punto de inflexión y se logra mayor civilidad entre la familia.

Si tu pareja y tú son educados entre ustedes y con los niños, entonces puedes exigirle lo mismo a tu hija. Ella no tiene que aprobar tus gustos, tu ropa, las preguntas que le haces o la comida que preparas. Recuerda, su conducta no es permanente y predictiva. Emplea las siguientes estrategias para instaurar reglas de cortesía y concluye una conversación cuando quieras hacerlo.

QUÉ DECIR CUANDO TU HIJA...

Se porte grosera o mezquina

Si tu hija grita, dice groserías, te insulta: "sé que estás muy enojada, pero ésta no es una conversación. Es un ataque y no vamos a llegar a ningún lado porque no pretendo escucharlo. Cuando te tranquilices para contarme lo que quieres que escuche, estaré lista". Y deja de responderle. No caigas en un contraataque.

Luchar por una causa que no corresponde con tu punto de vista
Tu hija de quince años te dice: "No tienes de qué preocuparte. Miguel, el hermano de Emilia, nos va a llevar a Coachella. Es buena onda. ¿No confías en mí?". Intenta algo como esto:

> "Confío mucho en ti y tu juicio suele ser excelente. Más bien no confío en la situación."
> "Puede no pasar nada, pero no estoy cómoda con la tentación [o el riesgo o falta de supervisión adulta]."
> "Todavía no. Con tu historial estoy segura de que puedes hacer esto en otro momento, pero todavía no estoy lista."

Así le das ánimos, en vez de: "¿Es broma? ¡Tal vez en unos dos años!"

Negarte a superar algo

Esto suele terminar con tu hija persiguiéndote por toda la casa, exigiéndote que le hagas caso. Puedes responder: "esta conversación se acabó. Necesito despejarme o voy a terminar diciendo algo de lo que me arrepienta". Puedes decirle que te estás quedando sin fuerza cuando te descubras generalizando e ideando castigos primitivos: *nunca hace la tarea de francés, lo hace para molestarme. Voy a castigarla un mes. Le voy a quitar el teléfono y no se lo voy a devolver hasta Navidad.*

NO CRITIQUES SU ESTILO; MEJOR, SENSIBILÍZALA

En cuanto al pésimo gusto de tu hija en maquillaje, barniz de uñas, peinado o ropa, mi consejo es morderte la lengua. Está experimentando con distintas identidades, como lo hacía de pequeña cuando se disfrazaba. Si su estilo se vuelve demasiado extremo, la escuela le pondrá límites. Tal vez ya no te pida tu opinión sincera, pero si lo hace y es negativa, recurre a las mismas técnicas que usaste hace años con ella. Recurre a tu papel de mamá sesgada ("Para mí, siempre te ves hermosa") o a la generalidad ("Ese atuendo no me gusta en nadie").

Es doloroso ver un estilo poco favorecedor en una adolescente, pero no representa un riesgo. ¿Qué hay de las prendas seductoras? Es posible que lo que para ti es sumamente provocador (shorts minúsculos o escote, brasier de media copa y playera ajustadísima) a tu hija no le parezca atrevido, es moda. Si intentas imponer reglas, terminará cambiándose en cuanto esté a una cuadra de tu casa. No sugiero que le permitas ponerse lo que le venga en gana, simplemente señalo los límites del poder de los padres. Cuando la mandas a su cuarto a ponerse algo menos revelador, tal vez le cause algún efecto si le dices en tono preocupado: "Una falda tan corta va a llamar la atención de los hombres de todas las edades, incluyendo a adultos nauseabundos". No esperes que te agradezca por ese comentario revelador. El objetivo es inculcarle la idea y que ésta vaya creciendo en su mente; empezará siendo una semilla de duda y terminará siendo una "flor saludable" de conciencia de sí misma.

Las adolescentes quieren usar atuendos de moda y sentir el poder de su sexualidad, pero no entienden del todo el efecto que las prendas reveladoras y ajustadas tienen en los chicos y los hombres. Las redes sociales debilitan la confianza en su aspecto físico y todos los medios de comunicación imponen modas sumamente sexualizadas. Al mismo tiempo, cada vez hay más conciencia sobre la omnipresencia del abuso sexual y las violaciones a los derechos y la dignidad de las mujeres. Para una mujer joven (y para las mujeres adultas también) es confuso. ¿Cómo fomentar que tu hija acoja su sexualidad y desarrolle un estilo personal que no abarate ni cosifique su cuerpo?

Una estrategia es compartirle tus sensibilidades estéticas. ¿Qué estilos admiras? Hay decenas de películas con personajes femeninos que pueden ampliar la visión de tu hija de las mujeres y la moda. No esperes que comparta tus gustos, aunque podría ser. Le estás dando ideas para el futuro.

Commonsensemedia.org tiene una lista de películas clásicas y estrenos en una categoría maravillosa: "películas con personajes femeninos fuertes". Véanlas juntas, procura no sermonearla durante esta actividad placentera.

QUÉ *NO* DECIRLE A LAS ADOLESCENTES

"La mamá de Olivia me contó que su hija está participando en un campamento de entrenamiento para las entrevistas de la universidad. ¿No te parece útil?" No la compares con otras adolescentes para inspirarla.

"¡Entonación, por favor!" Si termina una frase con tono interrogativo ("Íbamos a vernos en el cine, ¿y después canceló?, ¿y tuvimos que reagendar?"). La mayoría de las chicas superan este hábito.

"Suenas a un personaje aburrido en un *reality*." La forma de hablar ronca, oclusiva, monótona, glotal, es molesta para muchos adultos. Sin embargo, los jóvenes la perciben distinto e incluso la pueden considerar autoritaria y poderosa.

"¿Sabes cuántas veces dices "*y así, obvio*"? ¿Y terminas una oración con "*¿y así?*" Déjala en paz con los tics verbales y *slang*. Es una fase.

"Déjate de morder las uñas, enroscarte el pelo, jugar con tus puntas abiertas..." Los psicólogos entienden que estas conductas son producto de la energía natural de los adolescentes, para la cual tienen pocas salidas. Se les obliga a permanecer sentados en una clase de biología en vez de cazar, recolectar o perseguir a niños pequeños. Mover el pie, hablar sin cesar en los descansos entre clases, mecerse en la silla, libera cierta presión. Los adolescentes tienen que moverse. Es muy probable que estos hábitos desaparezcan con el tiempo.

QUÉ *SÍ* DECIRLE A LAS ADOLESCENTES

Elogia sus decisiones, no su aspecto
Si apruebas algo, seguro ella lo va a rechazar. Contradecirte le da poder. Así que si quieres elogiarla, menciona hechos específicos y notorios, no pongas en evidencia tus opiniones personales. No le digas: "te ves adorable en esa chamarra" o "me encantan esos aretes". Mejor: "qué chamarra de piel tan suave" o "esos aretes contrastan mucho con tu pelo negro".

Recuerda los temas que te mencionó y pregúntale al respecto sin juzgar ni dar consejos.
"Ya sé que la semana pasada te sentiste frustrada en cálculo. ¿Qué tal la nueva unidad?" "¿Decidiste qué esmalte quieres usar en tu cerámica?"

Opta por la ruta indirecta
Alude a temas incómodos o sentimientos sensibles hablando de personajes en una película o en un programa. No señales las similitudes entre esos personajes ficticios y la situación de tu hija. Si ella menciona los vínculos o te ofrece su perspectiva, procede con cuidado. Se trata de momentos preciados e íntimos en los que tu mejor contribución será escuchar detenidamente y de vez en cuando susurrar: "Guau, qué interesante".

Mantén la mente abierta
"No lo había pensado así" es una frase potente y liberadora. Puedes enseñarle a escuchar y a cambiar de opinión con frases como éstas: "buen punto", "no sabía que un adulto supervisaría el evento. Pero ya que me confirmas, por supuesto, puedes ir".

BUENA VOLUNTAD CON LAS ADOLESCENTES

Existen formas confiables para sumar crédito en el banco de la buena voluntad de una adolescente y son muy sencillas.

Sé discreta

Las chicas se sienten seguras cuando comparten experiencias vergonzosas, que les generan orgullo, desamor, soledad, amor y cariño por sus amigos —e incluso te pidan consejos y los sigan— siempre y cuando confíen que lo que le cuentan a mamá o papá, es entre ellos.

Compra una mascota, pero no le pidas que te ayude a cuidarla

Al igual que con los chicos, las mascotas son terapéuticas para las chicas. El perro o el gato nunca la critica por su peso ni habla mal de ella a sus espaldas. Es amor incondicional y siempre accesible. Puede abrazarla, acariciarla y dormir con ella. Aunque algunas chicas son magníficas a la hora de cuidar a los animales, a otras no les entusiasma tanto. Para algunas, incluso eludir el cuidado de las mascotas es una forma de reivindicar su autonomía. Al igual que con los chicos, no le pidas que cuide al animal... sólo agradece el apoyo emocional que le brinda.

Permítele que decore su cuarto y no te metas

No es tu obligación comprarle una habitación de fantasía, pero dentro del presupuesto que establezcas, déjala hacer lo que quiera. Permítele decidir todo lo posible porque normalmente se siente impotente.

Sorpréndela con detalles

Esto es arriesgado porque sus gustos cambian de un momento a otro, pero vale la pena, sobre todo si está teniendo una semana difícil. "Recuerdo que cuando fuimos al centro comercial te gustó. Si no te gusta, lo podemos regresar."

Sé efusivo cuando sea considerada contigo

Cuando seas testigo de una conducta generosa o amable, valórala: "Cariño, muchas gracias. Me animó muchísimo. Gracias, eres la mejor hija del mundo".

CAPÍTULO 9

Los opinólogos

Cómo hacer equipo con tu pareja, tu ex, los abuelos
y "la mamá de Olivia"

Vivimos en una época con muchos recursos, todos disponibles con tan sólo tocar una pantalla. Cuando ya no requerimos los servicios de los expertos en línea ni de los especialistas de la vida diaria a quienes hemos acudido, ellos se apartan cortésmente hasta la próxima vez que los necesitamos. Pero no es el caso del otro padre o madre de tu hijo, ni de sus abuelos. Ellos tienen una presencia en su vida y una opinión que te comunicarán constantemente. Por no mencionar las críticas de otras mamás que ves todos los días en el parque o cuando vas por tus hijos a la escuela.

Para ser justos, el papá o la mamá de tu hija o hijo merece tener la misma oportunidad de opinar en su crianza que tú. Generalmente, los abuelos consienten y alientan a un niño sin preocuparse por los acontecimientos importantes de su desarrollo ni por los resultados de los exámenes. Y respecto a las otras mamás, no creas que sólo encontrarás a presumidas inseguras, sino a mujeres inteligentes, generosas y leales que se volverán tus amigas para toda la vida. Todas estas personas que opinan, son parte de tu círculo cercano. Para tu hija, observarte interactuar con ellas le ayuda a comprender las relaciones *humanas*, en su cualidad de imperfectas, optimistas, extraordinarias y falibles; un trabajo que nunca se acaba.

CÓMO HABLARLE A TU PAREJA DE TU HIJO

El estira y afloja entre padre y madre (o el otro progenitor) es un baile antiguo que cada década se actualiza. Los papeles mutan cuando se crean tensiones en la familia nuclear a la hora de darle espacio a las presiones modernas, y la definición de *hogar promedio* evoluciona e incluye a dos mamás o papás, egresados de la universidad que regresan a vivir a casa; mamás como jefas de familia. Pese a los cambios, la mayoría de las familias se siguen fundando en dos padres y esto quiere decir, dos perspectivas sobre la crianza multiplicadas por mil formas de discrepar.

Desde los primeros meses de vida hasta la preparatoria, tu hijo o hija está escuchando. Cuando tú creciste, ponías atención a cómo se saludaban tus papás al terminar la jornada laboral; sentías el cariño o la tensión entre ellos y te confortaba o inquietaba. Sabes que tus hijos hacen lo mismo, así que procuras ser un ejemplo de madurez y paciencia sin importar el resentimiento o frustración acumulados. Sin embargo, después te culpas por fallar. ¿Qué debes esperar de ti mismo? ¿De tu pareja?

Comencemos con lo que *no* es necesario para ser un buen padre: no es necesario tomar las decisiones correctas para la crianza de tus hijos. Y no me refiero al compararte con tu pareja, me refiero a no equivocarse y punto. No existe la respuesta correcta. Las soluciones perfectas para la crisis de esta semana quizá no funcionen. O funcionan para algunas familias, no para otras. El lunes funcionarán, pero el martes no. Las familias son organismos en constante evolución.

No es necesario presentar un frente unificado a los niños. Existe el mito de que si ven una grieta en el muro de mamá y papá, le sacarán provecho o se asustarán, pero todo depende de cómo discrepen. El debate civilizado y los acuerdos son una habilidad que le pueden inculcar a los niños.

No es necesario recurrir siempre a tu voz interior. Algunas familias son apasionadas, otras son más serenas. En algunos hogares se libran batallas verbales ruidosas y otros son más tranquilos. Algunas familias disfrutan las burlas de sí mismos, y a otras les gusta el humor negro. Hay espacio para todo, siempre y cuando la base sea el respeto.

En lo que se refiere a criar niños, no existen dos padres con una sensibilidad idéntica, o percepción igual para niveles adecuados de riesgo, diversión, modales o enriquecimiento. Cuando uno de ellos tiene el compromiso de tomar la mejor decisión y se muestra indeciso; el padre que se muestra menos angustiado no es considerado sensible, sino negligente y desleal. En muchas sesiones con los padres me descubro repitiendo: "no importa". No obstante, vivimos en una época en la que los padres se comportan como si *todo* fuera importante; como si todas las decisiones fueran cuestión de vida o muerte.

216

Los padres invertimos mucho en la calidad de la vida de nuestros hijos. Pero no siempre es un impulso por completo noble: su bienestar se ha convertido en un reflejo de nuestros miedos sobre el futuro y el descontento con nosotros mismos, nuestra pareja, el trabajo, el sexo, el envejecimiento, los suegros y el dinero. Todo esto recae en los niños y pelear en su nombre sustituye las conversaciones que deberíamos tener sobre nuestras propias frustraciones. Y esto ha empeorado gracias al ritmo frenético de la cultura. Lo urgente parece normal. Cuando discutimos con nuestra pareja, nos apresuramos a arreglarlo al instante. No hay espacio para reflexionar, para negociar. Capacidad nula para preguntarnos: ¿Acaso mi pareja está en lo cierto? ¿Por qué reacciono así?

BATALLAS SUSTITUTAS Y CÓMO RECONOCERLAS

En la familia promedio (en donde ninguno de sus miembros padece una enfermedad mental, adicción o es violento), la mayoría de las discusiones sobre los niños son batallas sustitutas. Las heridas emocionales (en general inconscientes) de la infancia suelen detonar la batalla sustituta. Revives e intentas corregir los errores que cometieron tus padres y tu pareja hace lo mismo. Las mujeres (y algunos hombres) tienen el hábito de sentirse víctimas que cargan con ellas desde la infancia, cuando tenían poco poder o respeto de sus padres. Los hombres (y algunas mujeres) se sienten confinados y que les imponen las cosas; que su seguridad se ha mermado y su capacidad para jugar ha sido reprimida desde la infancia, cuando se esmeraban por complacer a un padre crítico. Éstos son tan sólo dos de innumerables ejemplos.

No es posible limpiar tu memoria ni sistema nervioso de toda experiencia previa y resolver cada uno de los dilemas de tu hija mediante la pura razón. Además, esos recuerdos tuyos no sólo provocan neurosis y amargura, también te han convertido en el padre intuitivo, paciente y expresivo que eres en tus mejores días. Puedes aprender a reconocer o identificar cuando una preocupación legítima por tu hijo o hija se disfraza de las heridas de tu pasado u otros temas que no tienen relación. Lo mejor es darte cuenta antes de empezar a pelear con tu pareja, pero es mucho más sencillo identificarlas cuando procuras explicarte en voz alta.

Como siempre, el tono es la primera señal. ¿La frecuencia está aumentando? ¿Suenas despectivo, desdeñoso, ofendido? ¿Cómo se siente tu cuerpo? ¿Te late fuerte el corazón, se te cerró la garganta? ¿Estás apretando las manos, negando con la cabeza o moviendo la pierna con impaciencia? ¿Tu respiración es superficial? Escucha tus palabras. ¿Estás diciendo: "Siempre...", "nunca...", "no puedo creer que..."?

Cuando identifiques estas señales, detente. Deja la conversación para otro momento. Resultará extremadamente difícil porque el problema parecerá una calamidad y creerás que tienes razón. Más vale esperar a que los dos hayan descansado, hayan comido y tengan quince minutos o más para hablar del tema. Aparte de una emergencia médica, casi todo lo demás puede esperar.

MODALES ELEMENTALES Y LECCIONES VOCALES PARA PADRES

Mi mantra para madres y padres es: *deja de preocuparte por la influencia del otro y concéntrate en tu propia conducta*. Por ejemplo, entender que los niños toleran la conducta más brusca de los padres que de las madres puede ayudar a que dejes de alarmarte y reflexiones: *Mmm, acaba de gritarle que deje de trepar al refrigerador como si fuera un chango y que salga de la condenada cocina. Yo no lo diría así, pero su tono fue suave. Vamos a ver cómo reacciona.* Se requiere sentido del humor y confiar en las buenas intenciones del otro para crear un hogar más relajado y amoroso.

La mejor manera para que los padres mantengan esta visión saludable es acatar modales anticuados. Por ejemplo, así como mamá se muerde la lengua respecto al "comentario del chango trepador", papá evita tratar a mamá como su asistente, burlarse de ella o corregirla. Los padres se tratan con decencia de manera constante. No se insultan ni acosan. Esto inculca una conducta adecuada en los niños y les transmite que los padres están en el mismo equipo, incluso si a veces no están de acuerdo, y así los niños se sienten seguros.

Los buenos modales para los padres son pertinentes sin importar si son pareja o están criando por separado (asumiendo que una tercera persona objetiva consideraría a ambos padres decentes y bien intencionados). No tienes que fingir sentir cariño ni saludar a tu ex de beso, pero pueden ser respetuosos y corteses. Los modales son conductas, no sentimientos.

Tradicionalmente los modales consistían en muchas reglas de apariencia artificiales sobre cómo dirigirte a alguien; quién se pone de pie primero, quién le ofrece la silla a quién. Aunque pueden parecer arbitrarios, esas reglas implicaban que todos sabían qué hacer. "Engrasaban los engranes de la sociedad". Del mismo modo, son reglas de conducta y expresión vocal fundamentales, que resultarán en una relación más fluida y satisfactoria con tu pareja.

- Habla en voz alta y clara, pero no grites.
- Evita gritar desde otros cuartos.
- Relaja los hombros. No señales, no te encojas de hombros en señal de frustración, no gesticules en señal de asombro.
- Pide las cosas por favor y da las gracias, siempre.
- Al iniciar un comentario o una pregunta, dirígete a la persona por su nombre o apodo cariñoso.
- Cuando tu pareja salga de casa, despídete.
- Cuando llegues a casa, espera en el coche o en la calle unos segundos. Respira profundo varias veces. Oxigena tu cerebro y cuerpo. Entra a casa sin arrastrar la fricción de la oficina.
- Cuando tu pareja llegue a casa, deja de ver la pantalla y gírate en tu silla o levántate para recibirlo o recibirla. Dale un abrazo, beso o palmadita. Si estás hablando por teléfono, termina la llamada. Hazlo sin importar si estás hablando con tu madre sobre tu hijo.
- No recibas a una pareja que llega con una lista de labores o reportes de la mala conducta de un niño o una crisis.
- Resiste interrumpir al otro cuando está contando una anécdota. No importa si ya la conoces. Escucha sin vetarla, porque no es apropiada para los niños. No pongas en duda los hechos ni te adelantes a la conclusión.
- En la mesa del comedor cada miembro de la familia debe tener un asiento permanente. Los niños no deben sentarse en las sillas de los padres. Enséñales que ese honor se les concede cuando sean padres.

El tono y el lenguaje corporal tienen más significado que contenido. Los gruñidos, los suspiros y las sonrisas con suficiencia transmiten resentimiento, sospecha o condescendencia. Otras conductas que conviene evitar:

- Susurrar o hablar tan bajo que el otro debe acercarse para escucharte.
- Respuestas vagas o evasivas. "¡Deja de preocuparte! Lo voy a resolver".
- Eludir tomar decisiones.
- Olvidar los acuerdos.
- Responder: "¡Está bien!" o "Da igual", respuestas propias de adolescentes y que sin duda molestarán.

DISCUSIONES CIVILIZADAS

En un matrimonio siempre observas a tu pareja de cerca. Cuando la imagen se vuelve más nítida, es fácil ver los defectos. Asumiste que tu pareja siempre conservaría las cualidades de las que te enamoraste; pero no siempre es así, porque los dos siguen cambiando a medida que envejecen y las fricciones son inevitables. No estarán de acuerdo siempre, pero no tienen que pelear. Y no necesitan fingir frente a los niños, es bueno que vean cómo sortear el conflicto. La unidad que les presentas no es una fachada de alegría con la quijada tensa y reglas rígidas, es un hábito de comunicarse con respeto de forma incondicional.

Comienza con ser consciente de las señales no verbales. Cuando discrepes de tu pareja, hazlo de forma directa y verbal, evita hacerle muecas a los niños o poner los ojos en blanco. No te lleves las manos a la cabeza para indicar tu descreimiento ante la estupidez de los hombres, tampoco levantes las cejas ni abras la boca en señal de asombro frente a los niños cuando el otro papá o la otra mamá salga de la habitación. No quieres conspirar con los niños contra tu pareja. Si no puedes evitar expresar tu sorpresa o consternación por algo que tu pareja hizo o dijo, hazlo de frente y si es posible, con sentido del humor: "Caramba, ¿vas a llevar a los niños a nadar ahorita? Tus papás van a venir a comer. ¿No los quieres ver o qué?". Sé generoso con tus suposiciones. Tal vez el otro olvidó tus planes.

Cuando critiques a tu pareja, primero reconoce lo que hizo bien. Con sinceridad y sin rencor. Si estás muy molesto o empiezan a sonar las alarmas de una batalla, dile: "Si seguimos hablando de esto, voy a decir algo de lo que me arrepienta" o "No vamos a poder resolverlo ahora. Estoy muy cansada. Tuve un día difícil. Pero quiero retomarlo. Podemos seguir hablando cuando se hayan acostado los niños [o mañana, o el fin de semana]".

Si no están de acuerdo, pero no quieres pelear ni retrasar la decisión: "Voy a ceder. No estoy segura de que sea lo mejor, pero vamos a probar". Si los niños están presentes: "mamá y yo no estamos de acuerdo y es un tema importante. Vamos a pensarlo, hablar más y después les contamos qué decidimos". No trates a tu pareja como absurdo y ridículo porque se está negando a inclinarse a tu sabiduría superior o como si odiara divertirse y busca arruinarle la diversión a todos.

Algunas situaciones recurrentes exigen que apartes a tu hija y le hables del temperamento de su papá o mamá, siempre con respeto: "Ya sabes que el tráfico frustra a papá. Es mejor no hablarle mientras maneja" o "Sabes cómo es mamá antes de dar clase. Está concentrada y no te puede atender. Búscame si tienes alguna pregunta". Es probable que los niños no reconozcan estos rasgos o patrones predecibles por su cuenta, así que estos comentarios familiares e incluso cariñosos les enseñan que ser respetuosos del temperamento del otro es una buena estrategia para evitar las explosiones emocionales.

Cuando un desacuerdo con tu pareja empiece a subir de tono, la mejor forma de evitar que escale y termine en una pelea es practicar la escucha activa. Esto quiere decir poner atención total a la otra persona, no esperar la oportunidad para comentar ni escuchar sólo lo que demuestre lo mucho que se equivoca tu pareja. La psicóloga Harriet Lerner, autora del clásico *La danza de la ira*, afirma que lo primero que hacemos es escuchar los aspectos negativos: "Estás a la defensiva si sólo escuchas imprecisiones, distorsiones o exageraciones en vez de argumentos que respaldarías". No tienes que corregir todo aquello con lo que no estés de acuerdo. No tienes que interrogar ni encontrarle tres pies al gato. Darás a tu pareja el beneficio de la duda. Es más probable que lo hagas si adoptas el hábito de no enfrascarte en una discusión en cuanto estalle, sino esperar a que los dos se hayan calmado. Y si te arrepientes de lo que dijiste, puedes pedir una segunda oportunidad para resarcirlo.

221

ESCENAS DE UNA FAMILIA MODERNA

¿De qué peleamos cuando peleamos por los niños? Por todo: las calificaciones, la comida, sus amigos, el potencial atlético, las horas que pasan frente a la pantalla, los aparatos, la hora de irse a dormir, la importancia de la educación religiosa, el dinero que invertimos en ellos. Cuando son adolescentes las tensiones giran en torno de todo lo anterior más lo que gastan, los "toques de queda", la ropa, los coches, la responsabilidad de sus acciones. Es habitual que uno de los padres invente pretextos para disculpar al hijo o ignore la mala conducta, mientras el otro se asombre de que su pareja no identifique el patrón y la trayectoria en picada del niño o la niña.

No existe un conjunto de mandamientos que resolverán los primeros diez motivos por los que los padres discuten, sin embargo, los padres pueden limpiar los escombros para que las conversaciones en torno de estos temas sean más cómodas.

La mayoría de las parejas que atiendo comparten puntos ciegos y suposiciones sobre los sentimientos y motivos del otro. Sus historias parecen escenas ensayadas de una compañía teatral: la misma trama y guion, pero con diferentes actores. Algunas de estas escenas se relacionan directamente con problemas como el sueño y la hora de irse a dormir. Otras son hábitos tan arraigados que los padres no se dan cuenta de que les impiden tener conversaciones más productivas. Éstas son las situaciones que me encuentro más a menudo.

Rituales nocturnos

En la noche, el niño o la niña se sube a la cama de los papás y el papá se va al sillón. O el niño tiene pesadillas y el papá se acuesta con él. Un inconveniente similar es el ritual nocturno que consumió el matrimonio:

> **Padre:** Isabel, nuestra hija de cinco años, se niega a dormirse a menos que mi esposa realice un ritual nocturno complejo. Tiene que cantarle ciertas canciones en cierto orden, ayudarle a acomodar sus peluches al pie de su cama, leerle media hora y terminar confirmando que debajo de la cama no haya monstruos. La rutina cada vez es más tardada.
>
> **Yo:** ¿Cuánto tiempo?

Padre: Hasta hora y media. Después Isabel se levanta varias veces en la madrugada y se mete al cuarto. Insiste que su mamá la acompañe al suyo.

Madre: Grita si no la apapacho antes de dormir. Tiene miedo. No sé por qué Jorge no lo entiende.

Padre: Yo también tengo miedo, de lo que pueda pasar con este matrimonio. No sé por qué no lo puedes entender.

Aquí se juegan hábitos de dignidad y respeto mutuo. Todos tienen tanto miedo de las emociones fuertes —como si ningún niño debería temerle a la oscuridad y ningún padre debería experimentar el temor de su hijo— que optan por la salida fácil: ser una mantita humana. Después se vuelve hábito y se sacrifica el sueño y la privacidad de los padres. En algunas familias aceptan la idea de una "cama familiar", pero entre las parejas a las que he atendido los padres expresan su resentimiento porque los niños invaden la habitación de los padres. Los temores nocturnos del niño pueden ser un camuflaje práctico de la deteriorada intimidad de los padres.

El bádminton de la culpa

Con frecuencia, los padres creen que los rasgos problemáticos de sus hijos son resultado directo de la mala conducta de su pareja, que consideran una decisión intencionada. ¿De verdad la conducta de tu pareja es tan negligente, peligrosa o cruel? ¿O acaso él o ella actúa distinto que tú? Nuestra cultura nos obliga a creer que una jugada en falso puede hacerle un daño irreparable a un niño, así que los padres se culpan, a veces con sarcasmo y frente a los niños:

"¡Bien hecho! Tu respuesta 'honesta' a su pregunta sobre lo que le pasó a la cabeza del prisionero después de que la guillotina lo decapitará nunca se le va a olvidar."

"Veo que cediste a su exigencia de *waffles*. Cuando le salgan caries en todos los dientes, será gracias a ti."

"¿Todavía le estás poniendo los calcetines y los zapatos? ¿En serio?"

Culpar al otro puede ser tentador porque sientes que estás tomando cartas en un asunto sobre el que, de hecho, tienes poco poder de decisión.

Los padres se sienten indefensos con respecto a las fases del desarrollo de sus hijos. No pueden cambiar el temperamento de los niños ni las fuerzas externas (buenas y malas) que les afectan. Una de las paradojas de la paternidad es que pese a que el control es limitado, la sensación de responsabilidad es absoluta. Por eso la culpa va pasando de uno al otro.

Mamá está enamorada de su pequeño y papá se queda fuera

Es común que los padres resientan o se sientan inhibidos porque mamá prefiera dedicar su tiempo a su hijo. Un motivo por el cual las madres están tan embelesadas es porque el niño es una versión más joven, bella y maleable del marido. En la crianza de la actualidad, la convivencia con los niños nunca es demasiada y eso brinda una nueva fachada para la rivalidad milenaria entre padre e hijo por el amor de la madre. Mamá es muy cercana a su hija, pero pelean y papá comparte su cariño por la niña. Si la rivalidad existe es más sutil.

En mis sesiones con parejas, a quienes la devoción de mamá por su pequeño les causa dificultades, a veces le digo a las esposas: "Sabes que Adrián va a crecer y enamorarse de otra chica. Tomás también es encantador, y él va a seguir a tu lado cuando eso pase". Si la atención que le das a tu hijo es tal que tu esposo queda relegado, considera ampliar tu panorama.

¡Haz algo! Pero ¿qué?

Una madre se queja de su hija o de un suceso que la involucra con el padre y éste cree que quiere que haga algo al respecto. No sabe qué hacer y tampoco está muy convencido de que deba hacerse algo, así que empiezan a discutir. Sin embargo, en ocasiones, mamá sólo quiere que la escuche. Según el estereotipo, los hombres actúan y las mujeres son más prudentes, pero entre los padres modernos, los papeles suelen revertirse. Las madres quieren actuar y resolver el problema de inmediato. En estos casos, una alternativa para el padre (o para la pareja más serena) es apoyar sin comprometerse: "no estoy seguro de por qué estás molesta, pero respeto tu opinión".

Mensajear una letanía de molestias

A veces los padres tienen el hábito de mensajearse un flujo interminable de quejas relacionadas con los niños: *Dejó la raqueta en la cancha...*

Estela dice que Mona posteó una foto muy fea de ella... Tiene fiebre de 38 grados... Esto implica externalizar tu angustia cuando no la has procesado ni procurado resolver por tu cuenta. La actualización de noticias alimenta el fuego de la ansiedad parental y no le permite a la pareja extrañarse. Cuando se reúnen al final de la jornada laboral, ¿de qué platican? De todos esos problemas menores.

Tecnología en la recámara

Explorar el mundo digital es un viaje solitario. Puede ser que a veces compartas un video divertido con tu pareja, hasta que te jalan las redes sociales, los nuevos sitios web o mensajes del trabajo. Aunque no haya sido tu intención, la costumbre de ensimismarse en los momentos de descanso puede provocar que uno o los dos se sienta aislado o ignorado.

Todas las parejas comprometidas deben decidir cómo equilibrar el atractivo de internet con la persona con quien comparten su vida. Al principio, desconectarse al irse a acostar se sentirá raro, pero esos momentos a solas son demasiado valiosos para renunciar a ellos.

CÓMO MEJORAR LA ATMÓSFERA

Adoramos a nuestros hijos y nos esmeramos mucho por cultivar sus aptitudes sociales, académicas y creativas. Después volteamos a ver a nuestra pareja y nos encogemos de hombros. No nos queda energía para que los adultos nos cuidemos entre nosotros.

Mejorar la atmósfera en el hogar requiere dedicar un porcentaje de tu esfuerzo a tu pareja, no a tu hijo. Una enseñanza que encontré en un libro de orientación pastoral cristiana es un ejemplo magnífico: sugiere que cada mañana, antes de que la pareja se separe, se pregunten: "¿Puedo rezar por ti hoy?". Esto les permite conectar a profundidad un instante mientras dejan la seguridad del hogar para salir al mundo o se preparan para gestionar a los niños y el hogar. Al final del día, los padres pueden reunirse y preguntar si las plegarias funcionaron.

Este pequeño ritual nutre lo que la pareja necesita más del otro: una pareja amorosa que los adore, pero que no se sienta responsable por sus retos. La presencia de Dios puede ser una metáfora, otra forma de decir: "¿Qué tienes en mente?" Y cuando la persona regrese a casa:

"¿Cómo te fue?". Con o sin las plegarias, los padres pueden hacerse estas preguntas.

Otra forma de mejorar la atmósfera es cambiar tus monólogos interiores. Tal como te preparaste para ver a tus niños con el interés distante de un antropólogo, puedes hacer lo mismo con tu pareja. ¿Cuáles son las costumbres de su tribu? Entre mis clientes, las diferencias de perspectiva detonan suposiciones instintivas. Los padres me cuentan: "Mi esposa tiene demasiada información de los niños. No puede ser objetiva. Está exagerando", o simplemente: "Está loca". Y la mamá dice: "El daño que le hicieron sus padres es evidente" o "Es autista" o "Nunca está con los niños y no sabe de qué habla". Es mejor que cuando tu pareja diga o haga algo que te produzca ansiedad, piensa: *Qué interesante*, y dile a tu pareja: "Dame más detalles" o "no lo había pensado en esos términos. Ayúdame a entender".

Un par de miradas o palabras condescendientes pueden infligir mucho daño a tu relación, pero las pequeñas muestras de gratitud son igual de poderosas. Otro hábito para mejorar la situación de los padres —incluidos a los padres divorciados— es estar alerta para detectar rasgos o sucesos por los que tus hijos o tú valoren al otro padre. Y después compártelo con él o ella:

"Qué gusto que haya heredado tu voz para cantar."

"Cuando llegó a la casa estaba muy emocionada por haber vuelto a patinar."

"Le encantó la película, gracias por llevarlo."

"¡Le enseñaste a usar el taladro! Me hubiera gustado que mi papá me hubiera enseñado."

Si estás divorciado, a lo mejor te parece que estos comentarios suenan falsos o que no tendrán ninguna relevancia. Pero aplacarán a tu ex, disminuirán los niveles de tensión, fomentarán la confianza y aumentarán la probabilidad de que considere tu punto de vista o sea solidario cuando tengas algún cambio de planes imprevisto.

Mi última sugerencia para mejorar la atmósfera es resistir el atractivo dañino de conversaciones detalladas sobre el progreso y la promesa de tu hija. Hablar animadamente temas que no tienen nada que ver con tu hija es más importante que desmenuzar el talento de su profesor de tercero de primaria. Los profesores, amigos y obsesiones de tu hija pasarán a la historia, los sustituirán los del próximo año. Es más seguro que necesites hablar menos de tu hija, no más.

HABLAR CON TU EX

La crianza separada se ha normalizado, lo cual no quiere decir que sea más fácil que lo fue hace décadas, cuando el divorcio era mal visto. Con el paso del tiempo, algunas exparejas se vuelven familias amistosas, otras siguen en guerra, pero en los primeros días, antes de acordar reglas y rutinas, la mayoría de los padres lo padecen. Siguen siendo mamá y papá, pero ya no marido y mujer, debido a que los conflictos intolerables, la decepción, la traición o la incapacidad para comunicarse los apartó. Ahora están liberados de algunas frustraciones de antaño, pero se enfrentan a otras. ¿Qué es justo? ¿Cómo definir *llegar a tiempo*? ¿La *limpieza*? ¿El *descanso*? ¿La *protección de influencias perjudiciales*?

La comunicación efectiva con un ex requiere diplomacia, y la diplomacia requiere estrategia. Incluso cuando te sientas desconsolado, mareado y sigas curando las heridas que aún son recientes. Una mentalidad útil para mostrar una actitud solidaria y no amenazante cuando hables con tu ex sobre los niños: finge que tu hijo es un perro. Si le encargaras tu labrador a una amiga durante el fin de semana, tus instrucciones podrían ser más o menos así: "Croqueta ha tenido algunas molestias estomacales. A lo mejor fue su comida. Pero parece sentirse mejor. La llevé a caminar en la mañana. Nos vemos el domingo en la noche. ¡Gracias!".

Algunos padres tienen la tendencia de ser lo opuesto a ecuánimes con su ex en lo que se refiere a las pequeñas crisis cotidianas o las enfermedades. Ningún padre quiere que el otro crea que algo salió mal bajo su supervisión. Otros tienden a dirigir de más. El truco del labrador te ayuda a comunicar información básica y después a ceder el control: "te quería contar que ha estado llorando todas las noches desde que cortó con Lucas. Tal vez siga haciéndolo o se sienta mejor cuando esté en un ambiente distinto". O: "está muy preocupada por el examen final de historia, por eso se ve estresada". Mas no decir: "por lo tanto, debes asegurarte de que estudie por lo menos dos horas cada noche. Le estoy enviando sus notas. Acomódalas en dos pilas. Oblígala a revisarlas todas por lo menos una vez al día".

NO OBLIGUES A TU HIJA A JUGAR A LA MENSAJERA O LA ESPÍA

A veces los padres divorciados evitan tener contacto directo y se comunican mediante los hijos. Cualquier terapeuta familiar o de pareja se opone a esto, pero puede exigir una disciplina sobrehumana. Es fácil decir: "Recuérdale a tu mamá que estaré fuera de la ciudad el próximo fin de semana". ¿Qué podría salir mal? Muchas cosas, la primera: tu hijo podría olvidarlo.

Se puede resolver por mensaje, pero recuerda mensajear únicamente información que obedezca a parámetros previamente acordados: horarios de recogida, direcciones de amigos o una solicitud respetuosa para cambiar horarios, pero esto cae en el límite de la comunicación apropiada por mensaje. Nunca envíes mensajes emotivos. Con demasiada frecuencia soy testigo de esta guerra de mensajes entre exparejas: el equipo esposo y su nueva novia, que tiene mucho que opinar, en contra de el equipo esposa, su grupo de amigas y tal vez su mamá. Todos analizan con lupa el significado de los mensajes. Los mensajes son un medio impulsivo y el correo, frío, así que si no te puedes controlar al mensajear, mejor opta por un correo amistoso o una llamada. Pero no utilices a tu hijo como mensajero.

Cuando un niño llega a casa después de haberse quedado en casa de su papá o mamá, es tentador interrogarlo y disfrazarlo de una entrevista despreocupada: "¿Cómo estuvo la cena? ¿Qué pediste? ¿El novio de mamá se quedó a dormir?". Sin importar el desinterés de tu discurso, a los niños no los engañan. Saben cuando les piden espiar y se sienten desleales y acorralados. Y criticar al ex puede motivarlos a ser protectores de mamá o papá, lo cual los empuja antes de tiempo a adoptar un papel adulto.

Compartir con tu hijo detalles de la separación, el divorcio o las tensiones constantes es igual de nocivo. Aunque los niños nunca se van a quejar, incluso ofrezcan consejos sensatos y se sientan especiales y adultos, ponerlos en esta posición supone una carga, les roba la tranquilidad de la infancia, en mayor medida de lo que ya han perdido durante la separación de la familia.

NO TE ENTROMETAS, INVOLÚCRATE

Si evitas llamar o mensajear a tu hijo o ex cuando estén juntos, lo valorarán. Es fácil racionalizarlo como una dosis reconfortante de amor —¡buenas noches, cariño!—, pero puede ser invasivo. No conoces el ritmo del momento ni la actividad que estás interrumpiendo. Contactar a tu hijo exhibe una falta de confianza y a veces lo provoca una envidia o soledad inconscientes. Es innecesario porque las malas noticias llegan al instante, lo sabrás cuando te necesiten.

Un último hábito que fomentará la buena voluntad de tu ex y tu hija: cuando pases por ella, dedica un momento para hablar brevemente sobre algo que no tenga nada que ver con ella ni la logística. La duración dependerá del tiempo en que los dos puedan conservar un tono amigable. Treinta segundos o media hora, está bien. Y cuando te vayas, puedes elogiarlo en lo que respecta a la niña: "¿puedes creer el modelo tan asombroso que hizo de una calle urbana? Parece que heredó tu talento para la ingeniería".

CREAR LAZOS CON LOS ABUELOS

El chef Massimo Bottura le atribuye su amor por la cocina a su relación cercana con una abuela querida. Recuerda que cuando sus hermanos mayores lo molestaban y atormentaban: "Mi lugar seguro era la cocina, debajo de la mesa, en donde mi abuela amasaba la pasta". Ella ahuyentaba a los hermanos con su *matterello*, un rodillo de un metro de largo, gritaba: "¡Déjenlo en paz, es el menor!". Desde abajo de la mesa, Massimo veía cómo caía la harina, y cuando su abuela volteaba para tomar ingredientes, él se levantaba y se robaba los tortellini frescos.[1]

Al escuchar a Bottura referirse a esta mesa como refugio y alimento, pensé en la división del trabajo emocional en las familias. Su *nonna* no tenía la obligación de fomentar el carácter de sus nietos ("Chicos, siéntense y escuchen. No es bueno asustar a su hermanito. ¿Cómo se sentirían si alguien les hiciera lo mismo? Massimo, no debes robar comida."). En cambio, hacía sus cosas mientras defendía el amor, la libertad y la vulnerabilidad de los más pequeños.

En el mejor de los casos tus padres aún viven, tienen buena relación con tu familia y están sanos; y tendrán esa devoción sin complicaciones por tus hijos. Sin embargo, con frecuencia no es tan sencillo. Los valores y las actitudes frente a la salud y la seguridad han cambiado, y esto frustra a las dos partes. A los abuelos les parecen raras las preocupaciones y restricciones de los padres, y a los padres les parece peligrosa la ignorancia y actitud relajada de los abuelos. Cuando ignoras su consejo o insistas cumplir tus reglas, puedes confundir y herir a tus padres. "¿Por qué la niña siempre está de malas, es rígida y paranoica? ¿Sólo comida orgánica? ¿También algodón orgánico?" Y a medida que el niño crece: "¿Qué tiene de malo beber de la manguera del jardín? ¿Están construyendo un fuerte con madera y clavos de verdad? ¿Qué tal mostrar conocimiento de la vida en la calle?".

Ciertos temas —como las alergias alimentarias, los tutores y los campamentos de verano especializados— son particularmente controvertidos. A los abuelos les asombra lo "delicado" que es el niño y lo "neuróticos" que son los padres. Para algunos abuelos, el precio de los tutores y los campamentos es excesivo, y la necesidad, dudosa. Otro punto de disputa es la terapia o los medicamentos para el niño. Los abuelos suelen ser de dos escuelas, ninguna de las dos es muy compasiva con los padres. Una es: "¿por qué no lo hiciste antes?" o "¿estás loco? Así son los niños. Tu gestión está empeorando las cosas". Mientras tanto, los padres creen que los abuelos están tan desfasados en lo que se refiere a los retos de criar a un niño que sus opiniones son casi inútiles.

Es cierto que el mundo en el que creciste era muy distinto del mundo en el que estás criando a tu hijo y que a los abuelos les confunden los cambios y los retos. Creen que exageras los problemas y aunque a veces están en lo cierto, muchas otras se equivocan. En todo caso, este conflicto tiene un aspecto positivo: los abuelos y los nietos tienen la mejor relación humana que existe porque tienen un adversario común (tú) y ninguno desperdicia mucho tiempo preocupándose por el azúcar o el champú sin parabenos. Además, están enamorados. Puedes cosechar muchos beneficios si alientas esta relación amorosa, al igual que tu hijo.

Si no consideras que no son exactamente como tú, en su detrimento, la mayoría de los abuelos son muy serviciales en el papel. Tienen la paciencia de escuchar la historia inconexa e ilógica de un niño de preescolar. Sus expectativas de un niño son agradablemente bajas: "cariño, siéntate conmigo en el sillón y cuéntame de tu hámster nuevo".

Los abuelos pueden revelar secretos de tu infancia: bromas, pasiones y desastres que casi sucedieron: "cuando tu papá tenía siete años, ¡como tú!...". Y pueden contar historias asombrosas de los días de antaño cuando ellos mismos eran niños: "no teníamos computadoras, no había internet. ¡Podíamos correr en toda la colonia solos todo el día! No había celulares y las mamás se paraban en la calle y le gritaban a sus hijos por su nombre cuando era hora de regresar a la casa a comer".

Hay otra ventaja adicional de que los niños convivan con los abuelos. Incluso los niños que adoran a los abuelos volverán valorando más a sus papás después de pasar una tarde o un fin de semana fuera de casa. Lo notarás en sus expresiones de felicidad cuando papá los cargue en hombros, sin importar la ilusión que les inspire la próxima visita a casa de los abuelos.

¿IMPORTA SI LA ABUELA IGNORA TUS REGLAS?

Esperando en el aeropuerto escuché a un hombre hablar con una pareja que viajaba para cuidar a su nieto de cinco años. Era la primera vez que cuidarían al niño más de un par de días. El hombre les aconsejó: "Es fácil. Hagan esto. Los papás les van a entregar una lista. Estúdienla con cuidado, como si fuera la Constitución. Díganles que sí a todo y escucha mientras repasan los detalles. Después, en cuanto ellos se vayan, tiren la lista a la basura y hagan lo que quieran".

Es un consejo maravilloso. ¿Por qué? Porque los niños son bilingües. Les resulta fácil adaptarse a distintas reglas en distintos hogares, tal como en la escuela saben cómo hablarle a los maestros e interactuar con otros alumnos. Los niños con padres divorciados aprenden reglas diferentes en cada hogar. Así que si los abuelos no respetan todos los puntos en tu lista, no afectará la conducta de los niños contigo. Los niños son demasiado inteligentes como para decir: "¡La abuela me da permiso!", pero en caso de que vuelvan a casa exigiendo cosas nuevas, puedes responder: "Ya lo sé, suena divertido, pero nuestras reglas son diferentes".

Por supuesto que hay excepciones. Si los abuelos son alcohólicos (o su pareja lo es), tienen una alberca sin protección, un perro impredecible, el abuelo acostumbra insultar a la abuela a gritos, si ignoran los problemas reales de salud de tus hijos, no se les puede permitir convivir con los niños sin supervisión. Si se trata de personas razonables con una debilidad por ver programas de tele tontos y comer M&M, no pasa nada. Recuerda que son una generación mayor que tú y cuidar a niños peque-ños mucho tiempo los cansa. Por eso ven tanta televisión.

CÓMO SORTEAR LOS COMENTARIOS MOLESTOS DE LOS ABUELOS

Las sugerencias, correcciones o desaprobación pueden ser insufribles, y las hijas son particularmente sensibles frente a las críticas de sus ma-dres. En vez de permitir que los comentarios de los abuelos te saquen de quicio, puedes aprender a gestionarlos. Busca un estilo vocal que trans-mita respeto, independencia jovial y apertura, sin compromiso, frente a sus comentarios. Éste es un intercambio típico entre una abuela y su hija adulta, con algunas respuestas diplomáticas.

"Jess, me preocupa que como estás criando a Maya como vegeta-riana, la estés haciendo muy melindrosa. Se va a morir de hambre o va a ser grosera cuando alguien le ofrezca una hamburguesa por primera vez. ¿Estás segura de que quieres hacerlo (nótese la molesta estructura retórica de la pregunta)."

"Mamá, entiendo tu preocupación, pero sí le ofrecemos toda cla-se de alimentos. No nos preocupa. ¿Has leído o escuchado algo acerca de que los niños vegetarianos resultan ser quisquillosos toda la vida?" Es poco probable que la abuela tenga evidencia científica para respaldar sus opiniones. Su respuesta será más parecida a esta: "Todos se dan cuenta de que..." o "Todos saben que...". O tal vez nada más niegue con la cabe-za. Es generoso reconocer sus preocupaciones sin entrar en una discu-sión apasionada. Ya no va a criar ni arruinar a más hijos propios.

Otro enfoque es pedirle consejo: "¿recuerdas qué comida me gus-taba comer mucho de pequeña o qué comida no me gustaba para nada? ¿Cómo le hiciste?". Si eras quisquillosa para comer esto podría fomentar una conversación sobre las estrategias infructuosas de tu madre (como obligarte a comer verduras de hoja verde). O tu mamá puede tener un consejo revelador que sí le funcionó. Si no recuerda lidiar con esto du-rante tu crianza, tal vez la obligue a pensar un momento y reconocer mentalmente que no tiene consejo de primera mano que darte.

Podrían incluso desviarse para repasar los recuerdos de tus gracias a la hora de la comida o qué comía ella de niña. Es probable que sus temores por la alimentación de tu hijo sean ansiedad residual de su infancia, pues en algunas familias, los problemas con la alimentación se remontan a generaciones atrás.

Con la práctica es posible escuchar los comentarios de los abuelos sin pelear ni ceder. No esperes cambiarlos ni educarlos, pero mantén la mente abierta pues podrías aprender algo de su experiencia.

SUPERA LOS RENCORES

Cuando hablas con tus padres, suceden dos conversaciones al mismo tiempo. La primera de ellas sucede en tu mente y surge de los recuerdos de la infancia de tu familia. A nivel inconsciente, quizá regreses a una época en la que experimentaste dolor, enojo o te pareció que te trataron injustamente. Sin darte cuenta, sigues procurando enmendar esas faltas, algunas de las cuales habrás exagerado y otras son legítimas.

Esta narración interna afecta los intercambios externos con tus padres: las palabras que empleas, el tono, con qué frecuencia hablas, qué evitas decir. Los resentimientos se vuelven suposiciones arraigadas. Hasta que tienes hijos, la disfunción afecta no sólo a ti, sino a tus padres y tus hermanos. Sin embargo, cuando eres padre o madre, tienes motivación para mejorar el discurso. Supera agravios de antaño, le pondrás un buen ejemplo a tus hijos. También tienes motivación para poner límites, insiste que se te trate con respeto y evita la compañía de tus padres si se niegan a aceptar su participación en injusticias o no son generosos contigo, tu pareja o tus hijos. Sin importar la relación con tus padres, conversar con ellos de forma civilizada es un depósito en el banco de tu futuro, porque es muy probable que tus hijos adultos te hablen como le hablas a tus padres.

La fricción continua con tus padres repercute en tu capacidad para ser una mamá o un papá con energía y cariñoso. Tienes una cantidad finita de combustible emocional. Se agota o renueva según tus hábitos de sueño, alimentación y ejercicio; cuánto disfrutes de tus actividades diarias y la calidad de tus relaciones. Tus hijos tienen derecho a una porción generosa de tu energía. Si la gastas en albergar resentimiento, padecer estrés o el agotamiento de cumplir las exigencias de tus padres, te queda poco para contar cuentos a la hora de acostar a tu hija o escucharla describir el perro nuevo de su mejor amigo.

Si los sentimientos que albergas por tu madre o padre te confunden, realiza esta prueba. ¿Cuándo ves tu teléfono y ves que te llama o mensajea alguno de ellos, qué es lo primero que piensas? ¿Cómo reacciona tu cuerpo? ¿Después de la llamada, te sientes ligero y agradecido por su compañía? ¿O más bien te sientes molesto, humillado, débil o avergonzado? En este último caso, contempla hacer algunos cambios. Acude a terapia. O reduce la tensión imponiendo límites claros. "Mamá, por favor no me llames ni envíes mensajes cuando esté en la oficina a menos que sea una emergencia. Con gusto nos ponemos al día el fin de semana." En algunas familias no basta con pedirlo con cuidado ni emplear un tono modulado, el tenor de la relación no mejorará y deberás limitar el contacto con tus padres.

CONDICIONES

Aceptar regalos monetarios o de tiempo de los abuelos no tiene por qué ser un problema. Algunos abuelos financian la colegiatura de los chicos durante la universidad porque pueden y porque la universidad es muy cara. Otros se ofrecen a cuidar a los niños porque les gusta convivir con ellos. Sin embargo, en muchas familias la complejidad psicológica es mayor. Tengo clientes que aceptan dinero de sus padres porque están seguros de que la educación en una escuela privada de élite o la asistencia a programas de verano costosos son esenciales para el éxito social y académico. A estos padres les pregunto: "¿Estás vendiendo parte de tu alma por este dinero? ¿Estás cediendo tu dignidad y autoridad?".

En ocasiones, los abuelos en estas familias consideran a los padres débiles o inútiles en virtud de su dependencia. Le tienen más respeto a sus nietos que a sus propios hijos. Esto no ocurre exclusivamente en las familias adineradas, los mismos juegos de poder se desarrollan si los abuelos cuidan a los niños con frecuencia o los alojan en casa para que los papás se vayan de vacaciones, por modestas que sean. Si después de realizar la prueba del teléfono tienes respuestas físicas o emocionales negativas, entonces el compromiso es muy alto.

234

LOS OTROS ABUELOS

En la historia de la humanidad, los matrimonios han sido arreglados. Ahora que los adultos en los países de Occidente se casan con quien quieren, los dos conjuntos de padres temen por la decisión. En lo que podría ser un instinto protector de la especie, en principio los suegros suelen tener sus dudas de la persona con quien su hija o hijo se casa. Esto puede resurgir con la llegada de los nietos.

Para mejorar y mantener la relación con los suegros, aconsejo a los padres que los consideren dignatarios extranjeros. Sigue las reglas del decoro. Cuando te encuentres en su territorio, ignora tus idiosincrasias ("Los aromatizadores me provocan dolor de cabeza", "No tomamos refresco") e incluso tus quejas válidas ("¿Podrían bajarle a la televisión por favor?"). Cuando estén en tu casa un par de gestos en la misma vena te llevarán lejos (como tener Coca-Cola de dieta).

Aprendí algunas estrategias maravillosas para lidiar con los suegros gracias a los miembros de un grupo de mujeres profesionistas chinas que asistieron a un seminario de crianza que impartí en Pekín y que duró una semana. Muchas de ellas vivían con su suegra, quien ayudaba a criar a los niños. Les pedí que representaran el papel de la suegra y muchas participaron:

¿Cómo puedes prepararle este desayuno a mi hijo? ¡Sabes que le gusta desayunar huevos! Sabes cómo le gustan. Tiene que trabajar mucho todo el día y ni siquiera te esmeras por poner atención a las cosas que le gustan. ¡Me queda claro que la única que lo entiende soy yo!

Estas mujeres eran sumamente dotadas y disciplinadas. Permanecieron ocho horas sentadas en el salón del hotel sin revisar sus teléfonos y apenas levantándose al baño por respeto a mi tiempo y labor como maestra. Sentían lo mismo por sus suegras. Para responder a las críticas de sus suegras, responderían algo así: "Me honra aprender de usted y aprender a ser la mejor esposa para su hijo". Quizá por escrito suene servil, pero en persona me pareció encantador.

Las mujeres chinas explicaron que así aplacan a las madres de sus maridos y disipan la tensión, la cual comprenden es causada por la envidia que sienten sus suegras por su juventud y oportunidades. Muchas

235

de las suegras provenían de familias agricultoras y habían crecido en la pobreza rural. En China, las diferencias entre las generaciones eran tan abismales que era fácil que las mujeres jóvenes se mostraran generosas y empáticas.

En los países occidentales esta respuesta respetuosa a las críticas puede plantearse como una pregunta. Igual que cuando tu madre critique tus decisiones, puedes desviar las críticas de tus suegros con un tono que no sea provocador: "Cuéntame cómo fue criar a Juan. ¿Tenía tareas en casa? ¿Lo castigaban? ¿Si tuvieras que hacerlo todo otra vez, qué harías diferente?".

Plantear estas preguntas brinda una oportunidad a los mayores de compartir sus experiencias y de reflexionar sobre sus opiniones. Si preguntas: "¿Cómo era cuando mi marido tenía siete años y debía hacer tarea? ¿Cómo lo animabas?", a lo mejor responden: "En aquel entonces no dejaban tarea a los niños de siete años". Quedó claro. Ahora pensarán un poco a que te enfrentas.

BUENA VOLUNTAD CON LOS ABUELOS

Con tanta atención puesta en los niños, a veces los abuelos sienten que los dan por sentado o los tratan como empleados. Reconocer a los abuelos y demostrar que los valoras, fomenta la buena voluntad.

Envía tarjetas de cumpleaños de papel (no electrónicas)
e incluye un recuerdo de la infancia
Ahora que eres padre, te vendrán más rápido a la mente estos recuerdos. Los abuelos pueden releer la tarjeta, enseñársela a sus amigos y guardarla en su buró.

Pídele al abuelo que le muestre o enseñe una habilidad a tu hija
El ejemplo más obvio es preparar su receta favorita, pero tus padres tienen toda una vida de trucos y talentos: la técnica del abuelo para hacerse el nudo de la corbata o afinar una guitarra, el método de la abuela para sacar a las arañas de casa o barajar las cartas.

Cuando mi hija Emma estudiaba en la preparatoria, ella y sus amigas condujeron dos horas para que mis papás les enseñaran a bailar. Los chicos se preparaban para una fiesta de swing y sabían en dónde encontrar a los expertos. Mis padres se conocieron en una cita a ciegas, un amigo en común creyó que harían buena pareja porque los dos bailaban muy bien. Sé que Emma valora esta parte divertida de la herencia familiar.

Pídele al nieto que grabe una entrevista con el abuelo
Si la abuela y el abuelo prefieren no aparecer frente a la cámara, sugiere que hablen al micrófono. La mayoría disfruta recordar su vida. Y a menos que un abuelo esté plagado por alguna enfermedad, conserva la memoria a largo plazo hasta el final. Los niños son un nuevo público y no recriminan nada, así que los abuelos están más dispuestos a sincerarse. Incluso los niños pequeños pueden realizar estas entrevistas, así que busca en internet listas de preguntas para arrancar.

Piensa en oportunidades para involucrar a los abuelos
Además de cuidar a los niños, ¿qué habilidades poseen tus padres que pueden contribuir a la familia? Los abuelos adoran a los niños, pero muchas veces quedan relegados entre las muestras de cariño para los nietos o la batalla constante entre mamá y la abuela. Me he dado cuenta de que muchos abuelos están mucho más dispuestos a involucrarse con sus nietos que con sus propios hijos (tal vez un beneficio secundario del declive de los niveles de testosterona e impulso competitivo). Y estos hombres mayores suelen tener buenos instintos sobre qué deleita a un niño pequeño. Cuando mis hijas eran muy pequeñas, les gustaba ponerse de pie en los pies de mi papá mientras él caminaba y cantaba dulcemente: "Ba-dum, ba-dum". cuando se detenía, ellas le pedían: "¡Más ba-dum!, ¡más ba-dum!".

HABLAR CON LA MAMÁ DE OLIVIA

Tener niños es la puerta de entrada a nuevas amistades en los centros de estimulación temprana, el jardín de preescolar o durante las pruebas de resistencia cuando son acompañantes en las excursiones escolares. Algunas de estas se volverán alianzas permanentes que sobrevivirán el vínculo entre sus hijos. Algunos padres se volverán consejeros de confianza y pilares de apoyo. Otros te harán desconfiar de ti misma, algo que no has hecho desde secundaria. (Durante las sesiones he escuchado a mamás que agonizan porque no saben qué ponerse y en dónde sentarse en la obra escolar, pues temen que el grupo popular no las acepte si no toman las decisiones correctas.)

Cuando mis hijas estaban en la escuela, me daba la impresión de que casi todas las niñas de sus respectivos salones se llamaban Olivia. En el fondo escuchaba la voz de "la mamá de Olivia" que decía: "No sé cómo le hace Olivia. Siempre sigue estudiando cuando nos vamos a dormir y es la primera en levantarse, hace el desayuno para todos y saca a pasear al perro. Fundó una ONG de microcrédito para mujeres indígenas colombianas y creemos que Darmouth la quiere reclutar para el equipo de clavados". La mamá de Olivia no mentía del todo. Tal vez su hija les preparó el desayuno una vez, paseó al perro algunos días y luego dejó de hacerlo. Su familia *espera* que el equipo de clavados de la universidad la reclute. Si no me dedicara a escuchar las historias de tantas familias, seguramente me habría sentido desanimada tras comparar a mis hijas con Olivia.

Hoy en día, más que antes, las comunidades escolares suelen estar al centro de la vida social de los padres. La cercanía fomenta muchas inseguridades y competencia. Otros padres pueden empezar a parecerte barómetros descarados de tus capacidades como padre y estatus social; los éxitos constantes de sus hijos se vuelven el estándar a partir del que juzgas a tu propia hija. Mi conclusión después de tantos años como terapeuta: la representación que hacen las personas de sus familias son igual de auténticas que sus páginas de Facebook.

Hasta que un niño entra a la secundaria, es posible que interactúes con los otros padres todos los días. Quizá sientas escalofrío al igual que tu hijo cuando esperes en la puerta de la escuela el primer día del año o participes en la sesión de orientación. Tus ansias de que las otras mamás te acepten y les caigas bien te pueden hacer perder la perspectiva de qué decir. Una buena regla: cuando conozcas a otros padres, pon en práctica el criterio que emplearías con cualquiera. Si estás muy ansiosa por intimar o ser popular, terminarás revelando cosas demasiado pronto. No intercambies los secretos de tu hija como si fueran la moneda para entablar amistades. La prueba: ¿qué sentirías si tu hija te escuchara? Todos necesitamos amigos para ayudarnos a calibrar la conducta de nuestros hijos, pero espera a comprobar si la persona en cuestión merece tu confianza. ¿Estás segura de que no le contará a su hija? Porque en cuanto lo haga, tu hija también se va a enterar.

Por último, resiste la tentación de intimar con otros padres participando en levantamientos del estilo justiciero para refutar las decisiones de la administración escolar, las acciones imperfectas de los profesores o la influencia de un niño difícil en el salón de clases. Degradarás la atmósfera de la escuela o dificultarás la vida de otro niño. No vale la pena.

Necesitamos a la comunidad de los padres. Aconsejo a mis pacientes: "Encuentra una mamá o un papá con un hijo un poco mayor que el tuyo a quien le esté yendo bien: que sea centrado y entusiasta. Cuando tengas dudas sobre una decisión que concierna a tu hijo, consúltala con este padre o madre en vez de hacer una encuesta con las mamás en el parque". Los papás que no se conviertan en tus mejores amigos, aún pueden ser fuentes valiosas de noticias y opiniones sobre profesores, entrenadores, tutores y otros adultos que se preocupan por tu hijo: los asesores que conoceremos en el siguiente capítulo.

CAPÍTULO 10

Los asesores

Cómo sacarle el mejor provecho a las nanas, los maestros, los entrenadores y otros adultos en la vida de tus hijos

Para criar a un niño se requiere un poblado entero... y los otros pobladores podrían ser desconsiderados, encantadores, molestos o inspiradores. Parecerá que algunos tienen un poder exorbitante sobre el futuro de tu hijo. Otros son aliados y mentores cariñosos. Se trata de los asesores, administradores temporales del desarrollo mental, emocional y de los talentos de tu hijo o hija. Cuando tus niños te vean interactuar con estos adultos o te escuchen hablar de ellos en casa, les estás impartiendo lecciones sobre cómo tratar a las figuras de autoridad y gestionar los desafíos y honores. Cuando converses con tus asesores, asume que dicha persona quiere lo mejor para tu hijo. Tu mantra interior: *mi hijo o hija no es un caso especial.*

Tu enfoque, actitud y comentarios pueden hacer sentir cómodos a tus asesores o provocar que te consideren difícil. No te conviene, es difícil revertirlo.

LA NANA: UNA PROFESIONAL AMOROSA

Si tienes una nana, tu relación con ella o él es única. Repasemos el proceso de contratación. A los candidatos no se les exige ninguna licencia ni título académico y sus aptitudes no se pueden valorar de manera objetiva. Una agencia hará una revisión de sus antecedentes, tal vez te la recomiende un amigo, pedirás referencias, pero básicamente le otorgas a un desconocido total responsabilidad del bien más valioso y vulnerable de tu familia a partir de pura intuición. Generalmente todo sale bien. Es evidente que contratar a una niñera permite a los dos padres conservar sus empleos o elimina la necesidad de transportarse todos los días a la guardería. Pero existen otros beneficios tanto para los niños como para los padres que me llevan a incluir a las niñeras entre los asesores valorados.

Cuando una nana entra en el mundo del niño, éste comienza a expandirse. Lo desconocido se acepta y valora: nuevas personas (otra nanas y niños en el parque), nuevas comidas y sabores, su acento (si el español es su segunda lengua), sus muestras de cariño, nuevos juegos, canciones y conocimiento. Es práctica para la separación que experimentará el niño y la flexibilidad que necesitará cuando entre a preescolar o el kínder.

Tu interacción con la nana será el primer ejemplo de tu hijo de la relación entre empleado y empleador. También podría ser tu primera experiencia como jefe. Bajo la mirada curiosa de tu hijo estarás negociando, gestionando los conflictos, dando instrucciones, corrigiendo y elogiando. No obstante, no se trata de un empleado ordinario porque la nana está en tu casa todos los días, observando a tu familia con lupa. Y el equilibrio de poder es peculiar: en muchos hogares tanto los padres como la nana se sienten un poco paranoicos. La nana teme hacer enojar a los padres y que la despidan, y los padres temen que la nana mienta, robe o renuncie sin previo aviso, deje al niño desconsolado y los padres se vean obligados a contratar a alguien deprisa. (Aunque para los niños es desgarrador perder a una niñera querida, si la despediste con motivos, estás protegiendo al niño. Si renunció por cambios en sus circunstancias de vida, puedes invitarla a seguir vinculada con tu hija, visitándola o enviando tarjetas durante las festividades o cumpleaños.) Como se trata de una relación profesional y personal, los límites se borran, normalmente en detrimento de la nana. Las madres se esmeran por ser amables para mantener a la nana contenta, pero cuando cuidan en exceso cómo dar instrucciones, es posible que la nana no las comprenda. Ser demasiado amigable con la nana —compartir detalles de tu matrimonio, salud, amigos o trabajo— mina tu autoridad y se entromete en la privacidad de la nana, al grado de intimar con ella. Y pensar que la nana es otro miembro de la familia, conduce a un abuso sutil de su tiempo y amor por el niño.

DEFINE TUS EXPECTATIVAS ANTES DE CONTRATAR A UNA NANA

Buena parte del drama se puede evitar si defines tus expectativas mientras entrevistas a la nana. No es tan fácil como parece porque el alivio de terminar el proceso de selección, establecer una conexión emocional con la entrevistada o la recomendación maravillosa de un amigo pueden cegar a los padres. Sentada frente a ti está un individuo cálido, inteligente y experimentado con disponibilidad para empezar a trabajar de inmediato, y no quieres desalentarla haciendo mención de una lista de reglas. Pero contrario a tus preocupaciones, los padres con capacidad de explicar con claridad en qué consiste el empleo tranquilizan a cualquier nana. Además de los horarios y el alojamiento (vivirá contigo), puedes resumir qué esperas de ella y tus propias responsabilidades. Como patrón, el trato digno y justo de una nana incluye:

- No pedirle que se quede sin avisarle con anticipación (hazlo sólo en caso de emergencias reales).
- Pagarle por horas extra.
- Pagarle si vas a salir de vacaciones.
- Avisarle con antelación tus planes para vacacionar.
- En vez de reembolsarle los gastos, dale una tarjeta de crédito y efectivo para gastos relacionados con los niños.
- Llega a tiempo para que concluya su turno.

Si durante la entrevista dejas claras las reglas, será mucho más fácil hacerlas cumplir cuando la nana empiece a trabajar. En cuanto al uso del teléfono, podrías decirle: "Cuando jugamos con Mila, la bañamos o la acostamos, guardamos nuestros teléfonos y te pedimos que hagas lo mismo. Cuando estés en el parque, queremos que la cuides, que no uses tu teléfono para jugar o comunicarte con amigos o familiares porque los accidentes ocurren en cualquier momento. Sólo te enviaremos un mensaje o te llamaremos si se suscita un cambio de planes o una emergencia, y esperamos lo mismo de ti: no necesitamos que nos consultes sobre las decisiones menores."

EVITA LAS CONFUSIONES

Hace varios años impartí un taller para nanas en Santa Mónica, California. La mayoría de las asistentes eran hablantes nativas del español, pero todas tenían soltura con el inglés. Mi plan era repasar estrategias disciplinarias efectivas y cómo comunicarse con los padres de los niños. Si bien las mujeres valoraron los consejos disciplinarios, lo que más les interesó fue la sesión sobre cómo hablar con las mamás. Su queja más frecuente: "si tan sólo me hubiera dicho cómo quería que lo hiciera o cómo le gustan las cosas, con gusto hubiera acatado sus órdenes". Escuché muchos "confundida" y "frustrada".

En su libro *Secrets of the Nanny Whisperer*, Tammy Gold aborda las confusiones que suelen provocar a las nanas. Éstas son sus seis reglas, con algunas adaptaciones, para comunicarse mejor:

1. *Nunca disfraces una instrucción como si fuera una pregunta*
No: "¿Crees que hoy puedas cambiar las sábanas?", pero: "Por favor, hoy cambia las sábanas".

2. *Nunca digas si...*
"Si puedes, ¿podrías...?", parece que las peticiones son opcionales y que no son prioritarias.

3. *Cuando quieras que la nana haga algo, pídeselo de forma directa*
Cuando se comunican, las mujeres tienen el hábito de formular lo que quieren como si fueran sugerencias, recuerda todas esas veces que tu mamá te dijo: "¿No crees que hace frío como para salir sin chamarra?". No preguntes ni sugieras, pide las cosas: "Por favor, prepara tres sándwiches para llevar al parque para que Sami comparta con sus amigos".

4. *No le atribuyas tus necesidades o peticiones a nadie (o nada) más*
A veces los padres hacen esto para darle peso a sus directrices, pero puede resultar contraproducente. Contarle a la nana que un estudio recién publicado dice que los bebés deben dejar de usar chupones a los doce meses puede interpretarse como información, no una instrucción. La nana podría pensar: *tengo veinte años cuidando a niños y el chupón nunca les ha hecho daño.* Respalda tu decisión: "queremos destetar a Claudia del chupón, por favor no dejes que lo use. ¡Gracias!".

5. *No le des comentarios ni instrucciones frecuentes por correo o mensaje*
Evita interrumpir el tiempo de la nana con el niño o su tiempo libre. Los mensajes breves para informar cambios en los horarios son esenciales, pero pese a la eficiencia de la comunicación instantánea, no utilices un

aparato para comunicarle comentarios negativos ni instrucciones complejas. Se presta para ignorarlo o malinterpretarlo, sobre todo si el español es la segunda lengua de tu nana.

6. *La nana no es adivina*
Aunque creas que la nana conoce tus valores y rutinas, dile fuerte y claro exactamente qué quieres que haga y no haga. Es pertinente para todas las nanas, pero en especial para quienes crecieron en entornos con costumbres culturales distintos al tuyo. No asumas que la nana entiende perfectamente lo que quieres decir, tus intenciones o preferencias.

LA ORGANIZACIÓN SEMANAL
Sugiero a los que han contratado a una nana, que agenden una sesión semanal para organizarse con ella y hablar de temas pertinentes de los niños. No tiene que ser los viernes por la tarde, pero debe ser una reunión que se cumpla sin pretextos. Al igual que cualquier otra estrategia, esto controlará el estrés de la relación entre padres y nanas y te alertará sobre posibles problemas o dificultades al escuchar lo que te cuenta, y poder percibir algún asunto con base en lo que no te cuenta. Las nanas tienden a minimizar sus preocupaciones o no mencionarlas. Así que tendrás que ganarte su confianza con el tiempo. Reacciona tranquilamente y no adoptes la modalidad de persecución cuando te dé noticias poco optimistas (aprenderás a hacer lo mismo con los maestros de tu hija cuando crezca).

Mediante la reunión semanal podrás evaluar cómo va la relación entre la nana y tu hijo. Ésta no se refleja en la cantidad de preocupaciones que reporta, sino en los detalles que comparte sobre el niño. Puedes comenzar la reunión preguntando: "¿Cómo estuvo la semana? ¿Hay algo que deba saber, has notado algo raro en la conducta de Daniel?". Tal vez sonría y te cuente: "Empieza a poner mucha atención a cómo se peina, se está viendo mucho al espejo. Dice que le gusta Karen". Una observación cariñosa, astuta y reciente es señal de que está en sintonía con tu pequeño y no en Facebook ni mensajeando con sus amigos. Las respuestas vagas y carentes de entusiasmo señalan lo opuesto.

Si no estás recibiendo reportes de su parte y ella parece agobiada por problemas personales, puedes decirle: "Últimamente te veo un poco preocupada. ¿Me quieres contar?". Si insiste en que todo está bien y te sigues sintiendo intranquila, investiga. Por ejemplo: llega a tu casa a deshoras, que un amigo tuyo llegue sin avisar, o sorpréndelos en el parque ("Salí temprano del trabajo"). No ignores tu instinto.

Es probable que los niños se porten mejor con la nana que contigo. Esto puede ser confuso e inquietante porque pareciera que la quieren más a ella. Pero es el mismo principio que verás cuando regresen a casa de la escuela de malas, hostiles o con actitud infantil: tuvieron un día largo y exigente, y se portan peor con las personas que más quieren. Si tu hija adora a la nana, entonces lo lograste. Dominar la triada de nana, padres e hijo es una preparación excelente para los vínculos que pronto crearás con sus maestros.

LOS PROFESORES EN JUICIO

Cuando éramos pequeños, la mayoría de nuestros padres no se preocupaban mucho porque nuestros maestros fueran justos e inspiradores. Tampoco le daban tanta importancia a las calificaciones. Las lealtades de mamá y papá eran muy claras: obedece a los adultos. Si nos mandaban a la oficina del director, la ira de nuestros padres iba dirigida a nosotros. Podíamos insistir en la injusticia de la situación, queríamos contar nuestra versión de los hechos, pero incluso si nos escuchaban, la mayoría no nos defendía. Su respuesta solía ser: "tal vez, pero te tengo una noticia. *La vida* es injusta. Así que compórtate".

Ya no. La alianza venerable entre maestros y padres se ha roto y hoy en día, la mayoría de los padres se pone del lado de sus hijos en las disputas en el salón. Juegan a ser titiriteros; llaman o escriben a los maestros para importunarlos, muchas veces con temas relacionados con la educación, y para pedirles una segunda oportunidad para sus hijos, o una interpretación más flexible de las reglas con explicaciones o excusas como: "lo provocaron", "ya no lo volverá a hacer". Es el lado oscuro de la devoción y puede salir contraproducente de manera inesperada.

Sabemos que cuando protegemos a los niños de las consecuencias de no entregar sus tareas a tiempo, de jugar videojuegos en vez de estudiar o romper las reglas, adquieren una visión de la vida pasada por el Photoshop que ocasiona que sea más difícil lidiar con la adultez. ¿Entonces por qué los padres parecen estar decididos a abogar por sus hijos? Las mismas fuerzas que hemos abordado en el libro se relajan mucho en la escuela. Los padres consideran una boleta de calificaciones impecable como un pasaporte; el refuerzo vital para sortear un futuro incierto. ¿Las transgresiones sociales de su hijo? Tropiezos inocentes que seguro no se repiten. ¿Premios y triunfos? Validación del valor de los padres. Con tanto en juego, las emociones de los padres superan su sentido común.

En esta atmósfera cargada, los maestros ya no son los jugadores solidarios y originales en la saga de la vida de un niño, sino agentes del bien o el mal. Los examinan de cerca, les hacen la barba, se fomentan rumores sobre ellos, se les presiona. Es raro que hoy en día a los maestros se les permita hacer su trabajo con una dosis adecuada de confianza, distancia y apoyo de los padres. Los educadores en las escuelas privadas y en los distritos públicos con alta recaudación de impuestos se enfrentan a padres que creen que gracias a sus impuestos tienen derecho de contactar al cuerpo docente veinticuatro horas al día. En cambio, los maestros en colonias desfavorecidas tienen un reto distinto. Los padres no participan por su falta de educación o recursos o experiencias negativas en el salón de clases. Tal vez están cansados porque tienen muchos trabajos o desconocen los beneficios de asistir a las reuniones de padres y maestros. En estos casos, los padres no interfieren, pero sin su participación se pierde la relación entre padres y maestros que puede apoyar el aprendizaje de los niños. Los maestros están en cualquiera de estos dos extremos: ahuyentando a los llamados padres helicóptero o arreglándoselas solos.

Desde hace veinte años ha aumentado la crianza helicóptero (o "máquina quitanieve" o "kamikaze"), lo suficiente para haber tenido un efecto permanente en las estrategias de los maestros en el salón de clases. Algunas han sido positivas: los administradores y maestros ahora están más pendientes de identificar señales de discapacidades, los efectos a largo plazo del acoso escolar, respetan más la orientación de género, la diversidad étnica, social y de clase y los estragos de los prejuicios. En los días en que los padres se ponían del lado de la escuela sin tener en cuenta las quejas sinceras o dificultades de aprendizaje genuinas tuvo sus inconvenientes. Pero en el transcurso de este mar de cambios, la relación entre maestros y padres se ha vuelto cada vez más desconfiada. Ahora que los padres han entrado en escena, algunos maestros se han hecho a un lado. Han reconsiderado lo que están dispuestos a comunicar a un padre o recomendar a un estudiante. Resulta paradójico que cuanto más presionen los padres a los maestros, es menos probable que el niño se beneficie de lo mejor que su maestro tiene que ofrecer.

El ejemplo más claro y omnipresente de esto es el aumento de las calificaciones y sus efectos secundarios, la disminución de la sinceridad. Mi libro más reciente se titula *The Blessing of a B Minus* porque la reacción de muchos padres a una calificación de ocho es entrar en pánico, contratar a profesores particulares y fastidiar o suplicarle al maestro. Debido a este nerviosismo de los padres se ha distorsionado la escala para calificar. Un alumno capaz pero sin dedicación que no participa en clase con frecuencia, no entrega tareas a tiempo ni se prepara para los exámenes no recibe sietes ni seises. Para el maestro, ya no vale la pena discutir con los padres, quienes se pueden quejar con la administración de que a su hijo no le va bien por la calidad de la enseñanza.

Además de que los maestros recurren a una escala de calificaciones para satisfacer vanidades, también se muestran renuentes a ofrecer evaluaciones sinceras cuando ven a los niños desperdiciando sus talentos o renunciando a tareas difíciles. Los maestros no mienten, pero muchos han aprendido a ser menos directos porque han padecido las consecuencias. El resultado es que los padres ya no cuentan con información útil sobre sus hijos.

TUTORÍAS FURTIVAS, LA MANO NEGRA DE LOS PADRES EN LAS TAREAS Y OTROS LETREROS EN EL CAMINO HACIA LA PERDICIÓN

> *No puedes transportar a los niños a la cima por aire, poner la bandera en sus manos y decir que fue su logro*
>
> JULIE LYTHCOTT-HAIMS,
> autora de *How to Raise an Adult*

La interferencia de los padres puede cruzar la línea de la honestidad y causar mucho daño. En muchas de las familias a quienes asesoro, los niños tienen tutores o maestros particulares para una o más materias para obtener buenas calificaciones. Algunos son "tutores furtivos", esto es, los niños tienen instrucciones de no revelar a su maestro que están recibiendo instrucción adicional. Pedir a los niños que guarden secretos de sus maestros envía un mensaje confuso: "Está bien mentirle a un adulto cuando la mentira da ventaja sobre tus compañeros". También es un ejemplo de que las reglas no son iguales para todos. Este secreto es una carga injusta y desmoralizante para cualquier niño.

Otro rubro en donde las líneas éticas se desdibujan es la tarea. Cuando me reúno con grupos de profesores, siempre les aconsejo informar a los padres al principio del año qué tanto quieren que participen en las tareas diarias o los proyectos especiales. Si la maestra de tu hijo no te da estos lineamientos en la sesión de orientación al principio de clases o en un boletín informativo o entrada de blog, pregúntale. Cuando las expectativas no son claras, es fácil que los padres bien intencionados ayuden demasiado, sobre todo porque en muchas escuelas la cantidad de tarea, entrenamientos y otras actividades extracurriculares son excesivas.

El problema empeora cuando el niño crece y las obligaciones comunitarias, tareas y viajes con los equipos deportivos saturan sus calendarios. Ahora mamá o papá le reescriben una tarea escolar debido a una mezcla de compasión y ambición y de nuevo le sugieren al niño que "lo que ocurre en casa, se queda en casa", y que no debe contarle a su maestra. La maestra recibe la tarea y el examen y llama a los padres. Los padres pueden ser francos o inventar un pretexto: "Ah, sí, le estaba dando gripa el día del examen, por eso no se pudo concentrar. ¿Por qué no le permite volverlo a presentar la semana siguiente?". Si se presenta un patrón de engaños, no engañarán a nadie, y la maestra dará a esa familia por perdida. No al alumno, a la familia.

El profesorado y los administradores son conscientes del estrés que algunos de sus alumnos más privilegiados (en apariencia) enfrentan. Los padres siempre están de viaje o trabajando. Mamá o papá están deprimidos, son adictos o están a punto de separarse. Tienen problemas financieros. El niño se siente perdido o desatendido en una familia mezclada. Los maestros saben que pueden brindar al alumno atención y cuidados que en otra parte no está recibiendo y desde luego, ser una presencia positiva en la vida del niño.

Los maestros no culpan a los niños por la conducta de sus padres. No obstante, si perciben que sus recomendaciones se cumplen sólo de forma superficial y que en el fondo se resisten y no dan seguimiento, o que el padre continúa mintiendo y excusando al niño, muchos maestros se dan por vencidos con la familia. Esto implica que son menos meticulosos a la hora de transmitir información y menos creativos para encontrar soluciones a las dificultades académicas del niño.

En las escuelas públicas existen los mismos problemas, la diferencia es que los profesores tienen muchos más alumnos por salón y poca paciencia para "tratar las tonterías de los padres con pinzas". A lo mejor se encogen de hombros y lo dejan pasar (el niño sale perjudicado pues concluye que hacer trampa funciona porque los maestros son tontos, no les importa o las dos cosas). Pero es muy probable que el maestro llame la atención del alumno y exija saber qué pasa, lo cual lo obligará a confesar o mentir, ambas opciones son igual de humillantes. Incluso podría llamar a la familia a reunirse con el director, en donde interrogarían a los padres y el alumno terminaría avergonzado o disciplinado.

Para demasiadas familias, los malos hábitos continúan cuando el alumno está en la universidad. Para el niño es normal tanto las "ediciones", como la reescritura de sus tareas, los pretextos y encubrimientos por parte de sus padres, que se han vuelto parte de su marco ético: *Está bien hacer trampa, mientras no te descubran. Todos lo hacen.*

Las consecuencias involuntarias de las tutorías furtivas y el engaño de los padres incluyen:

- Pérdida de la motivación intrínseca (*Estoy haciendo este trabajo para mis papás y maestros, no para mí*).
- Pérdida de satisfacción y orgullo. Como lo que sientes cuando descubres cómo resolver los retos de aprendizaje y creativos por tu cuenta.
- Autoestima baja (*debo ser bastante torpe si mis papás deben contratar a un especialista que cobra mucho para venir a la casa o mentirle a mis maestros e inventar excusas*).
- Enseñar a los niños que los problemas se pueden resolver rápido y bien si se invierte dinero.

Los buenos padres toman malas decisiones porque quieren que la realidad sea diferente. Mi consejo: "Por favor, no prives a tu hija de experimentar la realidad. Es una maestra maravillosa y es gratis. No tienes que pagar colegiatura por aprender de la realidad. En cambio, sí tienes que pagar mucho dinero para protegerla de la realidad".

CÓMO HABLAR CON LOS MAESTROS EN LAS REUNIONES DE PADRES Y MAESTROS (O EN CUALQUIER OTRO MOMENTO)

Cuando hables con el maestro de tu hija, tu objetivo es fomentar un espíritu de colaboración. Quieres que sea franco. Quieres reforzar lo que él procura lograr en el salón de clases mediante tus acciones en casa. Para darle la confianza de ser honesto, necesitas comunicarle que puedes escuchar lo que tiene que decirte. Si quieres ganarte su confianza, tal vez necesites comunicarle que tu respuesta automática a los comentarios desfavorables es entrar en pánico o negarlo. Cualquier madre puede decir esto porque es cierto. Después cuéntale lo mucho que valoras sus opiniones y que quieres que se sienta con la libertad de compartirlas.

Tus palabras y conducta deben expresar humildad y resaltar que eres amateur. No quiere decir lisonjear sino reconocer su experiencia en un ámbito del que tienes poco conocimiento, incluso si has leído muchos libros. Si eres profesional del desarrollo infantil, sigue siendo un hecho que no eres profesora en la escuela de tu hija, e incluso si lo fueras, no estás al tanto de las dinámicas del salón de clase particular de tu hija.

Existen dos razones por las cuales es importante comunicar respeto y apertura de manera explícita desde el principio. La primera es que la tendencia de la mayoría de los padres es defender a sus hijos. El maestro está cansado de la batalla y asumirá que es tu postura también, a menos que le asegures que no lo es. La segunda razón es que el maestro puede sentirse intimidado por ti. Si tu hijo asiste a una escuela privada, es probable que los ingresos y estatus social de tu familia sean más altos que los suyos.[1] Puedes "nivelar el campo de juego hablando de lo que *no* tienes": su conocimiento de los niños. Sólo se requiere un comentario considerado como: "qué gusto estar aquí. Segundo grado es nuevo territorio para nosotros y quiero aprender cómo podemos ayudarle a Gaby a cumplir tus objetivos para ella y para la clase en general".

En la sesión de orientación, la mayoría de los maestros describen los acontecimientos normales en el desarrollo de los niños y la conducta habitual de los niños y las niñas en ese año; se tocan temas como las dificultades sociales que se suelen presentar y se mencionan las materias que se les dificultan a los alumnos. A menos que tengas una memoria excepcional, toma notas para que puedas consultarle lo que dijo cuando se reúnan frente a frente. Tu primera oportunidad será en la reunión de padres y maestros. Estas reuniones son breves, entre doce y veinte minutos por padre, así que prepárate.

- Si ya te enviaron un reporte sobre el progreso de tu hija, llévalo para hacer referencia a él.
- Si estás inseguro de cómo ayudar a tu hija con cualquier problema que esté teniendo, pregúntale al maestro.
- Si tu hijo está enfrentando o enfrentará desafíos emocionales, avísale a la maestra. Sin contarle todos los detalles, dale más importancia a la franqueza que a la privacidad o vergüenza. Cuéntale a la maestra que agradecerías que te alerte si nota cambios en la conducta o estado de ánimo de tu hijo. Esto le brinda más evidencia de tu capacidad de saber la verdad. Entre los problemas frecuentes que afectan la conducta de los niños están: la separación de los padres, enfermedad de uno de ellos, un hermano que está teniendo un problema, embarazo, la nana deja a la familia.
- Avísale a la maestra si a tu hijo le han diagnosticado algún trastorno emocional o de aprendizaje. Sé que no querrás hacerlo. *Queremos protegerlo de las expectativas o etiquetas negativas. Un nuevo maestro y salón nos brinda una oportunidad de comprobar si el problema era inducido por el entorno.* Sin embargo, al no alertar a la maestra de estos desafíos, trasgredes el espíritu de una colaboración abierta y privas a tu hijo de su sensibilidad y experiencia.
- Algunas escuelas han adoptado un modelo de reuniones entre padres y maestros que incluyen a los alumnos. Esto beneficia a cualquiera, pues todos escuchan los comentarios y juntos estiman el crecimiento del niño (los padres acostumbran a recordar mejor las debilidades que les reportan que una lista de sus

fortalezas, aunque sea extensa y entusiasta). Si un niño está pasando por un momento difícil, es útil que entre todos establezcan metas. No obstante, es mejor explorar ciertos temas sin la presencia del niño, por ejemplo, si te preocupa su salud mental o si sospechas que padece algún trastorno de aprendizaje. Después de la reunión, contacta a la maestra para agendar otra reunión y pregunta si le parecería adecuado que un terapeuta escolar monitoree a tu niño en el salón o el recreo antes de su próxima reunión.

CÓMO MEJORAR LA RELACIÓN CON LOS MAESTROS

Durante la reunión de padres y maestros querrás reafirmar que apoyas a la maestra y evitar palabras o acciones que la orillen a sentirse a la defensiva. Dentro de esta estrategia, puedes expresar preocupaciones y la maestra estará más dispuesta a escucharlas porque has demostrado que respetas su trabajo y compromiso. Con ese fin:

Identifica el riesgo de tu profesión
Un padre que era agente del FBI me contó: "Mi trabajo consiste en buscar pistas y descifrar quién es el perpetrador, así que como madre es difícil porque siempre asumo que mi hija esconde algo". Los padres hacen lo mismo con los maestros y otros asesores. Las mamás que son abogadas interrogan a la maestra. El papá terapeuta la psicoanaliza. Los mercadólogos intentan seducirla y alagarla, los CEO, intimidarla. Todos tenemos riesgos en virtud de nuestra profesión, así que identifica el tuyo. Si se te dificulta evitar esa conducta, advierte de manera directa, amigable y autocrítica: "Soy abogada, así que dime si te empiezo a interrogar. Me interesa tu opinión". O permite que el otro padre hable. Aconsejo a los padres que se preparan para una reunión en la que algunos temas que quieren abordar pueden ocasionar que la maestra se ponga a la defensiva, que permitan que el papá o la mamá más intensa o al tanto de las cosas, prepare una lista de puntos a tratar por adelantado, y que aquel más afable, menos irritable, hable en el salón. Si eres papá o mamá soltera y te preocupan los temas delicados, practica con un amigo. Céntrate en la expresión del mensaje, el contenido y el tono.

Establece una alianza con la maestra
Si estás de acuerdo con la maestra, dilo. Por ejemplo, si comenta que es importante que los niños lleguen a tiempo a la escuela: "Sé que es importante, así que estamos preparando un nuevo plan para las mañanas. Todos estamos despertando quince minutos antes. También estamos contemplando cambiar a un nuevo servicio para compartir el coche." O responde a comentarios sobre tu hijo: "Guau, qué revelación. Estoy tan cerca de la situación que es difícil verla con perspectiva".

Comienza la reunión con un comentario halagador. Repite palabra por palabra algo que te haya contado tu hija sobre el maestro
El maestro está buscando validación. Tal como registrará su memoria y diccionario para decir algo positivo de tu hija, querrás iniciar la reunión con agradecimiento. Aunque a los maestros les importa tu opinión sobre su trabajo, un cumplido de tus hijos es mucho más importante. Los niños suelen tener mucho qué decir sobre sus maestros. Si tu hijo o hija no ha compartido muchas cosas o no le cae nada bien su maestro, procura plantearle preguntas con final abierto sobre cosas como las excursiones, las actividades, las decoraciones del salón o algo específico que hayan disfrutado. Se requiere sólo un detalle:

> "María nos dijo: 'las divisiones largas son muy fáciles. La maestra nos las explicó superbién'."
> "Andrés nos contó que le dijiste a los niños que en las vacaciones te lanzaste de una tirolesa. No sabes lo impresionado que estaba."
> "Gabriela está obsesionada con tu exposición de propagación de las plantas. No habla de otra cosa."

Presenta tus preocupaciones no como críticas, sino como interés por comprender el enfoque de la maestra y ayudar a tu hijo
Si te enteraste de un problema que tuvo tu hijo, sólo conoces su versión de los hechos. No enfrentes a la maestra: "Daniel me contó que les dijiste que el examen sólo cubriría el capítulo cuatro, pero cubrió el cinco y el seis. No estaba preparado". Mejor: "Me gustaría que me orientes. A veces Daniel no entiende lo que va a venir en los exámenes. ¿Algún consejo sobre cómo podría mejorar? ¿Se te dificulta que te escuche?". Tu

254

actitud sugiere que la maestra es la experta. "Es mi primer niño de ocho años y tu tienes mucha experiencia."

Si la maestra dice algo que te molesta, controla tu reacción
Los maestros no se toman a la ligera comunicar a los padres que su hijo es problemático o tiene un problema. Lo común es esperar a confirmar que el problema es más que un obstáculo menor en su desarrollo que se resolverá sin intervención. Asume que la maestra se está dejando llevar por su intuición, experiencia y buena voluntad. Si recomienda que tu hijo acuda con un especialista —un programa de educación individual o evaluación profesional—, supón que su intención no es facilitar su trabajo sino ayudar a tu hijo. Ten fe en que será discreta y no propagará la noticia en la comunidad.

Si sugiere terapia o estudios, pídele recomendaciones (o al coordinador o la directora de la escuela). No tienes que agendar la cita ese mismo día, es prudente discutir las recomendaciones de los maestros con tu pediatra, algún amigo o colega sensatos. Si decides proceder, el peso de las recomendaciones de la escuela es especial: son profesionales que están familiarizados con su trabajo y acostumbrados a comunicar el progreso de los alumnos. En el lenguaje de la psicología escolar lo denominamos "grupo de estudio del niño".

UNA LISTA BREVE MAS ESENCIAL DE QUÉ NO HACER

Cuando gestionas tus conversaciones con los maestros, lo que buscas es el autocontrol. Un atajo: no te quejes. Ni siquiera con sentido del humor o para romper el hielo. En especial en la reunión entre padres y maestros no menciones:

- Las sillas pequeñas.
- La espera de quince minutos porque estuvo hablando con los padres de otro niño más de la cuenta.
- El tiempo que le dedican a las evaluaciones que exige el estado.
- Que la escuela utilice tres planes de estudios diferentes para matemáticas en tres años.
- Las tareas "poco claras" (según tu hija).

- Nada que exceda el campo del maestro, sin importar la validez del asunto. El maestro no ejerce ningún control sobre la administración ni las leyes estatales o federales, el financiamiento o los egresos ni la competida carrera académica.

En las reuniones o en contextos menos formales hay conductas que fomentan que los profesores se muestren inquietos al lidiar con los padres.

No llegues con una pila de tareas de tu hijo
Es como si le entregaras un citatorio al maestro. Si quieres hablar de un examen o tarea, guarda los documentos en tu bolso o portafolio y saca la evidencia sólo si parece apropiado y después de haber abordado el tema con diplomacia.

No llegues temprano ni tarde a una junta, sino a tiempo
A veces los maestros se retrasan con los padres de la reunión anterior, pero si hace falta, también te puede dedicar más tiempo a ti. Sé flexible.

No revises tu teléfono ni lo dejes en la mesa
Siléncialo y guárdalo.

No culpes a otros alumnos
"No es mi hijo. En casa es muy solidario. [Sabe que es mentira.] Es la influencia de Max. Si los pudieras separar, notarías la diferencia". Si esto fuera cierto, ¿no crees que la maestra ya los hubiera separado desde hace tiempo? Cuando un profesor siente que debe hablar contigo sobre la conducta de tu hijo u otras dificultades, ya ha contemplado las soluciones más obvias. Culpar a los demás es una reacción natural para proteger a tu hijo, pon atención para evitar hacerlo.

No fomentes rumores sobre otros padres
En un esfuerzo por intimar con el maestro, quizá tienes la tentación de compartirle uno que otro rumor ("¿te enteraste de que los papás de Gloria se están separando?"). Esto pone al maestro en una situación incómoda. Limítate a compartir noticias propias y de tu familia.

No pidas una reunión espontánea cuando dejes o recojas a tu hija
Esto suele suceder después de clases, cuando la maestra está reuniendo su tarea para revisar esa noche (tareas, exámenes o reportes que debe preparar). Su jornada laboral no ha terminado. Tu visita sorpresa no hace más que prolongarla.

No trates a la maestra como amiga o cómplice, sino como profesional
Es habitual que los padres dependan de la escuela para ser parte de una comunidad, sobre todo en las escuelas privadas o si los padres se cambiaron de colonia por la cercanía de la escuela. En estos casos en los que todos necesitan caerse bien, no pueden ser francos. Si quieres contar con el beneficio de la sabiduría y experiencia de la maestra, respeta la frontera que le permite ser una profesional.

No envíes mensajes inapropiados al maestro
Carlota te cuenta que Luis intentó ahorcarla en el recreo. Le revisas el cuello para buscar marcas. Ninguna. Sin embargo... mejor prevenir que lamentar. ¿No sería prudente avisarle al maestro antes de mañana? Los programas de doce pasos recomiendan esperar y preguntarte: ¿por qué estoy hablando? En las relaciones entre padres y maestros la pregunta es: "¿Por qué estoy enviándole un mensaje de texto, correo electrónico o dejándole un mensaje de voz al maestro en su descanso de los dramas del patio escolar?".

Cuando descargas tus inquietudes de manera impulsiva y con mucha frecuencia te conviertes en el niño que grita "¡Ahí viene el lobo!". El riesgo es que el maestro desestime tus comunicaciones, pues no le parecerán importantes. *Otra vez la mamá de Carlota*. Respeta que los profesores terminan su jornada laboral y durante los fines de semana necesitan descansar.

ACÉRCATE CON CAUTELA: COORDINADORES Y DIRECTORES

Una vez el director de una escuela prestigiosa me contó que durante una entrevista de admisión, una pareja le dijo: "con gusto inscribimos a nuestra hija a su escuela siempre y cuando no le ofrezcan un contrato de readmisión a Carla H." En las escuelas privadas un contrato de readmisión implica permitirle a un alumno que regrese a la escuela el año siguiente en vez de expulsarlo.

He escuchado decenas de historias como éstas. En las que, en ocasiones, los padres sospechan de los maestros o los desprecian, mientras que consideran a los coordinadores de estudios o los directores sus iguales; sobre todo si los padres son generosos con sus donaciones. Cuando su hijo o hija es aceptada, para los administradores poner límites es un reto diario. Para incrementar las probabilidades de aceptar a alumnos cuyos padres sean más o menos razonables, los directores y jefes de admisiones buscan estas señales:

¿Los padres están en guerra?
El lenguaje corporal y las claves no verbales son evidentes cuando los padres (estén casados o no) no se llevan bien. Con frecuencia estos desacuerdos se desarrollan en la escuela o se proyectan a los maestros. Muchos padres están divorciados, y no sugiero que las escuelas tengan prejuicios en contra de esas familias. Pero no quieren quedar en medio de una batalla.

¿Los padres se ponen de acuerdo en lo relacionado con su hijo?
Incluso si la relación de los padres es sólida, pueden tener opiniones muy diferentes sobre las capacidades y temperamento de su hijo. Esto se traduce en que un padre es pragmático y el otro tiene una visión más optimista del potencial de su hijo. A la escuela no le importa cuál sea la verdad, sino la posibilidad de que las percepciones conflictivas con respecto al alumno lleven a los padres a tener expectativas poco realistas sobre la escuela.

¿Son insistentes desde el principio?
Los administradores animan a los padres a hacer preguntas sobre el plan de estudios, la cultura y la misión de la escuela. Pero piensa bien antes de hacer preguntas hipotéticas difíciles en una primera entrevista: "Si mi hijo se pierde un examen o no entrega una tarea, ¿el personal docente permite tareas con créditos extra para compensar la pérdida de puntos?". "Todas las primaveras hacemos un viaje de tres semanas. En la primaria de Rodolfo le entregaban un paquete de trabajo para que no

perdiera clases. ¿Los profesores podrán hacer lo mismo?" Recuerda, las escuelas que tienen la alternativa de ser selectivos aceptan a *familias*, no sólo a alumnos individuales. Presentarte de modo arrogante, planteando retos o dificultades o sugerir que crees que para la escuela sería un honor aceptar a tu hija, puede ser contraproducente. Es como pegarte una calcomanía que diga "¡difícil!" en la frente.

¿Confían en la escuela?

Los directores buscan señales de que los padres confían en que la escuela sabe lo que hace, y que quiere lo mejor para el niño. Quieren tener la seguridad de que, en general, los padres dejarán que los profesores hagan su trabajo.

¿Han contemplado si esta escuela es adecuada para su hijo, como individuo, sin importar su prestigio?

Todos quieren entrar, pero ¿acaso será el entorno adecuado para el niño? La presión académica de los padres y la confianza extrema en los tutores pueden enmascarar la presteza emocional o cognitiva de un niño para entrar a una institución específica. Los resultados de los exámenes de admisión pueden estar inflados debido a la preparación previa. Incluso en las escuelas que no realizan los exámenes o evaluaciones formales en sus instalaciones, los responsables de admisiones con amplia experiencia saben relacionar la capacidad y la motivación de un alumno con las exigencias del plan de estudios. Aceptar a alumnos que no están preparados para la carga de trabajo es abrir la posibilidad de que el niño fracase en la institución.

Los directores en las escuelas públicas no se pueden dar el lujo de rechazar a alumnos cuyos padres parezcan problemáticos. Pero como en cualquier comunidad cercana —tu oficina, templo— aquellos con puestos de autoridad evalúan si todos los miembros comparten el espíritu de equipo y ofrecen su flexibilidad y generosidad como corresponde. En cuanto a la accesibilidad, la regla general es que a menos que se trate de un evento especial o que tu hijo tenga una crisis, no deberías esperar que estos administradores te lleven de la mano constantemente.

LOS PADRES INTELIGENTES NO ACUSAN A LOS MAESTROS

Al principio del año escolar, en el manual que nadie lee y de muchísimas otras formas, se indica que cuando los niños tengan un problema, los padres deben acudir primero con los maestros. Sin embargo, muchos no entienden o respetan la jerarquía para expresar quejas. Algunos se sienten más cómodos si acuden con el jefe. Otros no quieren mancillar la amistad que creen tener con el maestro: "¡tenemos tan buena relación! No podría consultarle esto". Así que evitan tener conversaciones difíciles y terminan acudiendo con el director.

También influyen los privilegios que creen tener los padres y sus prisas. "Hubiera hablado con la maestra, pero lo que hizo estuvo muy mal. Mi hija me contó que..." Los niños son expertos en inventar relatos que los hacen parecer las víctimas inocentes de maestros desalmados. Como en todo teléfono descompuesto, para cuando el padre le cuenta al director lo que su hija le contó del maestro, la historia le llega distorsionada.

Es una forma de acusar, lo que le estás enseñando a tu hijo a no hacer. Quieres que reúna el valor para enfrentar al amigo que le está haciendo daño a él o a alguien más.

¿Cuándo es pertinente acudir al director o coordinador? Si llevas tanto tiempo discutiendo con el maestro, que incluso estás contemplando sacar a tu hijo de la escuela. Casi escucho las quejas de los padres: "¡Es ridículo! El maestro es tan inepto [prejuicioso, joven, viejo, malo]. ¡Y le grita a los niños! Tengo que buscar al director, sobre todo porque nos mudamos por la calidad del sistema académico".

Pero la escuela es como tu lugar de trabajo. Si tienes un desacuerdo con tu jefa, la buscas e intentas evaluar el problema y proponer soluciones. Sólo cuando la situación es extrema, acudes al director de la institución porque ese individuo acudirá con tu jefa o con la maestra para decirle: "El papá de Carina me contó que la aislaste, te burlaste de ella y la sacaste del salón dos horas sin darle permiso de ir al baño". Después de esta conmoción, tu hija seguirá en el mismo salón, sólo que ahora la situación se agravará porque la maestra ya no confía en ti.

CUÁNDO PREOCUPARSE

Sin importar la colegiatura que estás pagando o la demanda de alumnos que quieren entrar en la escuela, los profesores pueden tener un talento fenomenal; buenas intenciones, aunque sean mediocres, y sólo en algunos casos, pueden ser pésimos o abusivos psicológicamente. Muchas veces he dicho y escrito que es bueno que los niños tengan un profesor mediocre durante la primaria porque así se vuelven resilientes. Lo sostengo. Pero si tu hijo o hija está sufriendo en virtud de un profesor abusivo, es hora de adoptar la modalidad de mamá leona y exigir que cambien al niño de salón.

Muy rara vez encontrarás a un maestro con antigüedad y muchos aliados entre el cuerpo docente, o a una maestra nueva quien tuvo que ocupar un puesto de emergencia quien carece de sensibilidad, tiene problemas emocionales por los que no es apta para estar en un salón de clases, o a quien le falta tal entusiasmo y gusto por su profesión que transmite a sus alumnos temor, desgracia o fastidio extremo. Los niños pequeños que recién entran a la escuela no tienen la experiencia para saber qué esperar. Cuando la conducta de un profesor es sistemáticamente desagradable, antipática o fuera de línea, quizás algunos no se den cuenta de que merecen a alguien mejor. Es posible que algunos no hayan desarrollado las aptitudes lingüísticas necesarias para describir lo que sucede en un salón de clases triste o tenso. Para los padres, esto implica un desafío: ¿cómo diferenciar entre el ajuste lento pero normal al rigor del día escolar (a diferencia del ritmo de la vida en casa o en la guardería o preescolar) y el sufrimiento que inflige un mal maestro de primaria?

Para empezar, haz un recuento honesto de otras causas de la regresión o aflicción de tu hijo. ¿El instinto te sugirió que aún no estaba listo para un día completo en el kínder? Si no se te ocurre nada, la primera evidencia a tener en cuenta es la negativa para ir a la escuela: "No me quiero levantar. No quiero ir. Odio la escuela. Mi maestra es mala y odia a los niños". Indicios más sutiles incluyen cuando un niño que ya sabe ir al baño comienza a mojar la cama en la noche, se despierta quejándose de pesadillas, se muerde la playera o se queja con frecuencia de dolores de panza o cabeza para evitar ir a la escuela.

Si identificas señales de angustia, pídele al coordinador o psicólogo o terapeuta de la escuela que estudie la conducta de tu hijo con su maestra y en el lunch, el recreo o durante otras clases (por ejemplo, artes, música o educación física con un maestro diferente). El observador te podrá decir si tu hijo se anima en cuanto llega a la escuela o si es introvertido, está de malas o es provocador con otros niños.

Cuando un alumno mayor se queja de un maestro abusivo o una maestra que "lo odia", primero descarta una dinámica que a veces la enmascara la negación familiar o el desconocimiento: hay alumnos que se portan mal con los maestros porque en el fondo, el verdadero problema es que le temen a un padre o padrastro, o están enojados con él. La mayoría de los adolescentes son bastante abiertos y volubles frente a un mal maestro: no tienes que buscar pistas. La excepción es el alumno que tiene un historial de problemas con las figuras de autoridad, sobre todo los profesores, y siente que sus padres no le creerán si se queja de otro más. Estos alumnos con dificultades merecen la misma protección que un alumno elocuente, presidente del consejo de alumnos.

Las calificaciones, la narrativa que indica su boleta y la consistencia de sus quejas y frustración dirigidos a un profesor en particular (no a todos ni a la institución como tal) te dará más pistas sobre cuándo interferir y pedir un cambio de salón.

NO TODOS TIENEN TALENTO

Cuando mi padre estaba en la primaria en Brighton Beach, Brooklyn, todos los alumnos presentaban una prueba de canto al principio del año escolar. Después colocaban a los niños en uno de tres grupos: sopranos, altos y escuchas. La responsabilidad de los escuchas era aprenderse las letras de todas las canciones, asistir a todas las presentaciones y articular en silencio.

Si se aplicara el mismo examen de canto hoy, los padres se manifestarían fuera de la escuela con letreros que leyeran: "La frecuencia perfecta es relativa" o "¡los solos discriminan!" Además de que ahora se inflan las calificaciones, también se produce el engaño del talento, lo cual genera dilemas interesantes. Los profesores de teatro buscan obras con treinta y cinco personajes de casi la misma importancia (*Anita la huerfanita* hasta el cansancio). Una maestra de primaria de Baton Rouge me contó que estaba montando una producción de *101 dálmatas*.

Todos los miembros del reparto necesitaban una línea de diálogo y un nombre. La presión le estaba costando el sueño. "Anoche me desperté a las dos de la mañana pensando, *¡Tic, Tac, and Toe! ¡Ya tengo tres nombres!*"

Muchos padres se comportan como aficionados obsesivos porque están convencidos de que sus hijos tienen un talento excepcional o temen que si se dan cuenta de que no es así, se vengan abajo. Para otros, los deportes, la música o cualquier otra forma de expresión creativa es posible forraje para el currículum que deben seguir con resolución, pero no necesariamente pasión. Siempre celebro internamente cuando un padre dice: "Mi hijo juega basquetbol. No es muy bueno pero le encanta". Se acaban de ahorrar una fortuna en pruebas psicológicas; sé que se trata de un niño saludable con unos padres sensatos.

En cuanto a las lecciones de vida, las actividades extracurriculares son ideales. Es una bendición cuando puedes dejarle a otros las verdades. Si la escuela le informa a tu hija que su vestido está muy transparente o el instructor de manejo reprende a tu hijo por no revisar el espejo retrovisor, eso quiere decir que no tendrás que hacerlo tú. En el mismo sentido, puedes relajarte y animar a tu hijo cuando haga las pruebas para ingresar al equipo de futbol o a tu hija cuando haga audiciones para *Legalmente rubia: el musical*, pero sin fervor excesivo. Que el entrenador o el profesor de teatro lleven el sartén por el mango y ensaya con tu hija, ve al partido, apóyalos o consuélalos dentro de lo razonable. ¿Qué es razonable? Ten en cuenta que sólo cerca de dos por ciento de los alumnos de licenciatura reciben becas deportivas.[2] A partir de esta referencia, puedes medir el nivel de presión razonable que le debes poner a tu corredor preparatoriano.

Es una pena que los maestros y los entrenadores reportan que muchos padres no pueden contenerse. Una maestra de teatro recordó el lamento de un padre: "¡Mi hija canta como Adele! ¿Cómo es posible que sea la tacita en *La bella y la bestia*? Por cierto, está demasiado ocupada con actividades extracurriculares y no podrá asistir a todos los ensayos". Un entrenador me contó de un alumno de primero de prepa que estaba desesperado por entrar al equipo de beisbol. Tenía talento y entró, pero como era el más joven, terminó pasando mucho tiempo en la banca. Su papá se dirigió al entrenador: "Los dos sabemos que Carlos es un pitcher fenomenal. ¿Qué pasa? ¿Por qué retenerlo?".

Un niño aprende a tolerar la frustración cuando obtiene un papel menor en la banca, estudia las habilidades de los jugadores más diestros y se motiva a practicar en su tiempo libre. También es la única forma en la que experimentará la gloria cuando obtenga un papel o una posición mejor. Sin acosar al entrenador ni alimentar la idea de que es injusto para tu hijo, puedes empatizar con él. Lo logras sin centrarte en la decepción del niño, sino compartiendo tus propios reveses, metas y logros.

Hace poco tuve una sesión con una madre que es una artista exitosa. Su hija adolescente es aspirante a pintora. La mujer suspiró y se preparó para contarme las noticias.

—Metí mis piezas más recientes a la bienal...
La interrumpí y concluí:
—Y te rechazaron.
—Mm, sí. ¿Te da gusto?
—Sí, por tu hija. Ahora le puedes contar cómo te sientes, qué haces para animarte cuando te sientes decepcionada y cómo piensas mejorar tus habilidades para tener mejor oportunidad de que te acepten para la próxima.

Intentamos proteger a nuestros niños del fracaso y la decepción, les transmitimos el mensaje de que es insoportable. Abogar por ellos con el maestro o el entrenador manda otro mensaje: que el niño o la niña es demasiado débil como para gestionar este trauma tan horrible por su cuenta. Cuando compartes tus propias experiencias, tratas a tu hijo como un igual y esa muestra de respeto es un bálsamo efectivo. También le enseñas cómo sobrevivir las decepciones inevitables de la vida.

¿Cuándo es apropiado hablar con el entrenador, la maestra de teatro o líder del equipo de debate de tu hijo o hija? Después de que entren a secundaria, nunca, a menos que esté muy enfermo como para cancelar un ensayo o reunión por su cuenta. De lo contrario, esas conversaciones son asunto de tu hija. Si te entrometes para abogar en su nombre, la privas de la oportunidad de practicar una aptitud esencial mucho más valiosa que el problema que pretendes resolver.

UN ASESOR SE PUEDE PERCATAR DE ALGO QUE SE TE ESCAPA EN VIRTUD DE TU CERCANÍA

Los padres estaban rígidos durante su primera sesión. "Vinimos para hablar de nuestra hija", comenzó la madre. "La maestra nos contó que se puso a llorar en clase por un examen. ¡Sólo tiene diez años!".

Como psicóloga, es una señal de alerta cuando un niño tiene arrebatos emocionales en la escuela, pero no en casa. Es la inversión de la norma.

—¿Tienen una foto de su hija?

La mamá sacó su teléfono y me enseñó a una niña en una sudadera holgada de la Universidad de Swarthmore.

—¿Alguno de ustedes estudió en Swarthmore?

—Los dos —respondió la mamá.

—Ahí nos conocimos —dijo el papá.

—¿Así que su hija es legado doble?

Asintieron.

—¿Ya le preocupa que la acepten?

—Tal vez, pero no importa. Ya le dijimos que ni siquiera tiene que mandar solicitud si no quiere —aclaró la mamá.

—Más le vale no escoger una pública —murmuró el papá. Mamá lo miró con desaprobación.

—Los niños no se dan cuenta de los matices. Su capacidad cognitiva es muy distinta de la adulta. Su hija no comprende el concepto de enviar solicitudes a muchas universidades, tampoco que a pesar de que le regalaron la sudadera, no se decepcionarían si ella no estudia en su *alma mater*. Pueden intentar remediarlo si le dicen que lo bueno de estar en quinto de primaria, es que no es necesario pensar en la universidad, para nada. Tienes años para decidir en dónde quieres estudiar. Te puedes poner la sudadera si quieres o no. Cualquiera de las dos decisiones está bien.

La maestra de esta niña estaba lo suficientemente alerta como para darse cuenta de que lloraba y llamó a sus padres de inmediato; con ello quizá le ahorró años de angustia. Los maestros y los asesores pueden ser un muro de contención entre un niño y las expectativas, proyecciones y mensajes mixtos de los padres.

CÓMO VER A TU HIJA CON OTROS OJOS

Un día, una niña tímida y estudiosa de siete años llegó temprano a su salón y se sentó en su lugar. Su maestra, "una mujer robusta", la señora Ward, era la única en el salón. En sus memorias, *Born Bright: A Young Girl's Journey from Nothing to Something in America*, C. Nicole Mason recuerda que la señora Ward levantó la mirada de su escritorio y le ordenó: "Ven".

> Siguió escribiendo en su libreta de calificaciones mientras yo estaba de pie, completamente preparada para responder cualquier cosa que me preguntara... Dejó su pluma y me miró.
>
> "Eres inteligente. ¿Lo sabes? ¿Qué quieres ser cuando seas grande?" Me miró fijamente sin parpadear. Quería que le entendiera.
>
> Me encogí de hombros. Nunca nadie me había preguntado eso y no sabía cómo responder.
>
> "No importa si ahora no lo sabes. Eres una niña lista y puedes ir muy lejos, sigue así."
>
> Me quedé de pie pegada al piso, esperando que me dijera más, pero no lo hizo. Regresó a su libreta. Después de unos momentos, regresé a mi escritorio. ¿Cómo que "siguiera así"? ¿Podía "ir muy lejos"? ¿Adónde?

Para Mason, el intercambio encendió la llama de la curiosidad y la conciencia de sí misma que la llevaron a una carrera profesional como profesora, escritora, comentarista y experta en políticas públicas.

El asesor benevolente es un recurso valioso en la vida de todos los niños. Cuando un paciente me cuenta que *ninguno* de sus padres estuvo a la altura de las circunstancias —estaban demasiado enojados, melancólicos, preocupados o eran demasiado autodestructivos como para brindar cariño y cuidados—, siempre pregunto: "¿Quién te abrigó? Porque me queda claro que fuiste amada". Nadie ha tenido que reflexionar mucho para responder: ¡la tía Luisa!, o un vecino, entrenador, maestro, mi abuela, la bibliotecaria en la primaria. Siempre hay una persona capaz de conectar con el niño y de algún modo, expresarle: *Te veo y me gusta lo que veo.*

Los asesores tienen una abundancia de regalos que ofrecer. A veces es un amor incondicional y duradero. A veces una dosis tan necesaria de realidad. Reconocen el talento o le dan la noticia a los padres de que, pese a las aptitudes de su hija para el oboe, lo detesta. La maestra, el tutor, el asesor en el campamento, la nana: para sacarle el mejor provecho a los asesores, asume lo mejor de ellos. En general, no te equivocarás.

Epílogo

En este libro te he invitado a adoptar el papel de antropólogo cultural, acompañante silencioso o viajero de sofá. Te he pedido que consideres a tu hijo o hija como contemplarías a una sobrina que te visita de un estado lejano, a un estudiante de intercambio de Kazajistán, a una experta en moda, un perro. ¿Por qué? Porque todos los días me reúno con padres e hijos tan unidos que no hay espacio para conversar. He compartido los cambios mentales de prácticas y mantras que funcionan para que los padres suelten y se distancien un poco.

En una carta a un alumno, el poeta Rainer Maria Rilke escribió que la separación conduce a comprenderse y valorarse:

> Cuando se acepta que incluso entre los seres humanos más unidos siguen existiendo distancias infinitas, puede desarrollarse una maravillosa vida lado a lado, si cada uno logra amar la distancia que los separa, la cual hace posible que cada uno vea al otro en su totalidad contra el cielo.

Para amar la distancia entre tu hijo y tú, sólo es preciso honrar lo que la naturaleza requiere: el desarrollo normal de los niños como seres autónomos de sus padres. Con tus palabras y acciones enseñas a tu hijos a comprender el mundo, ubicarse dentro de él y explicártelo todo. Su universo será diferente de cualquiera que conozcas, en eso radica su belleza. Pero un niño pequeño carece del vocabulario para describirlo a detalle. A los niños pequeños les agobia todo lo que sienten y ven; necesitan a un traductor alerta, paciente y animado.

La mente de los niños mayores ya está plagada de palabras. Necesitan a un padre o una madre que les siga el paso mientras pasean al perro y que escuche los pensamientos de su hijo, que plantee preguntas astutas sobre la serie favorita de televisión de su hijo, no sobre su vida privada; que espere sin interrumpir cuando un adolescente quiere compartir su orgullo o dolor. No es exagerado decir que la lección vocal más valiosa es saber cuándo mantener la boca cerrada.

Tu hijo es un nuevo individuo todos los días: más células, más asombro, más variantes de angustia y placer. Cuando bajas el ritmo, cuando haces a un lado el teléfono y aumentas tu curiosidad y entusiasmo, profundizas en el vínculo entre los dos. Eres el acompañante que lo jala del campo magnético de la tecnología y lo integra al "gran espacio de catedral" de la infancia. En ese espacio extenso y sagrado, los niños hablarán con el corazón. Al escucharte aprenderán a tener empatía con ellos mismos y los demás. Tu mundo y el suyo serán más abundantes y mágicos. Se verán en su totalidad contra el cielo.

Agradecimientos

Este libro no existiría sin el talento editorial y apoyo de Lynette Padwa. Me mantiene en curso y centrada. También es divertida. Y paciente. Y tranquila. En vez de enviar correos extensos, Lynette levanta el teléfono y *habla* o sugiere que nos reunamos para trabajar *en persona*. Las lecciones vocales personificadas.

Gracias al equipo de Scribner: a mi editora, Kara Watson, por su disponibilidad, amabilidad, buena mano y habilidad para hacer cambios en pos de la claridad y el estilo; a la editora Nan Graham, por su gestión sobresaliente; a la asistente editorial Emily Greenwald, quien nos ayudó a tener una perspectiva original y al día; a Jaya Miceli, por una portada divertida e ingeniosa; a Kyle Kabel, por un diseño de interiores atractivo y a Mary Beth Constant, por su corrección diestra.

Mi agradecimiento a mis agentes Suzanne Gluck (literaria) y Debbie Greene (de conferencias), dos mujeres cuyo estilo comunicativo procuro canalizar en cualquier situación que exija una magia especial: la capacidad de combinar destreza profesional con la actitud relajada de una mejor amiga.

Gracias a Kara Wall, mi asistente desde hace más de una década, por su buen sentido del humor, sensatez y agudeza; a Amanda Buckner, quien transcribió las entrevistas a toda velocidad; Liz Newstadt y Erica Lutrell, de Chevalier's Books (¡la librería independiente más antigua de Los Ángeles!), por apoyar a los autores y los libros; y a los bibliotecarios de la hermosa sede Pio Pico Koreatown de la Biblioteca Pública de Los Ángeles, el único sitio en donde trabajo sin aparatos y escribo a mano.

Estoy en deuda con la Asociación Nacional de Escuelas Independientes por materializar el proyecto de investigación "La perspectiva desde la oficina de la enfermera", así como a las enfermeras que compartieron sus conocimientos del mundo cambiante de los alumnos y los padres con total generosidad, incluso mientras ponían curitas o consolaban a sus pequeños pacientes.

¿Cómo escribir un libro sobre conversar sin haber tenido buenas conversaciones? Antes que a nadie, gracias a mi esposo, Michael Tolkin, por su voz —profunda, divertida y graciosa— y a mis hijas adultas, Susanna y Emma, por ampliar mi conocimiento del léxico de su vida tan moderna. Y a mis colegas y amigos: la psiquiatra infantil y adolescente Kal Maniktala, —quien me ha apoyado desde hace treinta y cinco años— por el placer de compartir las historias de nuestros propios viajes y los de nuestras familias, etapa tras etapa tras etapa; al doctor Gary Emery, guía y gurú desde hace tiempo, y a Laurie Goodman, divertida, sabia y buena, con quien tuve conversaciones divertidas y caminatas rápidas.

He dedicado este libro a mis padres, quienes al día de hoy tienen ochenta y nueve y noventa y cinco años de edad. Desde el principio, cada uno me brindó lecciones vocales dignas de reconocimiento. Gracias, mamá, por tomar mis opiniones en serio en cuanto empecé a opinar, por meterme a la escuela de actuación, por comprar las marionetas a partir de las que hice tantas obras, después impartí conferencias, después viajé, después comprendí la importancia de conservar y proteger el arte de la conversación; en especial con quienes asumen que son muy diferentes como para conectar con alguien. Y gracias por mantener la mente abierta frente a todos los giros de la expresión cultural.

Gracias, papá, por las conversaciones que tuvimos cuando me llevabas caminando a la escuela rumbo al trabajo todos los días, y por recordar los nombres de todos mis amigos. Pero gracias, sobre todo, por ser un narrador excelso. Encuentras el sentido del humor en todo y para ti todo es material: crecer en Brighton Beach, tus años en el ejército en la India y Burma, participar en concursos de baile en Harlem, los retos de publicar *National Lampoon* y *Weight Watchers Magazine* en la misma oficina. Tus relatos forman parte de todo lo que escribo.

Lecturas recomendadas

Ésta es una lista de mis libros favoritos del momento, por categorías y en orden alfabético por autor. Dejé fuera a los grandes autores y a los clásicos para incluir títulos menos conocidos que estimulen aquellas conversaciones que dejan a los padres mudos y aquellos que ofrecen un portal a un encanto compartido.

Libros para niños

Ellis, Carson, *¿Mau iz oi?*, Granada, Barbara Fiore Editora, 2017.
Criaturas hermosas y extravagantes hablan en un idioma inventado. Este amigable libro ilustrado para niños de siete años en adelante cubre un espectro amplio de la formación de las familias modernas; entre ellas, la adopción, la crianza entre personas del mismo sexo, solteras y padrastros y madrastras.
Harris, Robie H. y Michael Emberley, *It's So Amazing!: A Book about Eggs, Sperm, Birth, Babies, and Families*, Massachusetts, Candlewick Press, 2014.
Schaefer, Valorie Lee y Josée Masse, *The Care & Keeping of You: The Body Book for Younger Girls*, Wisconsin, American Girl, 2012.
Tarshis, Lauren, *I Survived Hurricane Katrina, 2005*, Nueva York, Scholastic, 2011. Los libros emocionantes y de rigor histórico de la serie *I Survived* representan a niños solos: en Pearl Harbor, durante los ataques del 11 de septiembre, durante la invasión de los nazis. ¿Te estás poniendo nervioso? Siempre es sensato verificar en commonsensemedia.org las clasificaciones a partir del valor educativo, los mensajes positivos, modelos a seguir positivos, la violencia, el lenguaje y si inspira miedo.
Waber, Bernard y Suzy Lee, *Pregúntame*, México, Océano Travesía, 2017. Un padre y una hija caminan y platican un día de otoño. Las palabras escasas y el ritmo cariñoso de su conversación sirve como guía práctica para el delicado arte de las preguntas y respuestas entre hijos y padres.

Libros para adolescentes

Harris, Robie H. y Michael Emberley, *It's Perfectly Normal: Changing Bodies, Growing Up, Sex, and Sexual Health*. Massachusetts, Candlewick Press, 2014.

Hoxie, W. J., *How Girls Can Help Their Country: Handbook for Girl Scouts*, Massachusetts, Applewood Books, 1913. La fundadora de la organización, Juliette Gordon Low es autora del libro. Applewood Books, una editorial con sede en Massachusetts dedicada a "reeditar los alegres clásicos estadunidenses, libros del pasado que siguen siendo de interés para los lectores modernos", publicó una edición para celebrar su centenario. Reléelo y averigua cómo una niña puede atrapar a un ladrón con una cuerda de tan sólo 15 centímetros de largo.

Natterson, Cara y Josée Masse, *The Care & Keeping of You 2: The Body Book for Older Girls*, Wisconsin, American Girl, 2012.

Silverberg, Cory y Fiona Smyth, *Sex Is a Funny Word: A Book about Bodies, Feelings, and YOU*, Nueva York, Triangle Square, 2015.

Libros para ti

Biddulph, Steve, *Educar niños. Por qué los niños son diferentes y cómo ayudarlos a convertirse en hombres felices y equilibrados*, Barcelona, Alba Editorial, 2014. Autor australiano. Un libro magnífico, accesible y sensible.

Damour, Lisa, *Untangled: Guiding Teenage Girls through the Seven Transitions into Adulthood*, Nueva York, Ballantine Books, 2016. Recomiendo esta joya a todos los padres de adolescentes que acuden a mi consulta.

Gnaulati, Enrico, *Back to Normal: Why Ordinary Childhood Behavior Is Mistaken for ADHD, Bipolar Disorder, and Autism Spectrum Disorder*, Boston, Beacon Press, 2013.

Isay, Jane, *Unconditional Love: A Guide to Navigating the Joys and Challenges of Being a Grandparent Today*, Nueva York, HarperCollins, 2018.

Kobliner, Beth, *Make Your Kid a Money Genius (Even If You're Not)*, Nueva York, Simon & Schuster, 2017.

Lancy, David, *The Anthropology of Childhood: Cherubs, Chattel, Changelings*, 2ª ed., Nueva York, Cambridge University Press, 2015.

Laureau, Annette, *Unequal Childhoods: Class, Race, and Family Life*, Berkeley, University of California Press, 2011.

Leitman, Margot, *Long Story Short: The Only Storytelling Guide You'll Ever Need*, Washington, Sasquatch Books, 2015.

Lieber, Ron, *The Opposite of Spoiled: Raising Kids Who Are Grounded, Generous, and Smart About Money*, Nueva York, HarperCollins, 2015.

Lythcott-Haims, Julie, *How to Raise an Adult: Break Free of the Overparenting Trap and Prepare Your Kid for Success*, Nueva York, Henry Holt, 2015.

Nash, Jennie, *Raising a Reader: A Mother's Tale of Desperation and Delight*, Nueva York, St. Martin's Press, 2003.

Olive, John, *Papá, ¿me cuentas un cuento? Una guía para crear cuentos mágicos para tus hijos*, México, Aguilar, 2015.

Ripley, Amanda, *The Smartest Kids in the World: And How They Got That Way*, Nueva York, Simon & Schuster, 2013.

Roffman, Deborah, *Talk to Me First: Everything You Need to Know to Become Your Kids' "Go-To" Person about Sex*, Boston, Da Capo, 2012.

Shatkin, Jess, *Born to Be Wild: Why Teens Take Risks, and How We Can Help Keep Them Safe*, Nueva York, Penguin Random House, 2017.

Ratones adolescentes eligen tomar más alcohol cuando están acompañados de sus colegas. ¿Los adultos ratones? También. Ahí lo tienes.

Un libro para todos

Canfield Fisher, Dorothy. *Understood Betsy*. Publicado originalmente en 1916. Mi mamá me contó que de niña me encantaba este libro. Hace poco volví a leerlo y me sigue encantando. La protagonista de la novela sortea una serie de problemas modernos. Al inicio, Elizabeth Ann, de nueve años, es una criatura patética: flacucha, pálida y egocéntrica, le tiene fobia a las matemáticas, padece trastornos digestivos crónicos, ansiedad generalizada y pesadillas. Cuando la mandan a vivir con familiares en una granja en una zona rural de Vermont, su tío la recoge en la estación del tren y con total naturalidad le entrega las riendas de los caballos y de una vida nueva.

Understood Betsy es el libro más popular de Canfield. Su cita más célebre es: "Una madre es una persona no para apoyarse en ella, sino una persona que consigue que apoyarse en alguien sea innecesario".

Apéndice

Diferencias en el desarrollo y las funciones cerebrales entre niños y niñas, versión aumentada[1]

NIÑOS	NIÑAS
El lóbulo parietal inferior del cerebro de los hombres suele ser más grande; esta zona tiene que ver con el razonamiento espacial y matemático. Las zonas del cerebro dedicadas al lenguaje se desarrollan más lento en los niños que en las niñas. Fundamentalmente los niños emplean el lado izquierdo del cerebro al hablar y escuchar.	Las niñas tienen más neuronas en las áreas de Broca y Wernicke del cerebro, en donde se produce e interpreta el lenguaje. El cuerpo calloso, tejido nervioso que conecta los dos hemisferios del cerebro, es más grueso en el cerebro de las niñas, lo cual les facilita comunicarse. Las niñas emplean los dos lados del cerebro cuando hablan y escuchan.
Los niños son mejores para el razonamiento tridimensional (por ejemplo, la capacidad de imaginar cómo se vería un objeto si rotara) y se les facilita separar la emoción de la razón.	Las niñas integran automáticamente la emoción y la razón.

A los niños se les facilita concentrarse mucho, pero son menos hábiles para cambiar de una tarea a otra.	El cuerpo calloso grueso de las niñas les permite hacer varias tareas a la vez, a diferencia de los niños, porque son capaces de procesar estímulos con los dos lados del cerebro simultáneamente.
En el caso de los niños, las áreas del cerebro que participan en la memoria espacial maduran cuatro años antes que en el de las niñas.	En el caso de las niñas, las áreas que tienen que ver con el lenguaje y las habilidades motrices finas maduran hasta seis años antes que en el caso de los niños.
Casi todo el lenguaje de los niños es comprensible a los cuatro años y medio. En promedio, dicen menos palabras al día que las niñas y hablan más lento.	Casi todo el lenguaje de las niñas es comprensible a los tres años. En promedio, las niñas dicen el doble y el triple de palabras al día que los niños y hablan dos veces más rápido.
Los niños aprenden a leer a un ritmo más lento que las niñas.	Las niñas aprenden a leer entre un año y dieciocho meses antes que los niños.
El cuerpo secreta menos serotonina, lo cual provoca que los niños sean más impulsivos, inquietos; también secreta menos oxitocina y vasopresina, lo que provoca que tengan menos señales ante las muestras de dolor o aflicción en los demás.	El cuerpo secreta más serotonina, lo cual facilita a las niñas modular su estado de ánimo y regula su expresión emocional; también secreta más oxitocina y vasopresina, por lo que las niñas responden más rápido a las señales de dolor o aflicción en los demás.

A diferencia de las niñas, para escuchar bien a un hablante, los niños necesitan que la voz de la persona sea entre seis y ocho decibeles más fuerte. Los niños tienen mucha tolerancia al ruido de fondo.	Las conexiones neuronales que crean las aptitudes para escuchar están mucho mejor desarrolladas en el cerebro femenino. Las niñas pueden discernir voces a decibeles más bajos y también distinguir matices en el tono mucho mejor que los niños. Las niñas escuchan mejor en frecuencias más altas. Se distraen o molestan con mayor facilidad con el ruido de fondo.
Los niños procesan las pistas visuales distinto que las niñas: les atraen los colores fríos y los movimientos, ven bien bajo la luz resplandeciente.	A las niñas les atraen los colores cálidos, las caras, las texturas. Durante los primeros tres meses de vida, las bebés incrementan el contacto visual y las miradas recíprocas 400 por ciento; en cambio los niños no desarrollan estas últimas. A diferencia de los niños, las niñas perciben mejor las expresiones faciales y el lenguaje corporal. Las niñas ven mejor en la luz tenue.
El sistema nervioso autónomo de los hombres (encargado de regular las funciones internas de los órganos como el ritmo cardiaco, la presión sanguínea y la digestión) provoca que reaccionen al estrés o la confrontación con emoción. Sus sentidos están agudizados y se sienten emocionados.	El sistema nervioso autónomo de las mujeres provoca que respondan al estrés extremo paralizándose o con sensación de náuseas, mareo y temor.

Los niños tienen altos niveles de testosterona, sin embargo, estos niveles varían ampliamente. La testosterona causa que los niños expresen su energía social mediante la agresión e intentos de dominar.	Las niñas tienen altos niveles de estrógeno y progesterona, la hormona de los "vínculos". Las niñas emplean su energía social para crear vínculos y alianzas con sus pares y los adultos. También experimentan cambios en su estado de ánimo mucho más fuertes y fluctuantes.
Los niños tardan más en procesar la estimulación emocional; son más frágiles emocionalmente que las niñas y es más difícil consolarlos.	A diferencia de los niños, las niñas procesan las emociones mediante más sentidos y pueden expresar y procesar emocionalmente experiencias evocadoras con mayor eficiencia. Su flujo de información más amplio (por ejemplo, su capacidad para leer las expresiones faciales de los demás) las pueden llevar a tomarse las cosas más personalmente.
Los niños no buscan hacer contacto visual con la misma frecuencia que las niñas y se comunican mejor verbalmente cuando están sentados junto a alguien que busca llamar su atención o si están compartiendo alguna actividad física.	Las niñas buscan y reaccionan de manera positiva al contacto físico, la comunicación verbal cara a cara, a asentir con la cabeza y sonreír.

Notas

NOTA DE LA AUTORA

[1] Francine Russo, "Is There Something Unique about the Transgender Brain?", *Scientific American*, 1 de enero de 2016, https://www .scientificamerican .com /article /is-there-something-unique-about-the-transgender-brain/.

CAPÍTULO 1. EL PÚBLICO TE ESCUCHA

[1] Catherine Saint-Georges *et al.*, "Motherese in Interaction: At the Cross-Road of Emotion and Cognition? (A Systematic Review)", *PLOS One*, vol. 8, núm. 10, 2013, http://www.ncbi.nlm.nih.gov/pmc/articles/PMC3800080/.

[2] Joanne Loewy *et al.*, "The Effects of Music Therapy on Vital Signs, Feeding, and Sleep in Premature Infants", *Pediatrics*, vol. 131, núm. 5, mayo de 2013, http://pediatrics.aappublications.org/content/early/2013/04/10/peds.2012-1367.abstract.

[3] Douglas Quenqua, "Mothers' Sounds Are Building Block for Babies'Brains", *The New York Times*, 23 de febrero de 2014, https://well.blogs.nytimes.com/2015/02/23/mothers-sounds-are-building-block-for-babies-brains.

[4] "Frequently Asked Questions about Brain Development", *Zero to Three*, https://www.zerotothree.org/resources/series/frequently-asked-questions-about-brain-development.

[5] Margaret Talbot, "The Talking Cure", *The New Yorker*, 12 de enero de 2015, http://www.newyorker.com/magazine/2015/01/12/talking-cure.

[6] Nadya Pancsofar y Lynne Vernon-Feagans, "Fathers' Early Contributions to Children's Language Development in Families from Low-Income Rural Communities", *Early Childhood Research Quarterly*, vol. 25, núm. 4, octubre de 2010: http://www.ncbi.nlm.nih.gov/pmc/articles/PMC2967789/.

[7] Conversación personal con Beth Weisman, educadora de preescolar radicada en Los Ángeles.

8 Renee Bevis, RN, "Why Kids Need to Learn to Eat (not just suck) and Hungry Babies Must Be Fed (even if their parents are afraid they'll get fat)", *Child Care Health Solutions*, enero de 2014.

9 Jenny Radesky *et al.*, "Patterns of Mobile Device Use by Caregivers and Children During Meals in Fast Food Restaurants", *Pediatrics*, vol. 113, núm. 4, abril de 2014, http://pediatrics.aappublications.org/content/pediatrics/133/4/e843.full.pdf.

10 Leah Todd, "Parents Who Use Cell Phones on Playgrounds Feel Guilty, Study Finds", Phys.org, 21 de mayo de 2015, http://phys.org/news/2015-05-parents-cell phones-playgrounds-guilty.html.

11 Susan Dominus, "Motherhood, Screened Off", *New York Times Magazine*, 24 de septiembre de 2015, http://www.nytimes.com/2015/09/24/magazine/motherhood-screened-off.html.

12 Susan Weinsehenk, "Why We're All Addicted to Texts, Twitter and Google", *Psychology Today*, 11 de septiembre de 2012, https://www.psychologytoday.com/blog/brain-wise/201209/why-were-all-addicted-texts-twitter-and-google.

13 Bill Davidow, "Exploiting the Neuroscience of Internet Addiction", *Atlantic*, 18 de julio de 2012, http://www.theatlantic.com/health/archive/2012/07/exploiting-the-neuroscience-of-internet-addiction/259820/sh.

14 Linda Stone, entrevista de James Fallows, "The Art of Staying Focused in a Distracting World", *Atlantic*, junio de 2013, http://www.theatlantic.com/magazine/archive/2013/06/the-art-of-paying-attention/309312/.

15 Ari Brown, Donald L. Shifrin y David L. Hill, "Beyond 'Turn It Off ': How to Advise Families on Media Use", *AAP News*, 28 de septiembre de 2015, http://www.aappublications.org/content/36/10/54.full.

16 American Academy of Pediatrics, "American Academy of Pediatrics Announces New Recommendations for Children's Media Use", comunicado de prensa, 21 de octubre de 2016.

17 Laura Clark, "Gadgets Blamed for 70 Per Cent Leap in Child Speech Problems in Just Six Years", *Daily Mail*, 27 de diciembre de 2012.

18 Nick Bilton, "The Child, the Tablet and the Developing Mind", *The New York Times*, 31 de marzo de 2013, http://bits.blogs.nytimes.com/2013/03/31/disruptions-what-does-a-tablet-do-to-the-childs-mind/.

CAPÍTULO 2. EL GRAN ESPACIO DE CATEDRAL DE LA INFANCIA

1 Virginia Woolf, *Momentos de vida*, Madrid, Penguin Random House, 2014.

2 Bruno Bettelheim, *The Uses of Enchantment: The Meaning and Importance of Fairy Tales*, Nueva York, Vintage, 1989.

CAPÍTULO 3. LOS MÁS GRANDES, MÁS FUERTES Y MÁS RÁPIDOS

[1] David Lancy, *The Anthropology of Childhood: Cherubs, Chattel, Changlings*, Nueva York, Cambridge University Press, 2008.

[2] David Walsh, *Smart Parenting, Smarter Kids*, Nueva York, Simon & Schuster, 2011.

[3] Virginia Bonomo, "Gender Matters in Elementary Education: Research-Based Strategies to Meet the Distinctive Learning Needs of Boys and Girls", *Educational Horizons*, vol. 88, núm. 4, verano de 2010, pp. 257-264.

[4] Leonard Sax, "Sex Differences in Hearing: Implications for Best Practice in the Classroom", *Advances in Gender and Education*, vol. 2, 2010, pp. 13-21. Texto completo en línea en: www.mcread.org.

[5] *Ibid.*

[6] La información de la tabla se reunió y adaptó a partir de D. Walsh, *Smart Parenting, Smarter Kids*; L. Sax, "Sex Differences in Hearing"; V. Bonomo, "Gender Matters in Elementary Education"; y Michael Gurian, *Boys and Girls Learn Differently!: A Guide for Teachers and Parents*, San Francisco, Jossey-Bass, 2001.

[7] M. Gurian, *Boys and Girls Learn Differently!*

[8] *Ibid.*

[9] Peter Gray, "The Decline of Play and the Rise of Psychopathology in Children and Adults", *American Journal of Play*, vol. 3, núm. 4, primavera de 2011, http://www.journalofplay.org/issues/3/4/article/decline-play-and-rise-psychopathology-children-and-adolescents.

[10] En el capítulo 10, "Los asesores", encontrarás más información sobre cómo gestionar situaciones en las que es evidente la incompetencia de un maestro.

[11] "10 Creepy Vintage Ads of Doctors Endorsing Cigarettes", *Ghost Diaries*, julio de 2015, http://theghostdiaries.com/10-creepy-vintage-ads-of-doctors-endorsing-cigarettes/.

[12] American Psychiatric Association, *Diagnostic and Statistical Manual of Mental Disorders*, Washington, D.C., American Psychiatric Association, 2013.

[13] Daphne Bavelier, "Brains on Video Games", *Nature Reviews Neuroscience*, vol. 12, diciembre de 2011, http://www.nature.com/nrn/journal/v12/n12/full/nrn3135.html.

[14] Amanda Lenhart, "Teens, Technology and Friendships", Pew Research Center, 6 de agosto de 2015, http://www.pewinternet.org/2015/08/06/teens-technology-and-friendships/.

[15] Andrew K. Przybylski, PhD, "Electronic Gaming and Psychosocial Adjustment", *Pediatrics*, vol. 134, núm. 3 septiembre de 2014, http://pediatrics.

aappublications.org/content/pediatrics/early/2014/07/29/peds.2013-4021.
full.pdf.

CAPÍTULO 4. LA JEFA, LA MEJOR AMIGA, LA MÁXIMA SACERDOTISA DE LA SIMULACIÓN

[1] Los padres de niños pequeños se muestran consternados cuando les cuento que la edad del comienzo de la pubertad sigue disminuyendo. Lo que alguna vez la Academia Americana de Pediatría clasificó de anormalidad, "pubertad precoz" (definida por el inicio de la pubertad a los ocho años en el caso de las niñas y a los nueve en el de los niños) ahora se considera normal.
[2] B. J. Ellis *et al.*, "A Longitudinal Study: Does Father Absence Place Daughters at Special Risk for Early Sexual Activity?", *Journal of Child Development*, vol. 74, núm. 3, mayo-junio de 2003, pp. 801-821.
[3] Brian Wansink, Lara A. Latimer y Lizzy Pope, "'Don't Eat So Much': How Parent Comments Relate to Female Weight Satisfaction", *Eating and Weight Disorders*, 6 de junio de 2016.
[4] Peggy Post y Cindy Post Senning, *Emily Post's The Gift of Good Manners: A Parent's Guide to Raising Respectful, Kind, Considerate Children*, Nueva York, William Morrow, 2005. Consulta sus libros en la sección de lecturas sugeridas, se trata de textos que acostumbro a recomendar a los padres sobre temas que causan nerviosismo o inhibición.

CAPÍTULO 5. TEMAS DIFÍCILES

[1] Cory Silverberg y Fiona Smyth, *Sex Is a Funny Word: A Book about Bodies, Feelings, and YOU*, Nueva York, Triangle Square, 2015. En la sección de "Lecturas sugeridas" encontrarás materiales para responder las preguntas de los niños sobre otras formas de concepción de los bebés.
[2] Betsy Brown Braun, *Just Tell Me What to Say: Sensible Tips and Scripts for Perplexed Parents*, Nueva York, HarperCollins, 2008.

CAPÍTULO 6. ESPÍRITUS GUÍA DISFRAZADOS

[1] William Shakespeare, *Las alegres comadres de Windsor*, Madrid, Edaf, 1995, traducción de José A. Márquez.
[2] Agnieszka Tymula, "Adolescents' Risk-Taking Behavior Is Driven by Tolerance to Ambiguity", *Proceedings of the National Academy of Sciences of the United States of America*, vol. 109, núm. 42, 16 de octubre de 2012, http://www.pnas.org/content/109/42/17135.

[3] National Institute of Mental Health (NIMH), *The Teen Brain: Still Under Construction*, Bethesda, NIMH, 2011.

[4] Kate Lawrence, Ruth Campbell y David Skuse, "Age, Gender and Puberty Influence the Development of Facial Emotion Recognition", *Frontiers in Psychology*, 16 de junio de 2015, https://www.ncbi.nlm.nih.gov/pmc/articles/PMC 4468868/.

[5] National Institute of Mental Health (NIMH), *The Teen Brain: Still Under Construction*.

[6] Mary A. Carskadon, "Sleep and Teens. Biology and Behavior", National Sleep Foundation, primavera de 2006, https://sleepfoundation.org/ask-the-expert/sleep-and-teens-biology-and-behavior.

[7] National Institute of Mental Health (NIMH), *The Teen Brain: Still Under Construction*.

[8] Gáry Stix, "Sleep Hits the Reset Button for Individual Neurons", *Scientific American*, 22 de marzo de 2013, https://blogs.scientificamerican.com/talking-back/sleep-hits-the-reset-button-for-individual-neurons/.

[9] Camille Peri, "10 Things to Hate About Sleep Loss", *WebMD*, última modificación: 13 de febrero de 2014, http://www.webmd.com/sleep-disorders/features/10-results-sleep-loss.

[10] Jaime Lowe, "How to Talk to a Stranger in Despair", *The New York Times Magazine*, 13 de enero de 2017, https://www.nytimes.com/2017/01/13/magazine/how-to-talk-toa-stranger-in-despair.html

CAPÍTULO 8. LA SOBRINA QUE TE VISITA DE UN ESTADO LEJANO

[1] Lucia Ciciolla y Suniya Luthar, "Why Mothers of Tweens —Not Babies— Are the Most Depressed", *Aeon*, 4 de abril de 2016, https://aeon.co/ideas/why-mothers-of-tweens-not-babies-are-the-most-depressed.

[2] Ramin Mojtabai, Mark Olfson y Beth Han, "National Trends in the Prevalence and Treatment of Depression in Adolescents and Young Adults", *Pediatrics*, vol. 138, núm. 6, diciembre de 2016, http://pediatrics.aappublications.org/content/early/2016/11/10/peds.2016-1878.

[3] Association for Psychological Science, "Social Media 'Likes' Impact Teens' Brains and Behavior", boletín de noticias, 31 de mayo de 2016, https://www.psychologicalscience.org/news/releases/social-media-likes-impact-teens-brains-and-behavior.html#.WKIXCYWR-Kz.

CAPÍTULO 9. LOS OPINÓLOGOS

[1] "Massimo Bottura", *Chef's Table*, temporada 1, capítulo 1, dirigido por David Gelb, Netflix, 2015.

CAPÍTULO 10. LOS ASESORES

[1] En las escuelas públicas y privadas en distritos con alta recaudación fiscal, es posible distinguir el estacionamiento para profesores y el reservado para alumnos de preparatoria de inmediato. La sección con los coches más nuevos y costosos es de los alumnos.

[2] "NCAA Recruiting Facts", National Collegiate Athletic Association, julio de 2016, https://www.ncaa.org/sites/default/files/Recruiting%20Fact%20Sheet%20WEB.pdf

APÉNDICE

[1] La información de la tabla se reunió y adaptó a partir de D. Walsh, *Smart Parenting, Smarter Kids*; L. Sax, "Sex Differences in Hearing"; V. Bonomo, "Gender Matters in Elementary Education"; y M. Gurian, *Boys and Girls Learn Differently!: A Guide for Teachers and Parents*.

Índice analítico

Esta obra se imprimió y encuadernó
en el mes de enero de 2019,
en los talleres de Impregráfica Digital, S.A. de C.V.,
Av. Coyoacán 100–D, Col. Del Valle Norte,
C.P. 03103, Benito Juárez, Ciudad de México.